ナチスと自然保護

The Green and the Brown
A History of Conservation in Nazi Germany by Frank Uekoetter

フランク・ユケッター 著
和田佐規子 訳

景観美・アウトバーン・森林と狩猟

築地書館

THE GREEN AND THE BROWN

by Frank Uekoetter

Japanese translation rights arranged with the Syndicate of the Press of
the University of Cambridge, England through Tuttle-Mori Agency, Inc.,Tokyo

Japanese translation by Sakiko Wada

Published in Japan by Tsukiji Shokan Publishing Co., Ltd., Tokyo

日本語版『ナチスと自然保護』によせて

日本語版『ナチスと自然保護』が出版されることを私は心から嬉しく思う。この特殊な知的探求の旅に、さらにもう一味が加わることになる。私がこのテーマで研究を開始するに至ったのは、ユルゲン・トリッテン、ドイツ環境相がナチスの環境史に関する会議を招集したことに始まる。私の博士論文の指導教授ヨアヒム・ラートカウがその任に当たることとなり、副議長として私が招集されたのだった。会議は二〇〇二年ベルリンで開催され、大きな賞賛を受けることとなった。しかし、この会議によって見えてきた問題の全体像は不満と矛盾の残るもので、私は駆り立てられるようにこれまで未調査だった資料を見つけ出し、その結果をまとめて一つの新しい全体像を探り出そうとした。二〇〇六年、ドナルド・ウースター氏とジョン・マクニール氏の二人はその結果をケンブリッジ大学出版局から出版する機会を与えてくれた。* それが今、読者の手元にある書物である。

さて、出版からすでに九年が経過し、そろそろ本書についての検証の時期が訪れたと言えるのではないだろ

＊カンザス大学特別教授ドナルド・ウースターとジョージタウン大学教授ジョン・マクニール両氏は、ケンブリッジ大学出版局の好評シリーズ『環境と歴史』の編者で、本書もこのシリーズの中の一冊である。

うか。ナチスドイツの環境保護主義をめぐる議論の俎上に本書が載せられ、諸氏の研究業績と共に論じられることに、私は喜びを感じている。後続の研究によって新しい見識が加わることはあったが、議論の本丸にまで及ぶことはなかった。一九七〇年以降のドイツの環境史が近年繰り返し検証を受けているのに対して、ナチス時代については本書の刊行以来、大きな議論はほとんどないのである。

同様のことは倫理上の本質についても言える。本書は自然保護運動を敵視するイデオロギー的熱狂の物語ではない。それとは全く異なる人々の物語である。ナチスの独裁体制の中で、前例のない好機を目の前にした、ごく普通の自然保護家たちの物語なのである。一九三五年に成立した帝国自然保護法によって自然保護主義者たちはそれまで切望してきたものをすべて手に入れた。しかし、そこには問題があった——いかに稀有であるといえども狂気の独裁政権が用意してくれる好機を利用すべきなのか?

その答えは圧倒的多数で決した。ほとんどの自然保護家たちは何の躊躇もなく、また再考することもなく、この絶好の機会に飛びついた。ここに倫理的な問題が潜んでいることを真に理解できた者はほとんどいなかったのである。たとえばハンス・クローゼという人物がいた。彼がハインリヒ・ヒムラーの注目を得ようとしていた事実には落胆させられる。ヒムラーはホロコーストの立案者だった。また、戦後になってクローゼが行った自己弁護には一層失望する。そして、同時代の自然保護家たちと同様に、クローゼもまた穏健派ナチスということになったのである。

自然保護主義者たちの政治的な特性は振り返ってみれば痛いほど明らかだ。自分たちの目指すものを手に入れるのに有利となれば、いかなる機会をも逃すまいと待ち構えていたのだ。彼らが支払った代償の大きさに気がつくのは、次の世代の自然保護主義者たちだった。彼らの前世代はナチスの大量虐殺の共犯者となったのだった。

こうしたことはすべて、結局ある重大な一点に収斂していく。ナチスドイツの環境史はある特定の時間と場所を越えたところにその重要性があるのだ。この地球上で、ナチスは犯罪行為を行った独裁政権の最初でもなければ、最後でもなかった。今日のグローバルな世界では環境保護主義者たちがその活動のさなかに全体主義政権とわたり合うことは避けられない。西欧諸国ですら数々の環境保護政策が独裁主義的であり、人権を無視するものであるとして、非難されてきた。そのこと自体が環境保護政策を無意味なものとするわけではないが、そこに含まれているモラルの問題と同様、政治的好機をどう利用したか熟考する必要があることを示している。
この物語は、政治的楽観主義の危険性について警戒を促すものである。自然保護の分野でもそれ以外の分野と同様に、成功が時として到底許されない倫理的代償を求めてくるということを自然保護主義者たちは認識しえなかった。民主主義と法の支配という二原則と連携することには、重い意味がある――。状況が許すときに政治的信条に追加するぜいたく品という以上の意味があることを、一九三〇年代の自然保護主義者たちは見落としてしまったのだった。

フランク・ユケッター

この日本語版の出版に際し、本書の翻訳をしてくださった和田佐規子氏、編集を担当してくださった築地書館の北村緑さんほか、スタッフの皆さん、そして築地書館の土井二郎社長に心からの感謝をお伝えしたい。

二〇一五年　バーミンガムにて

用語について

自分の母国語以外の言語を用いて著作をするということは決して簡単なことではない。しかし、ナチス時代に関して英語で本を書くということは、実にやりがいのある難問なのだ。ナチス時代の用語を翻訳する際の困難と苦しみは、やってみたことのない人には到底理解することができないと思う。たとえば〈Heimat〉[1]という語など、英語の語彙では十分に捕まえることのできない、完全な体系を含んでいるような単語から問題が生じるのである。ドイツ民族性強化国家委員会（Reichs-kommissariat für die Festigung des deutschen Volkstums）というような、用語やその他の点から見ても怪物のような言葉に出くわしてしまうのである。こうした用語の中に含まれた暗示や関連を他言語の中ですべて明らかにすることは、フラストレーションになるか、そうでなければ、不明な語が飛び出してくるたびに膨大な脚注を生み出すことになるのだ。

したがって、私の訳語選択に関してメモをつけておくことが必要だろう。英語に完全に同等といえる語がない単語に出合ったときには、私の意見であるが、最も原語のドイツ語に近いと思われる語を選んだ。初出の単語や表現にはドイツ語の単語を括弧で表示した。ドイツ語のわかる読者の便をはかるためと、英語表現によって余計な意味が付け加えられるのを避けるためである。このやり方はあるいは誤解を招きやすいのかもしれず、英語の読者に対して本書の大切なポイントをいくつか外していると必然的に思わせてしまうかもしれない。しかし、これが私の知る限り最もよい方法なのだ。また、私はいくつかの組織や協会の名称に翻訳語でなくドイツ語の表現をそのまま使用している。いずれの場合も、そうした機関の役割は文脈から明らかになっているし、また、ドイツ語の単語の正確な意味は本書の全体の流れの理解とは関係がないからだ。

こうした全般的な点に加えて、いくつかの具体的な用語についてはもう少し踏み込んでおくのが望ましいように思う。私はこの研究でconservationとnature protection（自然保護）という語を同義語として使用しており、conservationとprotectionの間には何の区別もしていない。これらはどの語も〈Naturschutz〉[2]というドイツ語の英語における同等の語なのである。したがって、アメリカ人の賢明な資源利用（wise use）の概念を連想させるものがあるとすれば、それは誤解を招きやすい。これからの論述で明らかになっていくように、観光客誘致のための自然利用でさえ、ドイツの環境保護地域では蔑視の対象となった。〈Naturdenkmal〉[3]という語は比較的小規模なサイズのもの、たとえば一本の樹木とか岩で、環境保護活動家が保存する価値があると考える物体を意味する。ドイツ人官僚はグランドキャニオン級のものを天然記念物とか、国立記念物とは考えもしなかっただろう。ドイツ最初の環境保護担当局は〈Staatliche Stelle für Naturdenkmalpflege〉[4]という名称で、ここにも小規模な保護を意味する傾向が強いことが現れている。私は〈völkisch〉[5]という単語も翻訳していない。この語はヒトラーの『我が闘争』のアメリカ版ではfolkishと翻訳されているが、排外主義、人種差別主義で外国嫌いが混合された考え方を表現するにはいささか無害すぎることは明らかだ。ドイツ人の〈Volksgemeinschaft〉[6]は文字どおりに翻訳するならcommunity of nationals「国民の共同体」、community of the folk「民族の共同体」ということになるが、これではこの単語の二重性が失われる。すなわち、階級や伝統の垣根を超えるという意味では平等主義、しかし同時に、「国民の共同体」にはアーリア人、非ユダヤ系の白人の血統の人々だけが属するとされる点では人種差別主義的なのである。また、Volksgemeinschaftのメンバーを指す関連語の〈Volksgenosse〉[7]（民族同胞〈National Comrade〉）も同様である。

場合によっては、英語の相当語を探しだすのが全く不可能というものもある。辞書によれば、〈Führer〉[8]はleader「指導者」かhead「長」と翻訳されるが、両者ともにナチス党政治におけるヒトラーの画期的な役割について非常に不適切な印象を与えてしまう語である。〈Kraft durch Freude〉[9]という組織は、その活動を説明するのに「旅行協会」という語を付け加えて言及される。しかしその名称が含意する概念を簡潔な表現で伝えることは不可能である。ナチスは多くのドイツ人に初めての観光旅行を体験させた。手短に言えば、旅行という楽しい体験の約束は、最終的には国家のために奉仕するという労働道徳の高揚と繋がっていた。このようにしてナチス党は〈Kraft durch Freude〉の活動を通じて、個人の余暇を国力増強に結び付けていたのである。〈Lebensraum〉[10]という語は「living space」と文字どおりに翻訳されるが、それ以上に東ヨーロッパではヒトラーの考え方の中心的位置にある。なぜなら、〈Lebensraum〉についてのナチスの考え方は人種には上下の階級があるという人種差別的概念に基づいており、アーリア人種が劣等のスラブ人種を支配するように運命づけられているというのである。〈Heimat〉は二〇〇一年のテロ攻撃以前にもすでに十分複雑な語だったが、事件直後からドイツメディアは「国土安全保障省」のことである「the United States Department of Homeland Security」を〈Ministerium für Heimatschutz〉と翻訳した。〈Heimat〉という語は「人が自宅にいるように快く感じる場所（広さは不問）」を想起させる。多くの場合（そうである必要はないのであるが）、〈Heimat〉は自宅のある地域を暗に指しており、〈Heimat protection movement〉（Heimat保護運動）は常に地方分権主義を根底で支える概念だった。同時に、〈Heimat〉はロマン主義の連想に充ちており、居心地の良さという連想も多いに喚起する。

〈Gleichschaltung〉[11]という語は、ヒトラー独裁政権の脅威となるかもしれない、たとえば労働組合や各州の収益権のようなドイツ社会の仕組みを「streamline　合理化する」目的で、ナチス党政権成立初期の数カ月間に行った手続きを指している。しかしながら、この処理はそれまでの多元主義に代えて一つの国家的組織を生み出すことを目標にしていたのに、すぐさま無数の市民組織の再編へと繋がっていった。〈Dauerwald〉[12]という語は植林学の理論で樹齢の異なる樹木を隣り合わせに植えることで、私はこの単語を翻訳することを部分的に避けたところがある。アルド・レオポルド［訳註：一八八七〜一九四八年。アメリカ合衆国の生態学者、森林管理官、環境保護主義者。ウィスコンシン大学の野生生物管理学科の教授を務め、『野生の歌が聞こえる』（一九四九）で二〇〇万部以上の売り上げを記録した。レオポルドの著作および「土地倫理」（land ethics）は、現代の環境倫理学の展開および原生自然（ウィルダネス wilderness）の保護運動に極めて大きな影響を及ぼしている］がその著作『ドイツにおけるシカとDauerwald』の中でもこのドイツ語表現のまま使用していたからである。〈Weltanschauung〉[13]という語は重要な理念を一揃い備えた全体論的世界観のことで、言うまでもなく人種差別的な理念を選んでいたナチス党と関係した。〈Weltanschauung〉はナチス党の歴史を契機に英語の語彙に取り入れられた単語の一つである。最後に取り上げるのは〈Gauleiter〉[14]という語で、簡単な言葉で捕まえることができる以上の複雑な位置にあるため、私は翻訳しないという選択をした。〈Gauleiter〉は四二あるドイツの地区のナチス党の指導者で、党議長に加えて、さらに州によっては大臣や総理大臣、国家地方長官（Reichsstatthalter）の職務を有した。〈Gauleiter〉の権力は大きかったが、それぞれの具体的な場合によって権限は様々だった。

訳註

1：Heimat「故郷」「郷里」などと訳すのが普通。
2：Naturschutz「自然保護」
3：Naturdenkmal「天然記念物」
4：Staatliche Stelle für Naturdenkmalpflege「国立天然記念物保全局」
5：völkisch「民族の」と翻訳してみたが英訳の場合と同様の問題が生じる。
6：Volksgemeinschaft「民族共同体」という訳語ではやはり英訳と同様の問題がある。
7：Volksgenosse「民族同胞」と通常翻訳されるようだが、ナチス用語であることは「国民同志」でも「民族同胞」でも伝わらない。
8：Führer「総統」という訳語は日本語でもヒトラーを指すことが多く、本書の訳語としてはドイツ語でなく「総統」とした。
9：「歓喜力行団」。ドイツ語の直訳は「喜びを通じて力を」。
10：Lebensraum 本書では「生存圏」の訳語を使用したところもある。
11：Gleichschaltung「統制」「画一化」。ナチス用語としては「強制的同一化」という訳語のほか「グライヒシャルトゥング」というドイツ語のカタカナ表記という方法も考えられる。
12：Dauerwald「恒続林」。原語の文字通りの意味は dauer（続く）wald（森）。
13：Weltanschauung「世界観」ではナチス特有の用語であることはわかりにくい。
14：Gauleiter「地方長官」Gau はゲルマン民族の行政区のこと。現代の地名の一部に残っている場合もある。ナチス時代の党の管轄区域としての「大管区」。Leiter は「責任者」「長」の意。

ナチスと自然保護　目次

第1章　ナチス時代の自然保護主義者たち——追及されるべきは誰なのか

帝国自然保護法の衝撃

アドルフ・ヒトラーとナチス党が政権の座について五年後の一九三八年二月、ドイツ人環境保護運動家ヴィルヘルム・リーネンケンパー［訳註：一八九九〜一九六五年。国民学校教師。一九三四年から亡くなるまでアルンスベルク地区の自然保護受託人を務めた］は「ナチス党の見地からみた自然保護」[1]に関する小論を出版した。その三年前、ナチス政府は帝国自然保護法案を華々しく可決しており、リーネンケンパーはこれまでの自然保護活動の成果を一旦まとめて発表する時期に入ったと考えた。彼は長年待ち望んだ大きな成果としてこの法律を褒め称えた。彼にとって自然保護法はナチス政権下で偶然生みだされた副産物ではなく、「新しい〈世界観（Weltanschauung）〉」の直接表現だったのだ。自然保護とはそれまで「各人がするかしないかを選択する」ものだったが、国家社会主義はこれに新たな緊急性を付与したのだった。リーネンケンパーは次のように熱狂的に宣言している。

> 新しいイデオロギーと、それを盛り込んだ帝国自然保護法は、完全性を求める新しい基本理念を賦課した。いかなる妥協も許さず、文字どおりの完全履行を厳格に要求するものである。……今日、我々は社会の主要概念としての犠牲について議論をしてきている。犠牲の必要性を否定する人々は反発を受けているが、これは当然のことである。しかし、同様に自然保護主義者たちからその運動の利益のために、そして法に則って犠牲を求めると、経済的、その他の観点から、人々は山ほど弁解を並べてくる。我々

は他の分野ではよく使い慣れていたはずの確信と厳格さを持って行動することが、必ずしもできないのだ。国家社会主義の理念は完全性と犠牲を要求するものである。何らかの理由で自然保護運動を周辺的で副次的なものと考えている人々のところに、我々は幾度もこのメッセージを伝えていかなければならない。[2]

国家社会主義の世界観（Weltanschauung）の表現の一つとしての自然保護、全体性と公共の利益のための犠牲、不寛容と厳格さの好見本としてのナチス党の支配など、ナチス支配下の恐ろしい犠牲者たちのことまで知らなくても、この種の引用が実に衝撃的なものであることは理解できる。したがって、こうした発言が近年相当な混乱を生じていることは驚くには当たらない。歴史家の中には、国家社会主義が自然保護思想を徹底的に浸透させたことを物語る同種の発言を収集した長大な記録を編集出版した者もいる。[3] 第一印象ではリーネンケンパーの記事はこの種の見解を助長するように見える。しかし、本当にそうだろうか。

リーネンケンパーの記事は時間をかけて検討すればするほど、あいまいさを増すように思えてくる。問題はまず、核心的論点について彼が本当に真剣に主張していたのかどうかという点だ。自然保護がナチス党支配の重要な目標であると、彼は真実考えていたのだろうか。結局、一九三五年の自然保護法成立後、それよりもはるかに真剣に考えていた法律や計画をナチス指導部は作っている。たとえば同じ年のニュルンベルク人種法は、ドイツのユダヤ人をより低い市民権のカテゴリーに分類した。また一九三六年の四カ年計画により、ドイツ経済は戦争準備に突入していった。リーネンケンパーは自然保護が人種的純潔や再軍備と同等にナチス党の政治日程に入っていると本当に思っていたのだろうか。この記事の意図は何だったのか。リーネンケンパーが自然保護と国家社会主義を関連付けたのはイデオロギー的な理由だったのか、あるいは戦術上の理由だったのか。彼が言及した自然保護活動の憂慮すべきありさまを考慮に入れると、自然保護活動家の主張を強化するために、ナチスの息のかかった活動でも何でも利用できそうなものは手当たり次第手に入れようとしたという想像もできよう。それが彼の真の意図だったのだろうか。もしもそうなら、彼の発言の解釈はどう変わるだろうか。

　記事をさらに広い文脈の中で見てみると、あいまいさはもっと強くなる。自然保護活動家の大義名分はナチス党指導者の幾人かの支持者を得た。この点は本書がこのあと示すとおりである。しかしナチス党は自然保護の問題を彼らの政策の中の緊急性のある課題とはしなかった。とすると、リーネンケンパーの記事は自暴自棄で書いたものと読めるのではないか——自分が重視している問題を政府が軽んじていることを知っている、そんな熱心な自然保護活動家の悲鳴だったのではないか。その場合には、この記事は自然保護とナチス国家との接近を表現したものとはいえない。むしろその逆だろう。深い溝が両者の間にはあったのではないか。また、リーネンケンパーの目をそむけたくなるような発言の数々に告発の根拠を置くということは、リーネンケンパーほどにはナチスのレトリックを利用しなかった人々のことをどう扱えばいいのかという問題が当然浮上してくる。この問題は決して周縁的な問題ではないのだ。（周縁的な問題なら）一九三三年から一九四五年の間の自然保護活動に関する刊行物の主要な部分が、今日再び顰蹙を買うことなく再刊行できるはずなのだ。ナチスのレトリックを全く含まない多数の出版物を現代の私たちはどう論じるのか。リーネンケンパーは、戦後一般に広まった通説のように、ナチスの残虐行為の罪をかぶった、いわゆる「熱烈な親ナチス」の一人だったというだけなのだろうか。

　一般的イメージの上にさらに道徳的な視点を加えると、状況は一層わかりにくくなる。ナチス時代の文献に現れた自然保護関連の発言から、多くの読者が受けた衝撃は真実である。しかし、その理由は何か。ドイツに幅広い読者層を持つイスラエル人作家、エフライム・キションは、現代芸術の一部の傾向に関して不快感を表明している。ナチス党ドイツにおいても一九三七年の悪名高い「退廃芸術」展に代表されるような同様の傾向があったことを彼に向かって指摘する者があると、「アドルフ・ヒトラーが煙草を嫌っていたという理由から、私は喫煙を始めることはない」[4]と皮肉を込めて答えた。同じ調子で自然保護主義者たちのナチスとの過去の問題を扱うことは可能なのだろうか。ヒトラーの晩年に最も大切にされたパートナー、愛犬ブロンディがそうだからという理由で、ジャーマンシェパードの飼育禁止を考える者はあるまい（最後にはヒトラーはブロンディを自分の自殺の実験台として毒殺してしまうのだが）[5]。したがって、ナチス党が自然保護活動を信奉していたのか——あるいはその逆——という問題は、好奇心をそそるが、結局無意味という以上の説明を、歴史上に補足してくれるのだろうか。もしも自然保護運動を「善」とし、ナチス党を「悪」、ゆえに両者の間の関係は「奇妙」だと考えるなら、「永遠の善」と「宇宙的悪」という乱暴で稚拙な一般化に陥っているのではないか。

　ナチス党ドイツにおける自然保護に関する出版物は、多くの場合この種の疑問を無視しており、単純にこの論題を当然のものとしている。しかし、このような立場は分析的にも道徳的にも不十分であることに、じきに気がつく。結局のところ、結論を出すためにこうした用語の意味を明確にする前に、道徳的な面からの激しい非難が当然のようについてくるのだ。自然保護活動家たちとナチス党政権の間の繋がりすべてに対し、評決や有罪判決を急ぐことは政治的に良識あるものだというのが第一印象かもしれない。しかし、それは早晩行き止まりに突きあたる。リーネンケンパーの取った立場のあいまいな点はまさに好例である。彼は真実ナチス党の掲げた自然保護の題目に心酔していたのだろうか。あるいは自分の関心事をナチス党のうたい文句で飾ろうとする日和見主義者だったのか。彼は自然保護運動とナチス党政権の間の固い同盟関係を象徴する存在だったのか。あるいは実現することのなかった同盟関係に対する賛成意見を述べていたのだろうか。リーネンケンパーがしたようなはっきりしない発言には幅広い解釈と、それによる道徳的な判断の余地がたっぷりとあったことは明らかだった。リーネンケンパーの何について非難するのかを最低限明らかにしないままで、彼のことを非難するというのは賢明ではあるまい。

　したがって、こうした方向性で調査を深めていくことは、この論題全体の重要性を埋もれさせてしまうことは決してない。それとは反対に明らかになっていくことは、ナチス党終焉から七十年以上が経過して、自然保護論者たちがこの問題を扱うことは、決定的に重要とまではいかないとしても、実に意味のあることだという点だ。実際、自然保護活動史の領域を越えてもなお現実的にこの流れが続いているように見える。結局は、ナチス党ドイツにおける自然保護運動の歴史は、知識人たちとナチス党政権との間の関係についての一般的な歴史の欠くことのできない一部なのである。十九世紀後半に知識人階級が誕生してから、彼らはドイツの自然保護運動の中で画期的な役割を果たしてきており、一九三〇年代の自然保護主義者たちの中に占める大学卒知識人たちの存在が圧倒的だったことは紛れもない事実である。このような時代背景の中、本書はナチス党ドイツにおける知識人階級の歴史の解明へとこれまでにない研究の道筋を開くものである。すなわち、隅々まで支配を伸ばしていたナチス党のイデオロギーに知識人たちが与していないときでさえ、彼らに力を貸していたナチス党政権の驚くべき能力を明らかにする。ナチス党ドイツにおける自然保護運動の歴史は、知識人たちでも誘惑されうるのだという事実に、冷静な反省を促すものである。

欧米各国の自然保護

問題をこのように広い前後関係の中で扱うためには、ナチス党時代のドイツにおける自然保護の一般的な背景の議論から始めるのが賢明だ。結局のところ、自然保護はナチス党の発明品でもないし、ドイツ人の特質が生み出したものでもない。ヨーロッパのその他の国々と同様に、ドイツの自然保護運動は十九世紀後半に端を発している。当時、工業化と都市化が自然環境に大きな変化を引き起こしており、ナチス党が政権を取るずっと以前から、自然保護の問題はヨーロッパのほとんどの国々で常時関心事となっていた。自然保護主義者たちは十九世紀後半から二十世紀初頭にかけてヨーロッパ中の社会に浸透していた国民国家主義的な感情から無縁ではありえなかった。本書がドイツのケースについてこれから示していくように、それは自然保護の政治哲学に際立った刻印を残したのである。しかし、このことはその他の地域との接触や率直な意見交換を排除することはなかった。注目すべきは、現代の環境保護運動ほど活発ではなかったにしろ、このような接触は実際になくなることはなかったし、大衆感情とは正反対の方向に向かったケースもあった。ただ一つの例を取り上げるのは心苦しいところだが、ナチス時代に一人のドイツ人自然保護主義者が非常に軽蔑されていたポーランド政府を模範例として指摘している。[6]したがって、両世界大戦間の国際関係の中でドイツの自然保護運動を見ていくことは重要である。ドイツの運動は他の国々の活動とは異なっているのだろうか。もしそうであるなら、どのような違いがあるのだろうか。

ドイツとイギリスを比較すると、当初の動機にいくつかの類似点が見られるが、制度的な構造には違いがあることがわかる。ドイツでは行政がすぐに自然保護政策の中心的な役割を果たすようになったのに対して、イギリスはどちらかというと周辺的、補助的な役目を何十年も担った。イギリスでは「歴史的名所や自然的景勝地のためのナショナル・トラスト」(National Trust for Places of Historic Interest or Natural Beauty)が一八九五年に設立されると、次々にこの団体は庭園や史跡と共に自然保護区を購入してこの分野で最も有力な制度となった。イギリス議会はこの活動を支援して、一九〇七年には「ナショナル・トラスト法」を可決して、トラストが取得した資産に「譲渡不能原則」を認め、「国民の利益のために」として、管財人としての役割に公的正当性を賦与した。一九三〇年代にイギリスでさらに活発な役割が与えられたかどうかは議論の余地があるところだが、一九四九年の「国立公園及び田園地域アクセス法」まで、その間に具体化できたものはない。したがって、ナチス時代のドイツにおける自然保護の成功は、イギリス諸島での手詰まり状態とははっきりと異なっている。[7]フランスの場合も同様に、類似点よりも相違点の方が多く現れている。ドイツの自然保護活動家たちは観光旅行者による自然環境の開発については初めから強い批判的態度をとっていたが、「フランス・ツーリング・クラブ」と「フランス・アルペン・クラブ」はライン川の向こう側で活動していた、初期の重要な自然保護組織だった。[8]アメリカ合衆国との違いはさらに驚くべきものがある。一八七二年にイエローストーンが国立公園として認定されてから、一九七〇年にドイツで最初の国立公園ができるまでに、ほとんど一世紀ほどの時が経過しているのである。[9] しかも、イエローストーン、ヨセミテ渓谷、さらにはアメリカの環境保護主義にもナショナリズムにも共通して中核的存在となったウィルダネス（wilderness）［訳註：十九世紀の北米大陸で西部開拓が進展する中、開拓が及ばなかった原生自然の土地は「ウィルダネス」と呼ばれ、長い歴史と文化を有するヨーロッパ大陸に対して、新大陸アメリカには広大な「ウィルダネス」が存在しており、保護すべき対象であると考えられるようになった。「ウィルダネス」は必ずしも物理的な空間のみを指すわけではなく、人間に驚愕や恐怖などの感情を呼び起こす存在で、特に北アメリカでは規模の大きな原生自然の崇高さも「ウィルダネス」の要素となった］の保護の背後で牽引力となっていた、大規模で記念碑的な自然を求めるモニュメンタリズム（monumentalism）に匹敵するものはドイツには存在しなかった。[10] もちろん、ドイツ人自然保護活動家たちもアメリカの自然保護に対して魅力を感じており、実際、ナチス時代には数多くの国立公園を作る試みが行われたが、挫折に終わっている。

ヴァルター・シェーニヒェン［訳註：コンヴェンツの後継者。帝国自然保護局の初代局長（一九三六〜一九三八年）。雑誌『自然保護』の一九二七年以来の編集者。人種問題と自然景観の関連を主張し、その後の立法や環境政策、さらには東欧政策にも影響を与えることになる］はその著作『原始ドイツ（Urdeutschland）』の中で、イエローストーン国立公園がドイツ有数の自然保護区、リューネブルガー・ハイデの三四倍の広さで、総面積二四〇ヘクタールのドイツの自然保護区もイエローストーンの三分の一にも満たず、ドイツとアメリカの自然保護の違いは明らかであると記している。[11] 愛国主義者のドイツ人自然保護活動家でさえ、「アフリカやアメリカの自然の素晴らしさに比べたら我々の国の自然の宝は惨めなほど貧しい[12]」と認めざるを得なかった。

ドイツとイタリアは一九三〇年代には同盟関係に入っているので、両国間の比較は特に注意しておきたい。ヒトラーのドイツとムッソリーニのイタリアとの間の類似点、相違点は歴史家の間でも高い関心を集めてきた。ナチス党政権の論理的背景に両国が関係しているからにほかならない。[13] 自然保護に関してファシストとしての特別なスタイルはあったのだろうか。一見したところ、イタリアの自然保護活動の一部にはドイツのアプローチに驚くほど類似するものがある。ムッソリーニが植林計画を支持していたのは、気候をより涼しくし、イタリア人戦士たちの士気を高めるためだった。風景と国民性との間の対応関係を強く信じている点は、ドイツ人の自然保護文献を特徴づけている点でもあった。[14] 一九三〇年代に行われたポンティノ湿原の有名な干拓事業の間、ムッソリーニは農業大臣の反対を押し切っておよそ三二〇〇ヘクタールの土地を自然保護区として確保し、一九三四年、イタリアで三番目、チルチェーオ国立公園を設立した。しかし、よく見ると、ドイツとイタリアでは類似点よりも相違点のほうがより著しいのである。ヒトラーは自然保護活動にはムッソリーニほど熱心には関わっていなかった。この件はほとんどヘルマン・ゲーリングやフリッツ・トート、ハインリヒ・ヒムラーらの部下に任せていた。最も顕著なのは、ファシスト党イタリアにおける自然保護活動の全体的印象が次第に下降傾向と思われるのに対して、ドイツの自然保護運動はナチス時代には明らかな成長を見せることである。[15] 実際、細部まで観察してみると、チルチェーオ国立公園でさえ、ファシスト党イタリアが環境政策へ深く関わったことを示す好例とは言い難いのだ。アントニオ・セデルナはイタリアの自然環境史の著作の中で、自然保護地区に言及して、「生まれながらに死んでいる」と形容した。[16] なお、イタリアのファシズムとナチズムの間の類似性についてはその疑いが常に付きまとっているが、こういった研究方法の将来性は限られたものと思われる。[17]

ナチズムをファシスト派として解釈するやり方は近年衰えてきている一方、「全体主義」として論じることが盛んになった。これは東ヨーロッパにおける社会主義政権が次々に倒れたことによるところが大きい。しかしながら、ナチス党ドイツとスターリニズムのロシアとを同じ背景で同様の手法で比較すれば、すぐに限界を見る。ドイツの自然保護活動は公の場で行われ、ほとんど例外なく、自然保護主義者たちが迫害に遭ったり、大きな危険を感じたりすることはなかった。一方、ソヴィエト連邦では自然保護主義者たちは、一九三〇年代、自立性があって、したがって潜在的に危険なグループのように見えないように、息をひそめていた。ドイツで美学的、文化的な動機が強力に自然保護活動を牽引していたのに対して、ロシアの自然保護はロシア帝政時代からずっと、科学としっかり提携してきていた。ドイツでは自然保護は当時最も強力だったナチス党から、少なくとも一時は、優遇を受けていた。それに比べて、ソヴィエト連邦では自然保護活動家たちは大多数がスターリンの注意をひかないように努めており、一九五一年まではこれが実際に成功を収めていた。しかしこの年、国内の自然保護区の三分の二の指定を取り消すという法令が出されて、保護区の面積はほぼ九〇パーセントが減少した。[18] 二〇〇二年のベルリン会議のとき、デイヴィッド・ブラックボーンが述べた皮肉な発言を借りるなら、「自然保護とスターリニズムに関する話なら今回の会議よりもはるかに短く終わるだろう」という。[19] ドイツとソ連との間の違いを最終的に評価することは時期尚早にほかならない。社会主義における環境保護の歴史はようやく研究が始まったばかりなのだ。[20] 現在のところ、全体主義諸国における自然保護の典型的なパターンはどこにも見当たらない。

総統のために働く

数十年間、全体主義の考え方はドイツの資料編纂の中にもう一派の強力なライバルを持っていた。多極主義構造によるナチズム解釈である。全体主義的なモデルでは決定プロセスにおける独裁者の支配的立場を想定するのに対して、多極主義構造によるモデルでは多数の組織と圧力団体がお互いに競い合っている点を強調する。こうした推論を行った最も初期の記述は第二次世界大戦中のフランツ・ノイマンによるナチス党国家の研究まで遡る。「支配階級である国家社会主義ドイツは決して均質の社会ではない。存在するグループの数と同じだけの利害関係が発生する」と、ノイマンは述べた。[21] 総統（Führer）の意志が無数の部下たちによって入念に遂行される、厳格なトップダウンの一枚岩としてナチス政権を見るのではなく、多極主義構造のアプローチではナチス党ドイツの行政上のカオスと、異なる組織の間の対立関係に注目するのである。多数の文献が示すように、ナチス党指導部の中では内部抗争が頻繁に繰り返されていた。ヒトラーは決まって問題を解決することなく保留にしておいたという。また、官僚間の協調関係は非常に弱く、最終的にはハンス・モムゼンの表現によれば、「制度化してしまった極度の無秩序状態」に陥っていたのである。[22] こうした背景から、ヒトラーは絶大な力を持った独裁者としてではなく、明確な決定を忌避する、さらには全体的なガイドラインさえ発表することを避ける最高権威者としての姿が浮上してくる。ヒトラーは自分が決定したいことについては決定できたが、ナチス党指導部の二番手たちが主導権をふるう余地は、それが第三帝国の精神に関係することが主張できるものならば、たっぷりと残されていた。

ナチス時代のドイツにおける自然保護の歴史は、このような制度化した無秩序状態をよく現していると言える。なぜならナチス党による環境政策に一貫性がないことが明らかに見て取れるからである。戦争に向けての農業生産の増大と工業の急速な発展によって愛する「郷土」はその表面の姿を変えつつあったけれども、ドイツ人がそこにいかにしっかりと根を降ろしているかが、ドイツの強さの基礎になっているのだと数々の著作や記事が論じている。一九三五年、ナチス党は当時の最も優れた法律の一つであった帝国自然保護法を成立させ、そして、多くの行政機関や組織がその規定を無視しているのを傍観したのである。アウトバーン建設のトップでナチス党ドイツの最高エンジニア、フリッツ・トートは多数の「景観監督者」(Landschaftsanwalt) を雇って、アウトバーンの建設がドイツの景観保護の目的に沿って、確実に行われるようにしようとしたが、彼の下の設計家たちは景観監督者たちの助言を聞き入れなかった。実際、自然保護運動はそれ自体どんどん細分化して、保護活動家たちの間の対立は大きくなり、時には自然保護のための戦いよりもこちらのほうが重要なのではないかと思われるほどになった。同じころ、ナチス党の指導者たちは、より一貫性のある政策を進めようというような傾向はほとんど見せなかった。ヘルマン・ゲーリングはほぼ正式なナチス党国家ナンバー2といえる人物で、一九三五年の帝国自然保護法の成立に貢献したが、ドイツ最高森林監督官として、また四カ年計画の長として、自然保護の立場とは鋭く対立していた。ヒトラーはむしろ自然保護問題には興味を失っていて、散発的な発議はほとんど滑稽と言っていいものだった。一九四一年の「総統は我らの生け垣保護を希望されている」と題された小冊子には、義侠の士が政令に姿を変えたのだというおよそいいかげんな発言に対して、自然保護活動家たちからの謝意が表明されている。しかしそれは同時に、別のことをも現していた。ヒトラーがより重要な自然保護運動の目的を支持していないことを不注意にも明らかにしてしまったのである。[23]

全体主義的方法論と多極主義的方法論とでは、お互いに根本的に食い違っているとみなすのは誤りである。次の議論のいくつかの観点について、ナチス党支配を全体主義的方法論抜きで理解することは不可能だ。ナチス政権は公衆の異議申し立てや、特定の価値ある自然についての組織的活動などに対して、アレルギー反応を起こした。だが、保護の基本的な精神についてはほとんど注意を払っていない。自然保護運動家コミュニティの中で最も過激な右翼思想の小説家ルートヴィヒ・フィンクでさえ、ホーエンシュトッフェルン山の景観を採石事業から保護しようとする運動の最中、ゲシュタポによって監視されたのだった。自然保護運動はメンバーの幾人かを失っている。特に、ユダヤ人や、あるいはナチスの人種に基づく定義によってユダヤ人だと思われた人々、社会民主系の自然の友（Naturfreunde）旅行協会などだ。しかしそれ以外には、ナチス党支配の全体主義的特色は自然保護活動家たちのコミュニティでは重要性はほとんどなかった。自然保護主義者間での議論の特徴は、驚くほど表現が自由なことだった。その理由は単純で、ナチスのイデオロギーの核心部分から自然保護に関して当局が認める考え方を導き出すことは、不可能とは言わないまでも、非常に困難だからだ。もし、反ユダヤ主義と東ヨーロッパで〈生存圏（Lebensraum）〉を求めることをヒトラーの二大基本政治姿勢だと考えるのなら、エーバーハート・イェッケルが主要研究書の中で議論しているように、自然保護コミュニティに向けての「すべきこと」と「すべからざること」の結論を明確に出すことはほとんど不可能だったのだ。[24]十九世紀後半にドイツの自然保護運動が始まって以来、自然の破壊は工業化と都市化が引き起こしたのだとされていて、ユダヤ人スパイの小さな集団のせいにされることはなかった。確かに、この隔たりを越えようとした自然保護主義者が中にはいたかもしれないし、その後、自然保護レトリックの史上最悪の発言も出てくる。しかし、そうした発言にしても自然保護政策の個々のガイドライン以外には本格的な自然保護理念へと発展することはなかった。自然保護活動家たちは、自然保護と国家社会主義を、同じ目的意識を持つ者の集まりとして褒めちぎったが、第2章で示すように、詳細に見れば見るほど、その二つの陣営の間をつなぐイデオロギー的橋渡しは非常に危ういことがわかってくるのである。

イアン・カーショウはヒトラーの伝記を書くにあたり、このような異なった方法論を総合することを提唱した。プロイセン国家農業大臣、ヴェルナール・ヴィリケンスによる一九三四年の演説の中の表現を使って、カーショウは「総統のために働く」というのがナチス政権国家の中心的原理であると論じた〔訳註：イアン・カーショウが著書『Hitler』（石田勇治訳『ヒトラー 権力の本質』）の中で使用した用語 working toward the Fühere に依拠。「総統のために」と翻訳されているが、総統の明確な下命がない中で、総統の希望が向かう先を考えながら行動する点に注目しなければならない。熱心なナチス党員でない場合も含めて、大勢の人間が直接間接に「総統のために働く」ことを著者も踏まえている〕。ヴィリケンスは次のように言う。「非常な困難があっても、遅かれ早かれ、やろうと意図したことをすべて上から命令できるのは総統だけだということは、注意して見れば誰でもわかる。他方、総統のために働く人は皆、新生ドイツのそれぞれの持ち場で、今日まで実によく労働したと言えるのだ」。総統が何を望んでいるか予想が外れる人々もいれば、「いつの日か突如法的な裏付けを得るという最も良い報いを受ける者もいるだろう」[25]。カーショウはこの演説がナチス党政権の全体的な特徴にスポットライトを当てる、非常に参考になるものだったのではないかと論じた。「『総統のために働くこと』という謳い文句のもと、主導権が発揮され、圧力がかけられ、立法は扇動した。すべてはヒトラーの目的と調和するやり方で、そして、独裁者が特別独裁者らしく振るまわなくてもよいように」[26]。こうした方法論の大きな長所は、なぜ、制度上の無秩序状態がカオスへ、ナチス党国家の無力化へとは至らなかったのか、そしてそれによって人種差別的な夢想の実現を阻止することができなかったのか、その説明ができることである。非常に多くの人々が「総統のために働く」ということの累積的な結果をカーショウはナチス政権の初めから終わりまで機能していた多極主義的なダイナミズムと考えたのだった。戦時中、ナチス党支配の「累積的過激化」が、よく知られている人間性に対する犯罪へと道を開いた。このようなダイナミズムは自然保護主義者の中にも明らかに見られる。ナチス党が政権を手に入れてまだ数カ月のころ、自然保護主義者たちはいくつかの新しい法律の制定を求めてロビー活動をしていた。自然保護法、郷土保護法、鳥類保護法、戸外宣伝抑制法などである。これらの中からは一つだけしか成立しなかったが、ナチス党が自然保護運動側からの忠誠を勝ち取るには十分だった。

現代の自然保護運動というレンズを通して、この全体像を眺めることは重要である。自然保護論者たちとナチス党との接点は、一九三三年以前にはほとんどなかったが、それはお互いの見解の不一致からというより、自然保護コミュニティの伝統的なセンチメントによるものだった。厳密な意味で、自然保護運動は政治と無関係ではなかったのだが、党の政治にもその他の政治運動との協調関係にも関心がなかったことは確かだ。しかし、ナチス時代にはこうした態度は姿を消していた。新しい政権の中に入り込むのなら、政治に無関心な態度を取っていては必ず失敗を招く。自然保護論者たちは新政権に対して強い希望があることをすぐに強調した。プロイセン国立天然記念物保全局局長ヴァルター・シェーニヒェンはナチス党が政権を取って二カ月後に党に参加した。そして服従の態度を示すためにすぐに『第三帝国における自然保護』という研究論文を発表した。[27]時代の流れは今や、自然保護をナチス政権の本質的な関心事項として描くことにあった。個人的な縁故や、組織上の関係を有利に利用し、ロビー活動をして自然保護に注目を集めることが、要するに総統のために働くことだったのである。これによって自然保護運動は危険な傾斜地に立つことになった。自然保護を唱える人々が、ナチス党に対する友好関係にほとんどタブーを感じなかったことには、落胆させられる。戦時中の自然保護をめぐる紛争に、ハインリヒ・ヒムラーの権威を臆面もなく使おうとしたことは、政治モラルがひどく欠如していることを表している。

また重要人物の中にナチス党員でさえなかった者もいたが、これも「総統のために働く」ことの多極主義的なダイナミズムを証明するものだ。

自然保護運動とナチス政権

次第に明らかになってきた自然保護運動とナチスとの共同関係について以下の三章を充てて、それぞれ異なった角度から両者の関係を眺める。第3章では、ナチス時代にある役割を果たしたいくつかのグループと、自然保護活動の法的、制度的な原則について記述する。第4章ではドイツ国内の異なった地域で起きていた自然保護をめぐる紛争について、四つのケーススタディを紹介する。南西ドイツのホーエンシュトッフェルン山の採石場をめぐる紛争。ベルリン近郊のショルフハイデ自然保護区。ここはナチス党ドイツきっての自然保護主義者であり、森林監督官、そしてハンターでもあるヘルマン・ゲーリングが自身の熱中していた狩猟の場としたところだ。続いて、北ドイツのエムス川の流域調整の問題で、ここでは自然保護は増大化する農業生産によって二の次にされていた。そして、最後は、第二次世界大戦中のヴータッハ峡谷をめぐる紛争で、ここは戦時経済の逼迫のさなか、自然保護活動家たちが苦労の末、水力発電計画を一年以上延期させることに成功したところである。もちろん、これらのケーススタディは一九三三年から一九四五年の間にあった環境保護をめぐる多数の紛争事例のほんの一部でしかない。しかし、ナチス時代の様々なタイプの紛争について大まかなイメージをつかむことはできる。第5章では、目を見張るような大きな紛争はないが、小規模なケースを数多く取り上げて膨大な文書事務を見ることによって、日常的な自然保護の活動の特徴は何か、全体像を完成させる。同時に第5章は一九三九年以降の経過についても論じる。第二次世界大戦の開戦によって自然保護活動は終了したわけではないからだ。戦争が始まった後もかなり長い間、自然保護者たちは少なくとも見かけだけでも「通常営業」を何とか維持していた。しかし、歴史を振り返る立場からは、ナチス時代のその他の努力よりも一層矛盾を含んでいるように見える。すなわち、戦時中、自然保護主義者コミュニティの中から、ジェノサイド（民族抹殺）の共犯者となる者が現れたからである。

環境史とは自然保護を目的とする人々の歴史というだけではなく、自然環境それ自体の歴史という面もある。第6章ではこの点に注目する。[28] 十二年にわたったナチス支配が田園地帯をどのように変化させたのか。状況が違えば難しいはずの自然保護運動と国家社会主義の協調関係は、本当に割に合うものだったのか。ナチス時代の影響はそれ以前とそれ以後とでどう違うのか。この問題については先行研究が不足しているため、その答えは概略にとどめておくことをあらかじめお断りしておく。ほとんどのドイツ人は今、ナチス時代を思い起こすことの重要性を認識しているが、今までのところ、ナチスが国土の景観に与えた影響について考えたことのある人はほとんどおらず、ナチスの影響をどう扱うのかについて確かな答えはない。二〇〇五年、ヒトラーの別荘があったバイエルン地方オーバーザルツベルクにある贅沢な保養地をめぐって発生した混乱［訳註：約六六億円を投じた、高級五つ星ホテルがオープン］は、ドイツの集合的記憶の中にあった欠落部分の好例である。

ナチス政権へ接近したことは一九四五年以降には今度は重荷となった。第7章ではナチスの経験がドイツ敗戦以後にどのような影響を残していたかを論じる。自然保護論者たちの多くはこの過去をできれば無視したいと望んだことだろうが、それは困難であった。歴史は常に立ち戻ってきては彼らを苦しめ続けた。しかしながら自然保護運動は過去の責任を直視することなく、議論になりかかったばかりのところをわずか数年の間に抑え込んでしまったのである。すなわち、歴史的観点からかなり疑わしいにもかかわらず、簡単に言えば、自然保護は政治的問題ではないこと、そして、一九三五年の帝国自然保護法がナチス政権のもとで成立したのは単なる偶然であること、したがって、これ以上の熟慮も自己反省も必要はないというのである。こうした態度は戦中派の自然保護主義者の世代を生き抜き、実に現代にまで息づいているのである。ドイツの環境保護運動がナチス時代の過去を認めるのにその他の多くのグループと比較しても長い時間がかかっているが、これは決して偶然などではない。

「問題設定は妥当か」——見かけはごく単純な問題の

ようで、実のところ重要かつ不可欠の問題であることが見えてくる。思考を導いていく様々な概念について我々にもっと徹底的に考えることを要求してくるのだ。同時にこの問題を考えていく中で、環境とナチスに関する論文はどれも単なる学術研究を超えるものであることが明らかになる。現代の環境問題にも通じる問題であるという観点は必要である。すなわち、現代の環境主義はこの歴史的背景をどう考えているのか。この時代の歴史から今日の環境主義者たちがどのような教訓を学んだのか。この点についてはすでにいくつか提案が出ているが、簡単に割り切りすぎた感がある。いくつか例をあげてみよう。現代の移入種、外来種批判［訳註：生物多様性保全における移入、侵入種をめぐる議論を指す］は宿命的にナチスの決まり文句に従っていると論じる研究者がいる。しかしながら、このような解釈は資料の選択に偏りがあることによるもので、それを証明することは容易だ。厳格さと狂信に満ちたイデオロギー的熱を帯びた時代と場所ならともかく、両世界大戦間の時代のドイツ人自然保護論者の間に外来種に対する均一な意見などなかった。また、自然保護主義自体に対して根本的な攻撃をする口実としてこの問題を取り上げる、より大胆なアプローチをする研究者もいた。しかし、その論法を切り崩すのはもっとたやすい。ナチス時代への言及を通じて環境保護主義一般の質を低く言うことは、少なくとも論理的一貫性を持って論じることは不可能だ。実際、そうした議論は〈歴史の悪用（abuse of history）〉となる。今日の環境保護主義者たちは実際にはナチスが姿を変えているのだという結論を期待して本書を手に取っているとすれば、これ以上読み進める値打ちはない。

この歴史から教訓を求めようとするなら、イデオロギー的な側面に関心を集中させることは賢明ではない。ドイツの自然保護主義が抱えてきたイデオロギーを帯びた思想が一九三三年までの長い間、何の問題もなかったのは確かだ。もしも自然保護の道徳的土台にしっかり注意しておかなければならないということを学ぶための実地教育の一つとして認識されるようになったとすれば、ドイツにおけるナチス時代の自然保護の歴史は、政治的観点からも歴史的観点からも批判されえないことになる。しかし、同時に、イデオロギーに限って焦点を合わせると、結局は誤解を招くイメージを生み出すことになる。一九三三年の時点でドイツの自然保護コミュニティは人種差別主義的、反ユダヤ主義的野望を実行に移す機会を窺っているイデオロギー的警察犬の集団ではなかったのだ。この点は確認しておかなければならない。彼らは熱烈な自然愛好者たちの集まりで、もっぱら都市から離れた田舎のことばかり心配していて、政治にはほとんど関心がない人々だったのだ。もちろんこうした見方をしたからといって、ナチス時代の文献に散見される人種差別主義的な、あるいは反ユダヤ主義的な表現への卑劣な逸脱の言い訳になることは断じてない。実際に、環境保護主義者たちは慎重で、この種の発言の言い訳をしようとすることはまずない。しかし、このような視点を持つことで、ナチス時代の自然保護主義者たちが今日の環境保護主義者たちにさらに類似して見える。こうして、この歴史の重要な教訓として私が考えるものへの道筋が開けてくるのだ。

　ドイツの自然保護主義者たちが第二次世界大戦の直前に置かれていた状況をイメージすると、見えてくることがある。もしも彼らが、当時の状況をその十年前と比較すると、熱狂的とは言えないが楽観的になることはたやすいだろう。帝国自然保護法はドイツ全土の自然保護を復活させるもので、帝国自然保護局から矢継ぎ早に出される命令は自然保護業界の目まぐるしい空気を反映したものだった。一九三五年の法律によって自然保護主義者たちの大義名分は国のナンバー2からの承認を受け、生け垣［訳註：土地の境界などに設けられた細長い灌木林。日本でイメージされる生け垣より規模が大きい］の問題だけだったとはいえ、ヒトラー自身もすぐ後にその大義名分に同調した。土地所有者たちとの長期にわたる交渉はスピードアップし、数多くの自然保護区がごく短期間のうちに制定された。全体としてプラスに傾いている評価に反論することは、後知恵ならばもちろん可能だ。ナチス指導者たちの自然保護に対する関心は実際には薄いもので、全般的な活動は多くの場合に文書事務の類であり、改善点があったと言っても、未利用地の耕作や、河川の流域調整、戦時に備えた急速な工業化など、ナチスの政策が生むマイナスと釣り合うどころではなかった。しかし、ナチスの時代の自然保護主義者たちはそのような冷静な評価をすることはほとんどなかった。それどころか自然保護政策が基本とする一般原理に対して配慮することはさらに少なかったのである。これから見ていくように、自然保護コミュニティにとっての進歩発展は少なからず、価値ある天然自然を所有していた市民の権利に対する配慮を欠いて行われた。しかし、この事実はナチスの時代が過ぎ去ったあとも、自然保護の世界で大きな問題として取り上げられることはなかったのである。

もっとバランスのとれた見方に対してナチス時代の自然保護主義者たちがどう答えたかを想像することは難しくない。特に農業の分野ではナチスの政策に対して異を唱えることは意味がなかった。手に入り得るものを取り、機会があるときには飛びつく。自然保護運動がナチス政権に対して取っていた友好政策が基本にしていたのはこの態度だった。そして、遡って妥当性を検証されるべきはこの態度なのである。民主主義や人権などのような普遍的な原理抜きに、ドイツの自然保護運動は非常に単純な政治哲学に基づいて行動したのだった。すなわち、自分たちの目標に有利なものである限り、いかなる法的条項も、ナチス政権とのいかなる協調関係も問題なしというわけだ。ナチス時代の記録や著作を読み進めてみると、自然保護主義者たちは自分たちの課題を前進させるためなら、何でも喜んでやったという印象を受ける。それが導く先は、戦時中最も愚かな形になって見えてきた。ハインリヒ・ヒムラーがドイツ警察、並びに悪名高いナチス親衛隊SSのトップであるばかりでなく、ホロコーストの首謀者だったとき、自然保護主義者たちは彼を自分たちの目的のために利用しようとしていたのだった。振り返ってみると、これを政治的に未熟な態度と呼ぶのも当然だろう。あるいは実際そう呼ぶべきかもしれない。しかし、それはナチス政権が終焉を迎えてもなお、おそらく発揮され続けた天真爛漫さだったのだ。

本書（原書）のタイトルは“The Green and the Brown”である。このタイトルはある意味で誤解を招くものである。スタンダールの『赤と黒』のように、「緑」と「茶色」は遠く離れたところにある陣営ではなかった。多くの信念を共有し、驚くほど広範囲にわたって協働する二つの集団だったのである。緑は多くの点で茶色だったのだ。これから明らかになってくるのは、複雑で、単純明快な説明を拒む物語である。イデオロギーの寄せ集めの、戦略的協調の物語、出世第一主義で、人間性に対する犯罪をも暗示する、一九四五年以後には虚偽と否定の物語なのだ。数多くの環境保護主義者たちはこれを見て心をかき乱されるだろうと思う。ここにこの物語の重要性がある。

第2章　歪む愛国主義――ゲルマン民族にとっての「土地」

自然保護のルーツ

ドイツの自然保護理念の起源はどこにあるのだろうか。プロイセン国立天然記念物保全局前局長シェーニヒェンにとっては、答えは簡単だった。「自然保護の理念は根本的にロマン主義の当然の結果だ」と、一九五四年、ドイツの自然保護を概観してシェーニヒェンは記している。[1] 今日の歴史家はもう一歩踏み込んだ答えを出す必要があるだろう。自然保護の理念は一九〇〇年ごろから始まる組織的な自然保護運動よりはるかに古いものだと強調した点では、シェーニヒェンは正しかった。しかし、ロマン主義はドイツにおける自然保護理念を説明する数ある筋道のうちの一つに過ぎなかった。要するに、これはいかなる時点においてもドイツにおける自然保護の理念を明確に説明できるかどうかという問題なのだ。特に、自然保護の歴史の中の初めの数十年が問題となる。十九世紀の間は、自然保護は社会運動というよりは情感・情緒の表現で、公的な組織を除けば、中心となる支持者はフリーの作家であることが多く、自分たちの理念を明確な政治的行動計画に形作っていくことにはほとんど関心がなかった。最もよく知られている例はヴィルヘルム・ハインリヒ・リールで、一八五四年に発表した彼の著作『ドイツ民族の自然史（Naturgeschichte des Volkes）』の中で、田園の生活とドイツの森、「天然自然（ウィルダネス）の中へ入る当然の権利」[2]を賛美した。しかし、この著作はリールがドイツ各地を旅行して得た個人的な体験に基づいているところがほとんどで、自然保護に関する学術論文とは相当違っていた。理想的に調和した社会と、平和の先駆けである自然を前面に押し出し、謙遜と栄誉などといった基本理念は、リールが熱望していた理想化された前近代社会をよく表していた。[3] そしてもう一人、局地的にはさらに影響力のあった十九世紀の自然保護主唱者ヘルマン・ランドワは、ミュンスター生まれで、カトリック司祭であった。ミュンスターの動物園と自然史博物館の創設者であり、生物学を普及させ、鳥類の保護を唱えた人物だ。彼の学生の一人、ヘルマン・リョンスはリューネブルガー・ハイデへ情熱を注いで、ドイツ自然保護の布石の一つを築いた。[4] どちらのケースでも自然保護は独立した問題ではなく、社会的、また科学的理念の幅広い領域の不可欠な一部だったのである。十九世紀後半、自然保護問題の最も重要な組織が地域美化団体だったことは、その事情をよく説明している。そこでは自然保護は地域の美的向上を目指す、より広範なプログラムの一環だった。[5]

十九世紀の自然保護とその他の理念のにぎやかな混合体は、振り返ってみれば共感できるものに見えるかもしれない。しかし社会運動を形成するだけの伝道力はなかった。リールの著作は読書界への貢献が大きく、彼の死後も長い間読み継がれたが、そこから明確な政治的目標と行動計画を推論することはほとんど不可能だった。社会運動とは原動力を生み出すためにはっきりとした目標を掲げることが求められるものなのだ。[6] したがって、自然保護が政治的な目的になったとき、初期の自然保護のイデオロギー的な豊かさが衰え始めるのは、おそらく避けがたいことだったと思われる。十九世紀末に近づくころ、新しいタイプの地域グループが生まれてきて、活発な開発を促進するようになると、地域美化団体の控えめな目標は乗り越えられていくようになった。ライン川上流渓谷にあるジーベンゲビルゲがこの適例だ。一八六九年に美化団体、ジーベンゲビルゲ美化協会（Verschönerungsverein für das Siebengebirge）が設立され、地域の魅力と旅行者の交通の便を確保するためにハイキングコースの指定と周辺地域の購入を焦点に活動した。しかし、数多くの採石場によって有名な景観が危機にさらされると、美化団体では政治運動を活発に展開することが不可能だと気づかされる。その結果、一八八六年別団体である Verein zur Rettung des Siebengebirges（ジーベンゲビルゲ救援協会）が結成されるに至る。[7] 続いて、一九〇〇年ごろには自然保護運動の組織化が進んで、数々の全国組織が結成され、今日に至るまで環境政策上、重要な役割を担っている。それにしても、活動理念の広さには常に目を見張るものがあった。自然保護を地域文化政策と結び付ける郷土保護連盟（Bund Heimatschutz）から、「羽のある友人への思いやりを」という多少低俗趣味的な発想の「鳥類保護連盟」（Bund für Vogelschutz）まで広がっているのである。[8] フリーデマン・シュモルが書いているように、郷土（Heimat）保護運動の内部でさえも、アプローチの方法は様々で、「実践的な自然保護活動から疑似宗教的な自然崇拝に至るまで」あったという。[9] ドイツの自然保護運動は常に多元的で、自然保護理念を一つにまとめる普遍的な基準に発展することはなかった。

数々のアプローチが多種多様な組織の中で展開された。実際に目標が相当流動的な団体もあり、そういうところでは団体名を定期的に変更し続けていた。たとえば、ウェストファリアのある協会は四十年の間に六つの異なる名称で活動していた。目的の一つとしてカナリアの繁殖を団体名の中に含めて、鳥類の保護に焦点を当てていたが、その後自然保護を名称に加えて、ついに一九三四年にはウェストファリア自然保護協会（Westfälischer Naturschutzverein）として知られるようになった。三年後には、再び改称し、ウェストファリア自然科学協会（Westfälischer Naturwissenschaftlicher Verein）となる。[10] ヨーロッパ全体から見ると、一つの団体がその分野を独占するようになるのが普通で、ドイツの自然保護運動のように細分化しているのは例外的で、会員の中には活動が重複したり、同時進行であることを残念がる者もいた。「ねたみや論争が団体同士の間に広がっているのを見るのは辛い。しかも共通の目的のためにお金も労力も無駄にしているのだ」と一九一〇年、フライブルク大学の自然科学者、コンラート・グンターは不平を述べている。[11] しかし、団体の多元性は様々な取り組みが地域主導で行われていることをある程度反映してもいた。注意が必要なのは、ドイツには国民国家が一八七一年まで存在しなかったことで、地域主義的な心情はドイツ帝国が成立した後、何十年もの間、強く残っていたのである。自然保護の分野では、地域主義はドイツの地理的多様性の一つの結果でもあった。すなわち、北部低地地方、ザワーランドや黒い森地方の山岳地帯、バイエルン地方のアルプスなど、自然保護といってもそれぞれの地域で自然の形状が大きく異なっていたからだ。全国的な郷土保護連盟はそれぞれの地方特有の目標を持った数多くの団体が、その傘下に集まったゆるい組織で、おそらく地域主義的な心情が許す範囲の結束力しか持たなかったのだろう。[12] 自然保護運動はナチスが統一的な国家的組織に合併し得なかった、数少ない社会運動の一つだったが、これは単なる偶然ではなかったのである。

異なる起源と共通の動機

組織や団体の多元性が数々の紛争や対立へと発展していくことは避けられず、運動はそのエネルギーのかなり大きな部分を消耗してしまった。自然保護を目指す取り組みが数多く存在することは問題ではなく、むしろ有益なのだという考えは、ドイツの自然保護主義者の間では決して多数を占めるに至らなかった。[13] とはいえ、相当な内部抗争にもかかわらず、どうにかある程度の一貫性を保つことができ、完全に独立した派閥に分かれてしまうこともなかった。結局のところ、ほとんどの自然保護主義者たちが合意できるポイントがいくつか存在したのである。そのうちの一つは〈Heimat〉〔訳註：Heimat については以後、「郷土」と表記する〕の概念で、地域を限定した故郷、故国への愛情である。しかし、「郷土」の魅力の重要な部分は、自然と文化、景観と人間を一つに統合することで、そうであるが故に個人の好みが重視される、本来的に広範な概念を生み出すという点にある。[14] また、自然保護活動が元来、理想を追い求める事業だという理解も根強かった。物質主義の破壊力に抗議するスローガンは自然保護活動家たちのグループでは常に賞賛された。ヴィルヘルム・リーネンケンパーほど攻撃的な表現をする自然保護主義者は多くなかったが、彼は「功利主義的な観点による無慈悲な根絶」という表現を用いて、これをナチス時代の自然保護の「第一の戒律」と呼んでいる。[15] アメリカでの定義とは対照的に、保護という語にはドイツでは利用という含みはない。ほとんどの自然保護主義者たちが合意できる第三の点としては、行政府の権威による援助を求める傾向が強かった点だ。多くの団体が行政組織に近づいて、そこから情報や資金、その他の様々な支援を得ていた。政府官僚組織への接近の度合いはその他のヨーロッパ諸国よりもドイツで強かった。[16]しかし、結局のところ、自然保護コミュニティを統合できるのは理念や目的の共通基準ではなく、アイデンティティの共有だった。「自然保護主義者としての値打ちはない。心から参加するのでなければ、そして美しさと、『郷土』の自然の持つ永遠の力と奇跡を愛し、深く信じるのでなければ」と、ナチス時代の自然保護パンフレットには宣言されている。[17]自然保護主義者たちは、自分たちを小さな理想主義者の集まりだと感じており、自然が置かれている危機を真に理解し、その状況を何とか打開しようとしていた。自然に対するこのような情熱があれば、参加者はそれぞれ好みにあった活動をすることができた。自然保護運動はその他の社会運動と比べても、個人主義者にとっては安息の地だったといえる。ハイキングがドイツ人の自然保護主義者の間で重要な活動だったことは偶然ではない。ハイキングは一人でするものだが、遠足は大きなグループで行われ、その中での会話や付き合いは自然の中の経験を薄くすることになるので、一般的に嫌われた。自然保護主義者たちはナチス時代の歓喜力行団（Kraft durch Freude）が後援する旅行を「群れハイキング」と称して軽蔑していた。[18]

ナチス体験を踏まえれば、自然保護運動の政治的立場は特別な注意を要する。一般大衆の間の強い地域主義にもかかわらず、ドイツの自然保護運動はその時代の最もブルジョア的な運動であり、常にナショナリストの集まりだった。「自然を愛することは祖国を愛することの根源である」とコンラート・グンターは一九一〇年に発表した自然保護に関する自らの主要論文で述べている。[19]ドイツがナポレオン軍に勝利してから一世紀、ドイツ皇帝ヴィルヘルム二世の即位二十五周年が近づいていた一九一三年、プロイセン国立天然記念物保全局の局長フーゴー・コンヴェンツ［訳註：一八五五～一九二二年。古生物学者。初代のプロイセン国立天然記念物保全局局長として天然記念物保護に尽力した人物。この機関はヒトラー政権期に帝国自然保護局に改組された］は祝賀のための自然保護宣伝活動を提案した。一八四〇年にベルリンに作られたフリードリヒスハイン市立公園のような前例をいくつもあげて、「愛国的目的を支持していることを表明するために、近隣の風光明媚な場所を保護区にすることが可能なコミュニティもある」と述べた。[20] しかし、こうしたナショナリズムは同時代のドイツ社会の別の部分にあった愛国主義からははるかに遠いもので、ナショナリズムが進展する中、自然保護運動はそれよりは冷静な別物としての姿を現してきた。ドイツのナショナリズムは第一次世界大戦中に過熱し、一九一七年、ファシストの萌芽、ドイツ祖国党（Deutsche Vaterlandspar-tei）結成で最高潮に達した。その政治的レトリックの過激化がもはや一般的になっていたことに、ドイツの自然保護主義者たちも、影響を受けていないはずはなかったが、それでもかなり穏健だった点は興味深い。[21]一九一七年、ある自然保護関係の雑誌が英国自然保護について賞賛の言葉を発表すると、ブランデンブルクの *Heimatschutz* 誌は当地の身近な自然を激賞した。ナショナリストの雑誌ではあったが、その立場は「要求は控えめに。私たちは祖国に住んでいる」という表現に集約される。戦時中だったことを思えば、それほどひどいスローガンではない。ドイツ政府がその当時まだ実現を希望していた領土拡張主義の妄想ともはっきり異なる立場をとっていたと言える。[22] 自然保護主義者にとって国家は重要だったが、自然の運命よりも上位に来ることはなかった。一九二〇年、ドイツが北部の一部をデンマークに割譲しなければならなくなると、コンヴェンツはその地の自然保護地域のリストをデンマーク自然保護主義者たちに抜かりなく渡したほどだった。[23]

振り返って考えると、ナショナリストの感情とともに進んでいった理念は、もっと矛盾含みだったように思われる。コンラート・オットが述べているように、初期のドイツ自然保護運動のレトリックは「保守的な文化批評のすべてのテーマを掲げていた」ので、それによって自然保護は一九〇〇年ごろドイツの知識人の間に広がっていた文化的絶望感の一部のように見られていた。[24] 自然保護の歴史に関する初期の出版物はこのような傾向を示しているものもあり、自然保護運動が国家社会主義へと向かう直線コース上にあったと考えていた。[25] しかし、最近の研究動向では、こうした推論に対して異議を唱える者が多数になっている。[26] それ以前の文献で提示された証拠について「外国人嫌いのキーワードを慎重に集めたもの」とフリードマン・シュモルは酷評し、自然保護主義者の中から出ていたそれほど多くもない反ユダヤ主義の発言ばかりに注目する

図2－1　ダンツィヒの「緑の門」と呼ばれた建物。フーゴー・コンヴェンツのプロイセン国立天然記念物保全局の最初の所在地だった。写真はハンス・クローゼ著“Fünfzig Jahre Staatlicher Naturschuts”（Giessen, 1957）より。

のでなく、広く一般的な文脈を見て、よりバランスのとれたアプローチを求めて議論を展開している。こうした論拠から、ドイツ自然保護運動は反ユダヤ主義に特化したグループとして際立ってきたのではないとした。[27] 一九〇二年、ドイツ西部のプファルツ地方にプファルツァーヴァルト協会（Pfälzerwald Verein）が設立されたとき、設立者の中には「カトリック神父、プロテスタント牧師、それにユダヤ人ビジネスマンが含まれていた」。[28] 初期の自然保護運動には、自然保護は「国民国家と民族の繁栄を希求する闘い」であると一九一三年に主張したヘルマン・リョンスのような人物が参加していた。[29] 繰り返しになるが、この種の発言が残した反響は限定的だったが、注意しておくことは重要である。トーマス・レーカンは「地域的な自然保護主義者が持っている景観の未来図は、人種差別的、ナショナリスティックなものというよりは、はるかに美学上のもので、地域主義的だった」と述べている。[30] 一九一四年［訳註：第一次世界大戦開戦の年］以前の自然保護運動に右翼の政治思想の残酷な表現の影響が全くなかったとは言えないが、この種の声は少数派にとどまっていた。セリア・アップルゲートは、自然は

「すべてを包み込む寛容な推進力」を象徴し続けるもので、「自然は党や特定宗派間の闘争を超えて中立的であるべきである」と記した。[31]

しかし、第一次世界大戦後、状況は無害とは言いにくい段階へと変化した。この大戦が契機となってドイツ政治の中に急進派が意見を強めることになった。人種差別主義、民族主義（völkisch）、そして反ユダヤ主義の声が明らかに顕著になって、それまで周辺的な現象だったのが、いまだ混成合唱状態の自然保護主義者たちの中で中心的な部分を占める存在へと成長してきた。[32] 例を挙げると、コンラート・グンターはドイツ人という人種を復活させるために自然保護運動に協力を求め、次のように述べている。「もしも、我々がドイツ人の『郷土』を見つけることができなかったら、ドイツ人を一つの国家にまとめようというすべての努力は水の泡となるだろう」。[33] 数年後、グンターは、自然保護に失敗すれば、「ドイツ人の本質（Deutschtum）に対する裏切り行為」になるだろうと警告し、古代におけるローマ帝国とゲルマン人諸部族との戦いの記憶を呼び起こした。「色白金髪の英雄たちの群れ」が後から後からドイツの森から流れ出し、ローマの侵略軍を追い払った。「ゲルマンの国民性の根源は枯れることはなかった。（中略）なぜなら、ゲルマン人の源は森の暗闇の中にあって、そしてそこは敵の手の届くことのないところだったから」。そう、グンターは主張している。[34] ドイツの工業の中心地、ルール地方がフランスによって占領されていた一九二三年、郷土保護連盟は反連合国運動の中で傑出した役割を果たした。[35] 一九二九年、「『郷土』感情」について出た論文は、「西ヨーロッパとアメリカの思想の大流入」を嘆いて、これによって、「我々が立っている国土は、ドイツ人が正気を取り戻さない限り、浸食されてしまうかもしれない」と、西欧の民主主義をやんわりと批評している。[36] 数多くの記事が出て、自然環境と国民性の間の本質的な繋がりについて論じた。それ自体は反民主主義的というわけではなく、個人の権利というよりも顔の見えない群衆の観点から、この議論は思索を豊かなものにしていた。[37] 自然の美の中にさえ国家主義が絡みついていた。一九二一年、ホーエンシュトッフェルン山に関してドイツ山岳ハイキング協会（Verband Deutscher Gebirgs-und Wandervereine）はその決議文の中で、ドイツの郷土の美を守ることの重要性を強調し、「ドイツ国はすでに多くの価値あるものを失った」と述べた[38]。自然保護団体が優生学的な思想の影響を受けるケースも見られるようになっていた[39]。一九二二年にコンヴェンツが亡くなるとシェーニヒェンがその後を継いで、プロイセン国家天然記念物保全局の局長になったことは重要だった。コンヴェンツはどちらかと言えば謹厳な自然科学者で、自然保護についてのより広範な文化的な含みにはほとんど関心がなかったが、シェーニヒェンは保守的な感情論や人種差別主義に傾きやすく、一九一〇年にはすでにユダヤ人を「ワシ鼻」が特徴の人種であると表現している[40]。

自然保護に関する考え方のこうした変化から、一九一八年［訳註：ドイツ皇帝が退位し、ワイマール共和国が成立］以降のほうが戦前よりもナチスのイデオロギーを受け入れやすくなっていたことははっきりしている。それでも、この点については単純な目的論的解釈を急がないように努めることが大切だ。一九二〇年代の右派の表現を集めた限り、一般的に言ってワイマール共和国に対抗する攻撃的な態度には直接繋がっていかなかったことは驚きである。たしかに例外はあった。「テューリンゲン山と城と森林の住民連盟」(Bund der Thüringer Berg-, Burg- und Waldgemeinden)の創立者で会長だったハンス・ヴィルヘルム・シュタインは一九二二年、ドイツ外相ヴァルター・ラーテナウの暗殺者たちをかくまった[41]。しかし衆目を驚かせた右派によるテロ事件への関与が明らかになったのち、シュタインは辞職を余儀なくされ、自然保護団体が反民主主義的行動に関わることは単発の事件、一時的な現象にとどまった。ワイマール期、自然保護団体の一般的な雰囲気は、攻撃的で憎悪が渦巻いていた他の多くの右派の分派グループとは非常に異なるものだったのである。全体として郷土保護運動は民主主義を公然と非難することはなく、政府機関からの経済的支援を台無しにするようなことは努めて回避した。いくつかの事例では、州政府が左翼化するとそれに応えるように郷土保護運動の参加者が左翼化することさえあった[42]。要約すれば、少なくともこの時代、郷土保護運動にとって民主主義は実用的で熱意のこもらない選択肢だったのだ[43]。ワイマール共和国では、日常的に続く政治上の激しい対立と自然保護運動の協調的理念との間の開きが非常に大きく、自然保護主義者の見方からすれば、民主主義的性格はたいして大きな問題にならなかったのである。セリア・アップルゲートは、「郷土」運動は「危機を迎えた社会の中で安全を求めて」いたのだと述べている。[44] しかし、自然保護家たちが政党政治の騒がしさを嫌っていたことが原因で、政治的な面で自然保護問題が広範な賛同を失うようなことはなかった。例を挙げると、一九三一年、ヘッセン州では新しい自然保護法が大多数で可決された。反対票は共産党だけだった。[45]

右派思想の受容

ナチス党が勢力を持つようになる前に、すでに人種差別主義と民族主義（völkisch）の思想が目立っていたことには、強烈な印象を受けるかもしれないが、これは同時代の政治的背景の中で検証しておかなければならない。その他のより過激なグループと比較すると、自然保護運動の内部の右派勢力は弱いものだった。ワイマール時代の反民主主義的感情の強さからすると、自然保護主義者たちがこうした傾向に影響を受けないでいたとすれば、驚きはもっと大きかっただろう。[46] 実際のところ、大きな騒ぎもなく単純にこのような思想を受け入れてしまった一般会員の反応のほうが、このような思想が存在していること自体よりもおそらく危険だったのだろう。自然保護運動の参加者たちは、一九一八年以降、自然保護運動のレトリックの変化について、公の場で議論し合うような知的な風土を発展させることはなかった。したがって、反動主義や人種差別主義の思想は自由に当時の文献の中に広がっていった。皆が皆、喜んで帰依したわけではないが、強く反対する者もいなかったのである。社会民主党系の「自然の友（Naturfreunde）旅行協会」でさえ、自然保護と民主主義や人権の間の関係についての討論にほとんど関心を示さなかった。[47] その結果、右派の思想が大して反論もされないまま、自然保護の考え方の中に一定の場所を確保したのである。バイエルン自然保護同盟の集会で「自然保護とユダヤ人であること（Jewishness）」について話したジークフリート・リヒテンシュテーターでさえも、この機会をとらえて右翼化傾向を批判することはなかった。それより、なぜ「信仰心の篤いユダヤ人に自然保護推進を推薦できるのか」という問題を提起した。[48]仮に人種差別主義や反ユダヤ主義の思想を持ったとしても、それは個人の問題であるから、それで構わないというのが大方の考えだった。

こうした議論の欠如と協調的な政治理念のおかげで、一九三〇年代の初めにドイツ民主主義が厳しい圧力にさらされていたとき、自然保護運動はその防衛に駆けつける位置にいなかったことは確かである。一九二九年以降、議会制度は下降のスパイラルに入り、行きつく先には、カール・ディートリヒ・ブラッハーの有名なフレーズ「ワイマール共和国の崩壊」があった。[49]自然保護団体の内部では政治的無関心が広がっていた。もちろん、大半の自然保護主義者には、世界規模の経済不振の時代――世界大恐慌により特に一九二〇年代末以降ドイツは厳しい状況に陥っていた――に彼らの論争点が単なる周縁的な役割しか果たさないことがはっきりとわかっていたのだ。しかし、問題はさらに深刻だった。権力争いが盛んに行われ、路上での暴力は共和国の最後の数年間、当たり前の光景になっており［訳註：当時、ナチス党とドイツ共産党はともに武装部隊を持っており、街頭で激しく衝突していた］、自然保護主義者たちの熱い願いを踏みにじっていた。一九三一年、政治的論争がプファルツ地方の郷土協会総会の議論をストップさせる恐れが出ていたとき、調和と協力を求める熱狂的な宣誓で論争は終結した。「我々はいさかいを望んではいない。我々は平和を望んでいる。我々は政党ではない、どこの政党にも属さない調停者である。（中略）政党は分裂の道を求める。しかし我々は和解を切望する。（中略）政党はマルクスやレーニン、そしてヒトラーの話をしている。だが、我々はペスタロッチやゲーテ、モーツァルトの話をしているのだ」。[50]極右と極左が共に民主主義の最後の残り火を消そうとしている間、自然保護主義者たちは自分たちには一切関係がないかのように振る舞っていた。折しもドイツでは一九三二年七月の国会選挙に向けて緊張感が高まっていたころ、このときの選挙でナチス党が投票総数の三七・四パーセントを勝ち取って、ついにドイツ議会は膠着状態になるのだが、このとき、郷土保護連盟は、ドイツ政府に嘆願書を出している。選挙運動中に「郷土の顔に対して尊敬の念を欠く」屋外選挙広告が出されることを恐れて、「街なかや田園地帯の景観美を守るための決定的な手段を講じるように」政府に訴えたのである。[51] 広告板やその他の屋外広告への反対運動は自然保護団体の中で長年続いてきたもので、連盟の嘆願書はワイマール共和国における自然保護の歴史を締めくくるにふさわしいものだったと言えよう。ドイツ民主主義の行く末を決める激しく厳しい選挙戦の真っただ中で、自然保護主義者たちは見苦しい選挙広告板のことを心配していたのである。

確かに、ナチス政権樹立前夜、ドイツ自然保護運動は非常に不安定な立場にいた。右派の思想は、ドイツ自然保護運動の中に、一九三三年以前から長い間一定の位置を占めていた。しかし、多数意見に近かったとは考えにくい。[52] 国家社会主義ドイツ労働者党（NSDAP＝ナチス党）はたしかに自然保護主義者にとって最良の政党というわけではなかった。これは大体の自然保護主義者たちが政党の政治的駆け引きを嫌っていたからというだけでもなかった。状況はナチス側の視点からも同様だったのだ。つまり、党にとって自然保護運動は反対派でも危険なグループでもなかったが、簡単に賛意を得られる相手でもなかった。一九〇〇年代のはじめ、郷土保護連盟の共同設立者の一人だったパウル・シュルツ＝ナウムブルクは一九二〇年代にヒトラーとヨーゼフ・ゲッベルスと繋がりがあり、一九二九年以降にはドイツ文化闘争同盟（Kampfbund für deutsche Kultur）の指導者的存在となった。そのほかには自然保護主義者とナチスの間に接点はほとんど存在しなかった。[53] 歴史家レイモンド・ドミニクが一八人のおもだった自然保護主義者のナチス党員登録を調査したところ、一九三三年以前に入党した者は一名のみで、九名はナチスが政権を取ってから五年以内に登録していた。十人目の登録は抹消されていたが、これらの日和見主義は同時代の目にもすでに新しいものではなかったし、しばしば党の古参連中から軽蔑を受ける原因となっていた。[54] ヒトラーが政権に上り詰めてからの四カ月の間にナチス党は八五万人からおよそ二五〇万人まで党員を増やし、一九三三年五月一日には一時的に新規の入党が禁止される事態にまでなる。[55]

自然保護主義者たちの右傾化を前提として考えると、自然保護運動それ自体はナチスの見地からほとんど問題らしい問題も認められないように見えた。しかし、自然保護と国家社会主義との思想的な合流は思っていた以上に困難を伴った。ヒトラーの著作や演説のテーマは自然保護主義者の問題意識から遠く離れていただけでなく、注意深い読者には激しい環境破壊の含みも明らかだった。最も悪評高かったのはヒトラーが経済的自給自足を求めて農業の生産性強化を要請したことだった。数年後、ヒトラーの「ドイツの土は一平方メートルたりとも未耕作地にしてはならない」という演説を思い出しては、自然保護主義者たちは身震いすることになる。そうした未来は自然保護主義者にとってまさに嫌悪すべきシナリオだったからだ。[56] 生け垣保護へのヒトラーによる介入に関する一九四一年の小冊子の中で、自然保護活動家でナチス党擁護者ハンス・シュヴェンケル［訳註：一八八六～一九五七年。自然保護主義者陣営の景観保全論の代表のような存在で、ナチスの自然保護イデオロギーを信奉。シェーニヒェンのあとを継いだ『自然保護』の編集者］は、ドイツではヒトラーの発言は「広く誤解されている」と述べて、彼の言葉を森林地帯の景観を「浄化する」ための白地小切手のように考えている、「過熱気味の人々」を批判している。これはヒトラーの発言を公の場で否認した稀なケースである。[57] ジェフリー・ハーフによれば、「ドイツは国々と人種の間の闘争に勝つために、自然に対する戦いに勝利しなければならない」と、ヒトラーは考えていたという。[58] たしかにヒトラーは彼の著書『我が闘争』の中で歴史の動因として自然（大文字書きで）という語に繰り返し言及しているが、この「自然」は自然保護主義者たちが守りたいと思っていたものとは完全に異なるものだった。「自然は政治的な国境線を知らない。まず、自然はこの地球上に生き物を配置し、様々な力が自由に活動するのを見守る。それから自然は勇気と勤勉さにおいて最も強い自分のお気に入りの子どもに主人としての権利を授けるのだ」[59] とヒトラーは書いている。明らかに、彼の言う自然は保護を必要としていなかったのだ。

自然保護に対する温度差

ヒトラーの言葉から明確な反環境保護主義の価値体系を推論するというのでは問題を大げさに言いすぎることになろう。特に、ナチス国家のイデオロギーが果たした役割を誤解する可能性があるからだ。ナチスのイデオロギーは解釈論を必要とするような理念や原理

図2－2　アドルフ・ヒトラーがジャーマンシェパードと遊んでいる。オーバーザルツベルクの山荘にて。写真はウルシュタイン・ビルト社による。

の厳格な一揃いでは決してなく、観念や概念、敵意の型にはまらない集合体であり、そこでは民族（Volk）、人種、コミュニティ、総統などのような中心的な概念について異なる解釈も行われる場所だったのである。[60] 事実、耕作に適した土地は一平方メートルといえども耕作せよというヒトラーによる要請は、彼の著作『我が闘争』の中の議論とは対照的である。ここでは、ドイツ国境を越えて新しい生存圏（Lebensraum）を求めるアーリア人の欲望を弱めることを理由に、ヒトラーは国内の開拓・開墾にはっきりと反対の意を表明している。[61] しかし、ヒトラーの政治的決断は環境保護の考え方の中にはほとんど現れていない。シュテティーンの近くのブナ林がアウトバーンの建設によって被害を受けることからヒトラーはその保護を約束していたと請願者が訴えたとき、補佐官はヒトラーを伴って調査を行い、否定的な結論を出した。一九三四年五月三十一日の内部覚書によると、ヒトラーは「アウトバーンの建設中、海岸林はできる限り保護すべきだが、対立が発生した場合は、このように重大な技術的企画を優先しなければならないという意見だった」という。[62] ベルヒテスガーデンにほど近いオーバーザルツベルクにあるヒトラーの山荘はバイエルン地方の最も景観のすばらしい場所だが、それさえも自然に対する感情的な愛着を示す材料にはなっていない。ヒトラーにとって、アルプスの景色は自分を目立たせるための背景に過ぎず、ベルリンでの政府の官僚仕事からの避難所の役割以上ではなかったのである。「彼には自然の美に対する眼識というものがなかった」と述べたのは、一九二〇年代にヒトラーの親しい仲間だったエルンスト・ハンフシュテンゲルで、彼は自分の回顧録の中で、ヒトラーを「舗装の石の上にいて初めてくつろぐことができる都会人」と表現した。[63] オーバーザルツベルクに住居を構えることを許された三人のナチス高官のうちの一人、ゲーリングが近くのヴァッツマン山地にハイキングや登山に出掛けていたのに対し、ヒトラーは徒歩でオーバーザルツベルクを探索しようとは決してしなかったという。[64] 肉体的なストレスを忌み嫌っていたため、ヒトラーはオーバーザルツベルクでの散歩と言えば、常に特別の喫茶ハウスまでの緩やかな下り道のみで、そこに帰路用に車を待たせておいた。[65]『我が闘争』の中でヒトラーは肉体的な訓練の利点を非常に高く評価していたが、明らかに自身を例外としていたのだった。[66]

環境問題に対する関心はナチスの指導者の中の二番手グループのほうがいくらか強かった。中でも特にヘルマン・ゲーリングとフリッツ・トートであった。ゲーリングは子どものころからの狩猟好きで、一九三五年、ドイツの最高森林監督官として自然保護責任者の地位を手に入れた。[67] しかし、ゲーリングはナチスの指導者で、数多くの公職と職務があったため、自然保護はじきに最も後回しにされる仕事になってしまった。エーリッヒ・グリッツバッハによるゲーリングの人生についての半ば公式の記録には――その本の収入は著者ではなくゲーリングが得た[68]――わずか四ページしか自然保護活動には触れておらず、そのうちの二ページはお気に入りのショルフハイデ自然保護区を扱っていた。[69] フリッツ・トートは熟練のエンジニアで、ドイツ道路建設総監（Generalinspekteur für das deutsche Straßenwesen）、また「ドイツ技術長官」（Führer der deutschen Technik）という責任ある立場で、アウトバーンの建設に関わっていた。彼は技術で作る人工物を景観の中に調和させながら埋め込むという、技術と文化の調和を主張した。最もよく知られている成果としては、アウトバーンの建設に際して景観の問題一般について助言する景観監督者を採用したことだ[70]。自然保護の思想に関しては、ゲーリングもトートも自然保護に接近したのはより実際的な側面からだったと言える。一方、SSナチス親衛隊の指導者（Reichsführer）で警察国家ナチスの屋台骨、人種差別思想の体現者、ハインリヒ・ヒムラーについては事情が異なる。彼は人種差別思想のファンタジーを徹底的に掘り下げて、自分を中世初期のヘンリー一世の生まれ変わりであると夢想していた。ヒムラーの景観に関する理解は本質的に国民性の概念に密接に繋がるもので、戦時中、悪名高い東ヨーロッパの景観の「ゲルマン化」計画を後押ししたが、ドイツの中心地域での自然保護関連の問題への取り組みは、散発的に過ぎなかった[71]。

このように、ナチスの指導者たちの関心は限られたものだったが、自然保護主義者たちの多くは新政権の中心的目標として自然保護を再評価する試みを続けた。ヴァルター・シェーニヒェンは、一九三三年、ナチス党員に広く読まれていた『フェルキッシャー・ベオバハター』（*Völkischer Beobachter*）の記事や、自分の自然保護雑誌に書いた記事、一九三四年の著作『第三帝国における自然保護』によってその方向性を示した[72]。歴史家によってはこのような忠誠の言葉を額面どおりに受け取る者もあったが、この種の出版物の戦略的な性質はこれら出版物を比較精査すれば明確になる。ナチスの思想と自然保護の理念の表現は、両者を比較すれば明確に異なっているからだ。シェーニヒェンの刊行物は同時代のその他多数の著作と同様、明らかに当時の権力に妥協しようとする戦略的な願望から執筆されており、彼の著書には新しい課題という面ではほとんど何も含まれていなかった。ただ、薄くかかったヴェールの向こうにワイマール時代の自然保護政策の延長が透けて見えた。それにもかかわらず、こうした著作をていねいに見ていくことには値打ちがある。というのも、そこにしばしば見られる絡み合った論理と歪められた事実は、ナチスとの思想上の関係性の中で自然主義者たちが遭遇した困難の度合いを物語っているからだ[73]。たしかに論理の飛躍はナチス時代には決して問題にはならなかったし、自然保護運動の出版物はどうにか目立たない雰囲気をまとって、検閲はほとんど行われなかった。ナチス時代、自然保護主義者たちが、社会不安を煽ったり人智学の支持者であったりすると、警察国家と問題を起こすこともありえたが、自然保護問題に関する立場が思想的に不適切と判断されたからではなかった。しかし、いかにナチスのレトリックへ適応していようが、それでもなお、自然保護とナチスの思想が矛盾しないで真に混合している様子はどこにも見られないのである。

複雑な距離感

ナチス時代の自然保護の歴史について、その著しい特徴として、自然保護団体と真のナチス精神とでは異なった自然保護を提案していても、それぞれの思想家たちの間に対立抗争が全くなかったという点があげられる。ナショナリスト的な幻想によって主流物理学に対抗しようとした「ドイツ物理学」の概念も、ヴァルター・フランクの新生ドイツ帝国歴史研究所〈Reichsinstitut für Geschiche des neuen Deutschlands〉によるナチス流にドイツ史を書き換えようという狙いに相当するものも、自然保護主義者の中にはなかった。[74]

ドイツ民族性強化国家委員会（Reichskommissariat für die Festigung des deutschen Vokstums）は、東欧におけるジェノサイド（民族抹殺）へ加担し、この物語の最も暗い章を形作ることになるが、その内部の景観設計の仕事さえも自然保護主義者の主だった者たちにとって思想的な問題にはならなかった。それどころか逆に、国家委員会は主流派の専門家を常に採用するようにした。[75] 理由は単純だ。人間の歴史を根本的に異なる民族の対立抗争の歴史であるとする世界観から、自然保護の方向に結論を導き出すことは不可能だったのである。自然保護主義者たちが自然保護のために人種に基づいたアプローチを作り上げる努力をしなかったわけではない。ドイツの原始林（Urwaldwildnis）に関する著作でシェーニヒェンは自然の中の戦いに現れる英雄的要素に注目し、ドイツ人の中の民族的（völkisch）な気質に繋がるものがあることを示した。しかし、このような自然の作用がドイツ人の特質だと真剣に信じることができる者はいなかった。[76] 一九三九年の会議でハンス・シュヴェンケルは、いかにしてゲルマン民族の特性が土地に根付いて、このことがどのように環境保護への主張を強めたのか、詳しく説明したが、一方では、「これらすべてはもちろん、血統による出自に基づく（blutsmäßige Herkunft）」という一文を最低、認めざるを得ず、自分自身の自然に対する関心とナチスの血統の純粋性に対する妄念との間の隔たりを承認することになったのである。[77] フランケン地方の自然保護主義者で、党の資金集めに協力し、ナチスの地方長官（Gauleiter）の歓心を買った、ハンス・シュタットラーでさえ、明らかにナチス流と言える自然保護のスタイルを作り上げようとはしなかった。自然保護運動のネットワークに入るには党員資格が必須のものかどうか聞かれると、シュタットラーは党員への優先を強く否定して、「フランケン地方の自然保護では党員資格に関して何の話し合いもしていない。なぜなら、樹木か砕石場かという問題は政治的に右か左かに一致しない。常に中立的なのだ」と答えたという。事実シュタットラーは、党員は無登録のほうが好ましい、なぜなら党の仕事に縛られず、おそらくより多くの時間が持てるだろうとその理由を述べている。[78]

ごく一般的に言って、自然保護主義者が力点を置いているのは人間と土地の繋がりであり、これはナチスの「ゲルマンの民族性」と「血と土」の思想と上手く同調した。「ゲルマン的動物の生命」だとか、「我々の祖先の聖なる土地」に対する賛美といった重要語とともに、その他の害のない表現がすぐさまナチスのレトリックの好例のように受け取られているが、[79] 詳しく観察すると両陣営間の知的橋梁が恒久的な危うさを抱えていることはすぐに明らかになる。結局のところ、両者の合流の途上に、いくつかの障害物は避けられなかった。その一つがダーウィニズムの問題だった。トーマス・ポットハストがこの問題について書いているように、今日に至るまで進化論と自然保護は不安定な不倫関係だ。[80] しかしながら、第三帝国の時代、ナチスのイデオロギーにとって、社会進化論が重要であったために、両者の関係は一層、一触即発の状態だった。ダーウィニズムと自然保護は、ある程度までは、どちらも退化の不安を抱えている点で共存できた。しかし、ある一線を越えてしまうと、思想上の不一致は無視できないものだった。[81] シェーニヒェンが自然を「有機体の多元的共存で、機能的に密接に依存しあっているもの」であると説明したとき、その分裂はまだ現れていなかった。[82] しかし、バイエルンの自然保護主義者ハンス・コブラーが自然の「素晴らしきハーモニー」を賛美するにあたって、ナチスにとって重要なダーウィニズムの考え方、適者生存の法則との矛盾を隠しおおせるわけがなかった。自然保護をボルシェビキに対する防御の布石としようとする彼のイデオロギー上の傾向は強烈だったからだ。[83] 森林の問題では、ヴィルヘルム・ボーデ（ドイツの美術史家）が「ダウアーヴァルト（Dauerwald）」［訳註：エーヴェスヴァルト林科大学教授、メーラーが提唱したもので、多様な生物や土壌からなる一つの生命体である森林の望ましい状態を存続させつつ、経済的に利用するという理論である。メーラーは、ダウアーヴァルトの概念のもとに、異なる樹種や樹齢の大小様々な立木が混交する森林の状態を維持しつつ、皆伐ではなく択伐などの伐採方法により立木の収穫を間断なく図ることを目指した。その理念は、ナチスの国家有機体思想と結びつき、利用されることとなった。なお、ダウアーヴァルトは、専門的には「恒続林」と訳されることが多い］の考え方を強調している。これは以下でさらに詳しく論じることにするが、ナチスの社会進化論と適合するものだった。しかし、主に理論上だけの繋がりであることがいずれ明らかになる。[84] ナチス時代、「ダウアーヴァルト（Dauerwald）」概念の中心的支持者だったアーノルド・フライヘア・フォン・ヴィーティングホフ－リーシュは、「奇形、立木の病気や弱いところは、自然を全体として見るときに重要である。植物も動物もその中で生活し、その中から生い立っているのだから」という。[85] こうした見方では、自然保護上の優生学のような問題に関して賛成の議論を進めることは難しい。

ダーウィニズムと自然保護との間の緊張関係は、ナチス時代には大きな論争に至ることはなかった。[86] 自然保護家の中には進化論者の発言を引用して自然保護の根拠と主張する大胆な論者もいたくらいである。[87] 次の障害物は、無視できないと言ってもよいほどに、一層困難なものだった。「郷土」の問題である。多数の自然保護主義者たちの地域主義的な方向性は、ナチス国家の中央集権とは正反対の立場にあり、この永遠の緊張関係はカムフラージュする以上の方法があろうはずがなかった。[88] この問題に関してナチスは確かな立場を示していない。一九三三年、ナチスは「ウェストファリアの日」（Westfalentag）の年次大会を地区の中心都市での大衆集会にし、一五万人を集め、「郷土」に対する感情と国家社会主義の融合があったとして祝賀した。ところが、ナチスの指導者たちが大規模な祝賀行事を特別好んでいたことはよく知られているのに、その翌年は同規模では開催されなかった。とはいえ「ウェストファリアの日」の集会は第三帝国の時代、規模を縮小して続けられた。[89] セリア・アップルゲートが「ドイツ人の『郷土』思想」の研究で書いているように、地域主義が強調していたものはどんどん剥ぎ取られ、「『郷土』の意味は空っぽになった」。「第三帝国でも『郷土』概念の洗練は続けられたが、その意味するところは――政治化し、異教徒化し、そして国家的なものに変わって――最終的に抽象概念となった」という。[90]「郷土」の概念は戦時中ナチスの宣伝活動の中で復活し、一九四二年、郷土連盟のもとには帝国宣伝局から詳細な指示が届けられた。それぞれの地域で過去にあった危機を回想することを通じて、いかにして戦時の困難に直面している人々の忍耐力を強化したらよいか、その方法が指導された。しかし、これはイデオロギー上の最後の予備軍を兵籍に編入させたというに過ぎなかった。[91]

自然保護主義者たちもまた反ユダヤ主義を自分たちのレトリックの中に組み入れていくのには苦労を伴った。おそらくこの点で両陣営の間のギャップは最も顕著だったのだろう。ナチスは第二次世界大戦まで経済的な苦しみからくるほとんどすべてについてユダヤ人にその責任を負わせたが、自然保護主義者が個人主義と都市化による環境上の被害を少数のユダヤ人の仕業だとすることには、根本的に無理があった。せいぜい、ユダヤ人たちの責任にできるのは小さい問題ばかりで、このような試みはすぐにばかげたものとなった。一九三七年の書簡でハンス・シュタットラーは「Holtzjuden」――おそらく木材取引を専門に行うユダヤ人商人であろう――がこの地の「最後の強靭なナラの木、美しいくるみの木」を購入し、加工し、そして次は梨の木を絶滅させせようと窺っていると主張。[92] 一九三九年、シェーニヒェンは次のように述べて、過剰な屋外広告を再び厳しく非難した。「社会的・精神的疾患（すなわち屋外広告のこと）がどの程度までユダヤ人の害毒によるものか、調査する価値があると思う」[93]と言う。その一年前、「ドイツの自然保護の本質について」の論文で、ハンス・シュヴェンケルは次のように主張を展開していた。「創世記によると、ユダヤ人は自然保護を知らない。教養ある者だけが、ほとんど北欧系の人間だけが、自然に対する新しい関係、すなわち自然に対する崇敬の念を育てる。また、それは自然保護の基礎にあるものである」[94]。もちろんこの種の発言は卑劣で、必要ないものだ。しかし自然保護と反ユダヤ主義の関連性に不自然さがあったことを物語ってもいる。[95]

民族思想への態度

最後にもう一点、自然保護運動はナチスの民族共同体（Volksgemeinschaft）理念とも調和しないことを挙げたい。これはアーリア系のドイツ人を民族同胞（Volksgenossen）とみなす考え方である。たしかに、民族共同体（Volksgemeinschaft）の概念は意味が広くてつかみにくいし、ナチスが実際に実効性ある社会政策を続けていたのかどうか歴史家の間でも長く議論の続いている問題である。[96]しかし、ハンス・ウルリッヒ・ヴェーラーが論じているように、すべての民族同胞の平等を掲げるプロパガンダの常套句は実現しないままになったものの、ナチス党は「伝統的な階層や階級の境界線も越えてしまいそうな『社会的平等感』を拡散させることには成功した」[97]。中心的な構成員が人口全体のうちのごく少数者、はっきり言えば教育を受けている階級の運動にとって、こうした社会の潮流が重大な躓きの石となることは避けられなかった。戦間期に最も規模が大きくて広く知られていた自然保護団体の一つ、バイエルン自然保護同盟（Bund Naturschutz in Bayern）でさえ、社会活動に対して態度を決めかねていた。一九二〇年、宣伝用パンフレットでは、すべての階級の人々に対して、活動に加わるように呼びかけているが、同時に「公務員、聖職者、教員は全員参加」としていた。[98]パンフレットには自然保護をドイツ社会の隅々にまで行き渡らせるように強い言葉で公約が連ねられている。しかし、自然保護主義者たちは自分たちだけになると、かなり異なるトーンになった。「ドイツ国内には真剣な自然保護戦士の数がまだ不足しているのに、いわゆる自然愛好家の数は非常に多い」と、一九三六年、ヴィルヘルム・リーネンケンパーは自然保護受託人［訳註：一九三五年の帝国自然保護法の規定の中で自然保護家たちから最も期待をもって迎えられたのが自然保護受託人の制度だった。自然保護局から任用された自然保護受託人は行政から独立して活動でき、自然保護行政に影響を与えることが期待されていた。しかし、実際には彼らの助言は行政がどう対応するかにかかっていたうえ、自然保護家にとっては名誉職ではあったが、業務も専任ではなく、多くは無償で、終業後や休日を返上しての活動で、旅費などの経費も十分には支給されなかったという。本書中でリーネンケンパーが自然保護受託人を「真剣な自然保護戦士」「戦闘部隊」と呼んで鼓舞した背景にはこうした事情があった」の集まりに向けたスピーチの中で言及した。生ぬるい興味しか持っていない残りの社会に対して、自然保護受託人たちを自然保護のための「戦闘部隊」と呼んだ。[99] 様々な思想を広く包含してしまうナチス政権の理念に対抗するだけでなく、自然保護主義者自身の利益にも反するような、より排他的な自己規定をする傾向がナチス時代の自然保護主義者の間には根強く残っていた。一九四二年に出版された書籍の中でシェーニヒェンは、自分ほど正直な自然保護主義者はほとんどいなかったと述べた。シェーニヒェンはその中で、自然保護はその初期のころ「排他的すぎた」と遺憾な想いを記している。[100]

このような意見の相違は顕著であったものの、自然保護主義者たちの日常の活動への影響はほとんどなかった。このような対立点はどれも自然保護主義者の間でナチス政治に関する、より広い範囲の疑念に発展することはなかった。そしてその結果、自然保護団体がナチスに反対の立場をとるには至らなかった。さらに、ナチス政権はこうした意見の相違について、それを大きな問題とはとらえておらず、自然保護団体に思想的な粛正をかけるようなことは考えなかったようだ。ナチスにとってみれば、思想的な一貫性を貫いた場合の利益は、何もしなければ全く害のない陣営に政治的な混乱を引き起こしてしまうリスクより、はるかに重要性が低いものだったのである。しかしそれでも、自然保護とナチスの思想の間に引き続き存在している隔たりを認識しておくことは大切だ。というのは、ナチス時代になぜ右派思想が自然保護活動のすべての局面に浸透しなかったのか、これによってその説明がつくからである。むしろ、自然保護関係の文献には思想がからんだ発言が驚くほど少なく、あっても議論の筋道を強引に押し通すようなことはなかった。[101] 実際、ナチスの表現方法に頼るのは弱さの現れであることが多く、思想的に抑制が効いている場合は強さを意味した。一九三〇年代にはフリッツ・トートの率いる景観監督者組織［訳註：フリッツ・トートがアウトバーン建設総監として設立した組織で、景観の問題一般について助言することができることになっていたが、常に相談役としての存在にとどめられており、助言内容を関係者に強制できる法的な規定はなかった。したがって、現場の技術者たちがその指導にほとんど耳を傾けないということもあったという］の間でナチス用語の使用が増加したのは、主に彼らの影響力が大きく失われた結果であるとトーマス・ツェラーは主張している。[102] ヘルマン・ライヒリングはミュンスター自然史博物館館長の地位を追われると「民族と自然の間の内的な繋がりを取り戻すために」とナチス表現の匂いがする嘆願書を書いている。[103]

したがって、その他多くのグループと同様、自然保護主義者たちが目的を持続させるために使用したヒトラーの発言が、どちらかと言えば無害なテーマに焦点を当てていた点が重要だ。最も多かった発言はドイツの潜在力に寄与するために景観保存を求めるものだった。「ドイツの景観を保存するのは必須のことである。なぜなら、今も昔も、それがドイツ人の力と強さの絶対的な基礎だからだ」。[104] またこれよりも多くはないが、別の例も同様の傾向で、「我々は力のドイツだけでなく、美のドイツをも創造するであろう」――ヒトラーの言葉はこのように言う。もちろんこれは害の少ないものである。[105] どちらの例でも、自然保護とナチスの掲げる目標との間の繋がりはかなり間接的で、神話的なドイツの強さをアピールする貢献度はその他多くのグループと変わらなかった。さらに重要なのは、これらの発言の強調する点が人種差別主義的であるとか、反ユダヤ主義であるとかというより、美意識に関するものであったことだ。結局のところ、自然保護団体にとっては何十年と継続してきた保護活動をあっさりと合法化してくれ、ナチスの優先事項の観点からも調整を要求してこないという点で都合がよかったのだ。こうした発言は自然保護業界を超えて多くの注目を集めていたとは考えにくい。『我が闘争』を読んだか、演説を聞いたかした人々は、ヒトラーにとって人種の根本は血の中に流れているのであって、土地の中にあるものではないことをよく承知していたからである。

自然保護主義とナチスの思想が合致するところでは、その手段は非常に強力なものとなった。両者とも自由主義への批判では「生命を否定している」として強固な態度をとっていた。[106] 自由主義が惰性で進むことを拒絶するほか、物質主義を軽蔑していた。動機は異なるものの、両運動とも自らを理想的な運動だと考えていた。「〈理想の〉帝国への忠誠心によって、今日の〈物質共和国〉主計局長に立ち向かうことが真に必要である」と『我が闘争』の中でヒトラーは述べている。[107] 忘れてはならない事実は、ナチス時代、公的な場では女性の影響力はほとんどなかった点が自然保護運動内部の心情とよく調和したということだ。シェーニヒェンは女性解放に対して、物質主義と自由主義への平素からの批判の中で、次のような言葉で攻撃している。「自由主義的な世界観が女性問題に関して行ったことほどの愚行はない。男性が占めていたあらゆる種類の職業の門戸を女性にも開いた。女性は弁護士、教師、官僚にもなれるようになった。しかし、女性の中で自然がその力を発揮することを欲している一つのことを女性解放運動は奪ってしまった。それは母になることである」。[108] 自然保護運動の関係者の中で唯一いくらか目立った女性はリナ・ヘーンレで、鳥類保護連盟のトップを長い間務め、一九四一年に亡くなるまでのほとんどの期間、長老のように連盟を動かした。[109] 最後に、両運動ともにそれぞれの目標達成のために政府の支援を期待していた点も忘れてはならない。一部の自然保護主義者たちがナチスの表現の真意を確かめることを躊躇していた一方で、政府機関との親密な協力関係が極めて重要である点は疑う余地もなかった。しかしながら、課題と目標を定義する際、自然保護主義者たちには大きな自由が与えられていた。ドイツの自然保護団体の自由度は、おそらくダグラス・ウィーナーがソヴィエト連邦における自然保護の状況を語ったような「ほんのわずかの自由」とは言えないほどだったのではないだろうか。ナチス当局との取り決めははるかに手厚く、そのような表現では正しく表せなかった。[110] しかし、全体主義の国家がそうであるように、そこはナチス政権がかなり自由な思考を承認した領域だったのである。

一九三九年、第三帝国庭園ショーがシュトゥットガルトで開催された。時はナチス政権人気が絶頂期を迎えており、審査員団の中にナチス政権に近しいハインリヒ・ヴィープキング－ユルゲンスマンとその他二人の庭園設計者が入っていたため、思想的な色のはっきりと出る展覧会になるだろうと誰もが思っていた。[111]しかし驚いたことに、逆の結果となった。審査委員会はヘルマン・マテルンを庭園デザインの入賞者に選出したのである。マテルンはナチス党の党員ではなかったうえ、ユダヤ人顧客を担当する仕事をしていたので、ナチス党の視点からは「政治的に信頼できない」という評価になっていた。[112]マテルンの庭園は採石場の跡地に建設されており、異なった土地利用法の間の変更が円滑にできた点が入賞の理由だった。境界線が鮮明であることがそれまでの原則だったが、マテルンとその同僚たちは広範な種類から選んで、新しい調和的な景観を体験できるようにした。この庭園はナチスの記念碑建築様式の流れを全く汲んでおらず、実際、一九四五年以降もナチスの思想の副産物であると見られることはなかった。にもかかわらず、アルヴィン・ザイフエルト［訳註：一八九〇～一九七二年。造園家。景観設計家。大学教員。造園家としてフリッツ・トートの技術顧問となり、一九三四年に開設されたアウトバーンの緑化・景観設計を担当し、道路植栽を景観保全と環境保護の立場から推進した。一九四〇年からは帝国景観監督総監。行き過ぎた排水と河川の直線化によって「砂漠化」を引き起こしかねないと警告した。今日の近代的な景観保全を築いたとともに、環境問題を世に提起した人物の一人］はこの結果に熱狂的になって、「大きな安らぎとリラクゼーションが庭園全体に充ちて、完全に安らかな心で散歩が楽しめる」と激賞した。[113]ナチスと自然保護の思想の間の良好な関係は、ナチス政権の最盛期にあっても不完全なままであったのははっきりしている。

第3章 最高潮を迎えたドイツ自然保護——理想の実現に向かって

プロイセンの失敗

もしも自然保護とナチスの思想の間の関係について要約するとすれば、緑（自然保護）と茶色（ナチス）の間の協調関係の中で行われる運動は、一般化して説明することはできないということになる。[1] 結局、様々な思想の複雑に過ぎる混合物だったのである。いくつかの点では重なり合い、また別の点では多かれ少なかれ対立し、ナチスの思想の基本的な部分は自然保護の精神からは遠く離れ過ぎていたので、明らかにナチスという刻印の押された自然保護は生まれなかった。したがって、自然保護主義者たちとナチス政権との間には共感から対立までの幅広い範囲にわたる様々な接触があったはずだが、おそらくは無関心が最も多い態度だったと思われる。

しかしながら、実際の構図はそのようなシナリオとは明らかに異なるものだ。自然保護を求めるグループとナチスの間の距離は、思想上の背景から想像するよりも、実務上ではもっとずっと小さかった。協力関係ははるかに密接で、熱心で、目的が偶然部分的に一致したというのでは説明ができない。したがって、両者の思想的な関係の分析には組織上の連携に関する議論が欠かせない。自然保護運動に対して、ナチス政権は絶好の機会を多数設け、自然保護主義者たちは最大限これを手に入れようとした。手放しで歓迎するというほどではないとしても、共感が続いているという雰囲気を作り出したのは組織上の繋がりだった。この点はナチス時代の自然保護に関する文献の随所に見られた。しかし、同じくこの繋がりこそが、振り返ってみれば、自然保護運動を衰退へと導いたのだった。

もちろん、自然保護の思想は組織的な融和の観点から見れば見当外れということではない。[2] しかし、ナチスの歴史に残る自然保護に関係する数々のエピソードは思想だけでは説明がつかない。思想上の差異とは逆方向に進んだものもあった。再び、ヴィルヘルム・リーネンケンパーからこの点に関連して実例を紹介する。熱心なナチス支持者で、一九三三年からは党員でもあったヴィルヘルム・ミュンカーは、ザウアーランド地方の自然保護活動では、ごく熱心な協力者だったが、自由の気風の人物で、政治的に信頼できないという雰囲気があって、長期間務めていたドイツユースホステル連盟の会長職を退くようにナチスは彼に対して圧力をかけてきた。[3] また、ナチスドイツにおいておそらく最も影響力のあった人智学者、アルヴィン・ザイフェルトが、ドイツの最高エンジニア、フリッツ・トートに味方し、全国農民指導者（Reichsbauernführer）で、有機農業に関心を持っていたリヒャルト・ヴァルター・ダレとぶつかりあったのはなぜなのか。[4] 一九三八年、帝国自然保護局（Reichsstelle für Naturschuz）の最上層部に変化が現れてきた。ヴァルター・シェーニヒェンは自分の出版物の中でナチスの掲げている理想に賛辞を呈していたが、彼の後継者、ハンス・クローゼは思想的な意味で人望がなく、ナチスの党員でさえなかった。一説によると、クローゼはナチスの定義では、ユダヤ人の祖父か祖母が一人いる四分の一ユダヤ人（Vierteljude）だったという。[5]

一九三三年、ドイツの自然保護団体の責任者はすでに第二世代を迎えていた。フーゴー・コンヴェンツ、エルンスト・ルドルフ、ヴィルヘルム・ヴェーテカンプらが主な登場人物だった第一世代は、一九二〇年代中盤にはすでにほとんどが舞台を降りており、他国との比較にも十分に耐えうる組織的なネットワークを次世代に譲り渡していた。非常に献身的な自然保護団体の歴史は、一九〇五年のバイエルンにおける州自然保護委員会（Landesausschuß für Naturpflege）の設立から始まった。[6] プロイセンがそれに倣って、一九〇六年、フーゴー・コンヴェンツによるプロイセン国立天然記念物保全局（Staatliche Stelle für Naturdenkmalpflege）が設立された。[7] 初期のころは保全局の資金は限られており、ダンツィヒにある西プロイセン地方博物館館長、コンヴェンツは一八八〇年から一九一〇年まで非常勤で働かなければならなかった。[8] しかし、ドイツの人口のおよそ三分の二をプロイセンが占めており、国立天然記念物保全局はこの種の組織としては抜群の影響力を持った団体だった。その他の州ではプロイセンをモデルとすることが多く、他国で働くオブザーバーたちでさえも大変な賞賛を与えていた。一九〇九年、パリで開催された第一回田園地帯保護のための国際会議において、プロイセンは天然記念物保護のための政府主体の組織を持つ国として注目を集めた。[9] 一九二二年、一人のロシア人自然保護活動家は、コンヴェンツを慈悲深い「自然保護運動の使徒」という呼称を用いたほどである。[10]

ワイマール共和国時代、この組織の発展過程はあまり平坦な道のりではなかった。ワイマール時代、次々に起こる危機の中にあっても、法的制度的枠組みを強化し、組織の側もそれを推進していった州はいくつもあった。一九二二年、リッペ州では「郷土」保護法が他州に先駆けて制定された。続いて、アンハルト州が超インフレ危機にも耐えて、一九二三年六月、自然保護法を成立させた。[11] 一九二七年にはバーデン州文部相が指導権を発揮して、プロイセンをモデルに、カールスルーエ自然史博物館に付属した州自然保護局(Landes-Naturschutstelle)とともに自然保護受託人のネットワークを設立した。[12] 一九二二年、バイエルン州内務省は州独自の自然保護受託人ネットワークをバイエルン州自然保護同盟に合併させて、公的な権限を熱心な活動家グループに与えた。[13] たしかに、受託人には決定権はなく、その他の地域と同様に独立したコンサルタントとしての役割を担ってはいたものの、決定権限は行政内部にあったのである。[14] しかし、公的な権力と、市民の自然保護主導者が混じり合っている状況は、明らかに市民の要求に対して行政がオープンな雰囲気を持っていることを示していたといえる。その他の州はバイエルン州のモデルを踏襲することは避けたが、市民団体と政府機関が密接に協力し合う関係は広く行われるようになった。たとえば、ウェストファリア自然保護協会は一九二一年から一九三四年の間にその自然保護活動に対して、地方政府から四万六〇〇ライヒスマルク[訳註:一九二四年から一九四八年六月二十日まで使用されたドイツの公式通貨。一九二三年にピークに達した超インフレに対処するため、パピエルマルクの代替として一九二四年に導入された」を、さらにミュンスター市から一万六二五〇ライヒスマルクを受け取っていた。[15] 一九二五年から一九三一年の間に四回にわたって全国自然保護会議（Naturschutztage）が開催され、意見交換と要望の高かった公共討論の場を提供し、一般大衆に問題の重要性をはっきりと示す機会とした。[16] 一九三一年、ヘッセンの州議会は三年前に州都で行われた自然保護運動の展覧会での経験を生かして最先端の自然保護法を成立させた。[17]

こうした活動の多くは第一次大戦前の自然保護の中心的活動だった地味な活動に焦点を当てていた。岩の配置とか姿の美しい樹木のような天然記念物が最も注目され、より大きな自然保護区や国立公園などが議論されることはなかった。一九二五年、ヘッセン州の最大の自然保護区域はわずか二・五ヘクタールに過ぎなかった。[18] しかしながら、ワイマール時代も後半になると、自然保護の方法としてより包括的なやり方が求められる傾向が出てきた。焦点はしだいに景観全体へと移っていったのである。一例を挙げると、一九二九年、シェーニヒェンはライン川沿岸の保護のために特別な運営団体を作って、美しい景観の保護のために協力体制の確立を提案した。[19] 一九三一年、ベルリンで行われた第四回全国自然保護会議は、各州政府に対して都市と景観の設計に関するすべての問題に関して、自然保護会議の代表者に意見を求めるように正式に要請した。続いて、翌年ドイツ郷土保護連盟でも同様の結論が出された。[20] 一九三一年のヘッセン州自然保護法に対して州政府は次のように宣言している。[21]「隔離された天然記念物を保存するだけでは物珍しさだけで見られることになりがちで、それだけでは十分とは言えない」。しかしながら、景観保護に関する法の規定は非常に漠然としており、他の州政府は自然保護主義者たちの方針が景観保護へと重心を移してきたことへの対応には躊躇していた。実際には送電線設置計画の中で景観にもっと注意するようにとした一九三一年の貿易産業省の政令は強制力を示したものの一つだった。[22]

ワイマール時代の自然保護の努力は、特に戦前の成果と比較すると控えめなように見える。ある意味では自然保護主義者たちは根拠を失ったのだった。戦前、コンヴェンツは地域の天然記念物保護委員会（Provinzialkomitees für Naturdenkmalpflege）の広範なネットワークを作り上げていた。[23] しかし、戦中、戦後の緊急事態はこのネットワークの中に深刻な欠落部分を残していたが、プロイセン政府はそれを完全な形に復旧するための、体系的な試みを全くしてこなかった。したがって、自然保護の運命はその地域主導にゆだねられることがしばしばだった。一九二一年、ケルンの地方政府は新しい自然保護委員会の設立を発表し、一九二六年にはライン地方の行政府がこれに続いた。[24] 一九二七年にはアーヘン地域の郡長官の会合で自然保護活動の状況について苦情が出されたことにより、その後の数年にわたって、急激に活動が活発化することとなった。[25] ウェストファリアでは活発な地方委員会が一九三二年までに五六もの自然保護区を設立していたが、そこでも自然保護は、わずか二組織に依存しており、不安定な地位しかなかった。[26] 自然保護活動の状況はワイマール時代には非常に不規則で、大胆な自主性に任されていたが、無秩序な運営構造でもあった。一九三四年の政令が自然保護活動専門の組織に関して「広範に広がった透明性の欠如」に言及していたのが印象的だ。[27]

自然保護運動に携わる人々にとって最も期待はずれだった点は、おそらく、プロイセン自然保護法の失敗だったのではないだろうか。ワイマール憲法は天然記念物の保全を政府の義務の一つであると定義していた。そして、一九二〇年にはすでに、プロイセン議会は政府に対して新しい自然保護法の草案を迅速に作るように要請していた。しかし、その後の十二年間にそうした草案はできなかった。[28] この失敗の原因を困難な補償請求の問題とする歴史家もいる。[29] これが長期間の内部議論を必要とする問題であったのは確かだ。しかし、自然保護法が他の州で迅速に議会を通過していることから、この問題が決して克服できないものではなかったはずだ。[30] 内部資料ファイルを検証してみると、プロイセンの自然保護法の失敗は何よりもまず、役所仕事の管理ミスという典型的なケースのように見える。行政上のどの機関も法整備を強硬に押してくる所がなく、その結果、下位機関でのやる気のない議論に終わってしまったのだった。一九二一年八月、議会の決定から一年以上が経過して、文部相は他の州で施行された法律について書面で聞き取り調査を行った。[31] 一九二三年までに行政は第一草案を完成させており、意見を聞くためにしかるべき先へと発送した。[32] しかしながら草案はそれ以上進展しなかった。文部相にはほかに優先事項があったのである。一九二六年、議会での答弁で政府高官は、未成立のままの歴史的記念物保護法が可決されるまでは自然保護法の制定作業を再開しないと発表した。[33] 一九二七年三月、文部相はようやく第一草案について合同会議を招集した。続いて、四月と五月にも会合が開かれた。[34] しかしその後は文部省が法案の第二草案を作るのに一九二八年一月まで時間を要した。[35] この草案はやっかいな補償問題を除外しており、法務省はこの方法に同意を示したが、内務省からは中止が求められた。この法案が一般行政改革計画と齟齬を生じるというのが理由だった。[36] これをもって、自然保護法は最終的に政府の検討案件から消滅した。この法案の可決を長年心待ちにしていた自然保護運動関係者たちにとって落胆は大きかった。[37] さらに失望の度を深めたのは、プロイセン政府が一九三二年三月に、政府政令の内容を縮小し、設立する自然保護区を「極めて重要で、特殊な区域の保全に限る」として、規制緩和命令を発したことであった。[38]

ナチスからの圧力

そういうわけで、一九三三年の段階でワイマール共和国が活動の後押しをしてくれていると感じた自然保護主義者は当然ながらほとんどいなかった。くすぶる不満と同様、こうした諦観が広がったが、これをナチスへの共感と解釈するのは早計に過ぎる。それどころか、むしろその要素は少ない。なぜなら、多くの事例で、ナチスによる政権掌握によってまずはユダヤ人や、ナチスの定義によってユダヤ人とみなされる保護活動の仲間を失う結果になったからだ。それでも、自然保護活動のネットワークの中でのユダヤ人排除に対する抗議は、その他のドイツ人社会と同程度に少なかった。とはいえ、運動が存在感の大きい協力者を数多く失ったことの影響を過小評価してはならない。南ドイツのフライブルクの郡長官のもとに「ユダヤ人と親戚」(jüdisch versippt) という理由で、郡の自然保護受託人、ロベルト・ライスを解任しなければならない旨が伝えられると、長官は感情を抑えきれず、「ライス教授の解任にあたって、非常に遺憾である」と述べた。[39]さらにナチス党が推薦してきた後任候補を最初断った理由として、「この人物が、ライス教授と同じくらい熱心に愛情を注いで職務を遂行するかどうか確信できない」とした。[40]ナチス党は政権の座に就くや、活動の一部はのちに別の組織の中で継続されたとはいえ、社会民主党との間の協力関係を理由に、自然の友(Naturfreunde)旅行協会を解散させた。[41]ルートヴィヒ・レッサーは、一九三三年ユダヤ人としての出自を理由に、ドイツ園芸協会(Deutsche Gartenbau-Gesellschaft)会長職辞任に追い込まれ、のちにスウェーデンに逃れた。社会民主党員で、ナチスの定義によると「半ユダヤ人」(Halbjüde)となる景観園芸家ゲオルク・ベラ・プニオヴェルは職を追われた。[42]プロイセン国立天然記念物保全局(Staatliche Stelle für Naturdenkmalpflige)では、ユダヤ人を先祖に持つが洗礼を受けたプロテスタント信者のベノ・ヴォルフが一九三三年に局を辞職した。彼は一九四三年にテレジエンシュタットの強制収容所で死亡している。[43]

アルブレヒト・アインシュタインからトーマス・マンまで、各界の権威が数多く祖国を離れた科学や文化面ほど劇的な損失ではなかったものの、自然保護活動支持者の中からも失われたものは大きかった。ナチスが自分たちのグループにどのような利害を与えるものであるのか、それが不明確だったことが、自然保護主義者たちにとって最も差し迫った問題だと感じられた。共感か敵意かというよりも、方向感覚の喪失というのが支配的な心的状況だったのである。たしかに、多くの自然保護団体は新政権に対して歓迎ムードだったが、彼らがどんな言葉を使用したのかより詳しく観察すると、しばしば含みのある表現だったことがわかる。多くの場合、自分たちはすでに以前からヒトラーの精神に従って活動してきているので、変更する必要はないのだと、瞬時に付け加えている。[44]ところが熱狂的なヒトラー主義者たちが多くの町や村に植樹していた「ヒトラーのオークの木」や「ヒトラーの菩提樹」に関する自然保護関係の文献に対して、全くコメントしていないというのも興味深い。[45]のちに、「総統の精神とともに」といった特別な日に自然保護主義者たちが植樹を祝うことはあったが、政権のトップに上り詰めていくナチスを取り巻く大反響音の最中にあっては、方向感覚を喪失してしまって、そうした理論的説明は思いつきもしなかったのだ。[46]

もちろん、自然保護主義者たちは社会民主党やユダヤ人たちのような迫害を恐れることはなかったし、そうした理由もなかった。しかし、新政権の農業計画について、憂慮すべき理由があったのはたしかである。シェーニヒェンはヒトラー政権を歓迎して楽観的な記事を書く以前にも、新政権が国家労働奉仕団（Arbeitsdienst）プロジェクトを集中的に行って大規模に続行すると約束した、土地改良計画の危険性について記事を発表している。[47]「国家労働奉仕団に託されるドイツ景観に関する請願」と銘打ったこの記事は、一九三二年の自然保護代表者年次大会にまで遡るもので、[48]労働奉仕団プロジェクトの潜在的効果についての議論が特に目立った。この会議を通じて、参加者の不安と明確な行動計画の欠如が明らかになった。「国家労働奉仕団事業の企画に際して、政府担当者に、法的根拠を示して自然と『郷土』保護の必要を考慮させることが必須である」と自然保護主義者たちは決議した。しかし、経済不況の最中、労働事業については強制力があったが、自分たちの懸念に何らかの合法性を与えてくれる法律も命令も、根拠として示すことはできなかった。[49]シェーニヒェンでさえ、ときおり悲観的な響きを添えるのはやむを得ず、「偉大な修復計画に資するためには、宝と力を秘めたドイツの景観も犠牲を払わなければならないだろう」[50]と述べた。バーデンのドナウリート湿地帯の土地改良計画の声明では、州の自然保護受託人は次のように簡潔に宣言した。「耕作によって貴重な土を得ることができると専門家たちが考えていることは明らかであるから、自然保護の関心事項はこれまでと同様、優先されることはないと思われる」[51]

景観策定の試み

シェーニヒェンはその「労働奉仕に対する要求」の中で、「『郷土』の土の神話への感情移入から派生する取り組み」を求めた。[52]しかし例によって、実際の返答は神話やイデオロギーよりも行政上の論理と可能性の限界を根拠とするものだった。シェーニヒェンはプロイセン自然保護受託人に対して、特別措置として、自然保護の観点から取り扱いに慎重を要する、すべてのエリアを表示した地図を準備するように要請した。[53] 時間の節約のため、受託人たちが特別な調査をしないで済むように、「その地域に精通した者が協議して、その地域を重要だと判断すればそれで十分である」とした。シェーニヒェンは「ケースによっては後日諦める必要があるだろう」と述べて、仲間の自然保護主義者たちに大胆に取り組み、関係のありそうな地域すべてを記録し、特に重要なエリアには印を付けておくように促した。地図は完成後、これらの地域をできる限り破壊から保護するようにという要求をつけて、土地改良プロジェクト担当の当局に送られた。人文学の教養をひけらかすように自然保護行政当局はこのプロジェクトに対してラテン語の名称を選んで、「noli-tangere 地区」と「noli-tangere 地図」とした。こうした地図や地名にある種の権威をつけたいという衝動が名称の選択にも表れているようだ。noli-tangere とは「触るな」というラテン語の表現なのである。[54]

これは自然保護主義者たちの景観策定における最初の計画的試みであり、すぐさま行動が開始された。一九三三年五月にはすでに、ルール地区の自然保護受託人が、郡の自然保護受託人の協力を得て、三つの郡レベルの地図が完成したと報告している。[55] しかし、この取り組みの基本的な問題はスピードをあげれば解決できるわけではなかった。たとえ計画者である当局が取り扱いに細心の注意を必要とするエリアを知っていたとしても、業務を遂行する中でその情報を考慮する義務はなかったからである。noli-tangere 地図は自然保護主義者たちの希望リスト以外のなにものでもなく、他人から見れば言質を与えない助言というに過ぎなかった。したがって、この計画の準備は自然保護を志す人々にとってはイライラさせられる経験となった。地域内の貴重な自然を整然と登録しても、あとできることは一つまた一つと破壊されていく様子を手をこまぬいて見ているだけだったからだ。実際に、北部の町ノイミュンスター出身の土地改良の役人は、自分の仕事に対するこのような侵害についてどう思っているか、出だしから次のように述べている。「もちろん、我々は noli-tangere 地区に対して常に配慮できるわけではない。そのようなことをすれば数多くの土地改良事業によって生み出される農業用耕作地としての特別な価値を諦めることになる。今日の雇用の創出という観点から見ると、非常に重要な巨大プロジェクトを中止することは、総統の強い呼びかけによって生まれた、目の前の仕事を放棄することを意味することになるだろう」という。[56] その後はノイミュンスター近郊における自然保護活動の将来に関して、楽観的な見方は到底できなくなった。[57]

動物保護法への期待

しばらくの間は、一九三三年の動物保護法が自然保護を求めるグループに希望の光を与えていた。一九三三年、四月から十一月までの間に政府は、動物の取り扱い規制を厳格化する法律を三本成立させた。一九九九年のある論文はこれを「相当進歩的な法律」であるとして賞賛している。[58] しかし、立法動機は環境保護とそれほど関係はなかった。十九世紀末以来、ユダヤ人の戒律に従った食肉処理のやり方が非難され、生体解剖に対する抗議は反ユダヤ主義と密接に繋がってきていた。[59] しかし、法律はユダヤ人が戒律に従って動物を殺すことを単純に禁止したのではなく、「動物を不必要に苦しめたり、残酷に扱ったりすること」を違法としたのである。[60] 法律の起草者はその理由づけとして「我々が動物虐待を罰するのは、その行為が万物に対する共感という人間の感情を傷つけるからではなく、そのような動物が虐待行為からの保護を必要としているからである」と述べて、非人間中心主義を提案している。[61] しかし、実際の運用はこのような高尚な目標にはついていけなかった。[62] 一九三三年十一月の動物保護法可決からわずかひと月後、内務大臣のヴィルヘルム・フリックによる命令が発令され、動物保護団体を強制的に再編成し（Gleichschaltung 統制、強制的同一化）、大学の動物保護委員会から排除した。[63]

つまり生体解剖の重要性がナチスにもだんだんと理解されるようになったということなのだ。再軍備という最重要目標に役に立つ研究が含まれていたからだ。その結果、法律の元来の意図は早々に放棄され、その後規制は弱められてしまった。生体解剖の全面禁止を義務付ける命令がプロイセン首相ヘルマン・ゲーリングによって一九三三年八月十六日に発布されるも、わずか三週間後の九月五日の命令によって改正され、規定はより寛大なものとなった。結局、内務省は大学研究機関に対して動物実験の白紙許可書を交付し、実験について厳しく監視することを止めてしまった。法律は実験室での活動に対してある程度の制限は課し続けており、研究者たちも扱いの難しい実験は秘密裏に行うようになった。夜間の実験中に逃げ出した、脳に電極を埋め込まれた猫をフライブルク大学の研究者たちが大慌てで探しまわったこともあった。[64] しかし、そもそも、法律の影響力は限定的で、動物に不法な去勢を行った者たちに対する法律の執行が手ぬるいと、一九三六年、ダルムシュタットの獣医師会（Tierärztekammer）は、去勢の常習行為が「法律の効力を完全に麻痺させる可能性がある」と危惧して、公式な抗議を提起した。[65] ナチスの指導者たちは表面上、動物の愛護を誇りにしているように見せかけており、この種の心理は一九四三年十月四日にポーゼンで開催されたナチス党親衛隊指導者会議の席上でハインリヒ・ヒムラーが行った演説にも流れていた。これはナチスの恐怖政治を正当化する最も悪名高い演説の一つで、その中で、ドイツ国民は「動物に対して恥ずかしくない態度を取る全世界で唯一の国民」であると、ヒムラーは高らかに主張した。[66] 一九四〇年、利用価値のないペットを禁止し、人間のために貴重な食糧を蓄えてはどうかという議論が政府内で高まると、ヒトラーは個人的な介入を行ってこの計画を頓挫させた。[67] 最終的に政府はペットの禁止を命令したが、非アーリア人市民の所有するペットだけを対象とするもので、多くのユダヤ人にとって侮辱的な命令となったのである。[68]

自然保護関係者の間では、動物保護法成立後には自分たちが支持する法律がさらに数多く成立するだろうという希望が根強くあった。ナチス政権の初期のころ、自然保護や「郷土」保護、鳥類保護、また見苦しい屋外の看板からの田園保護など、懸案の法律が次々に制定されるとの噂が広がった。[69] しかし、ナチス政権の最初の二年間、これらの法律はどれも実現しなかった。「郷土」保護法はザクセン州とブラウンシュヴァイク州で一九三四年に成立したが、当時の人々の目には「不十分な結果」として映り、注目されることも少なかった。[70] 逆に自然保護主義者たちが直面したのは、自分たちの組織構造に関する基本的な難題で、ナチスが初めの二年間、様々な団体を強要的同一化（Gleichschaltung）の理念に従って整理統合しようとしたことだった。自然保護主義者たちにとっては、一九三五

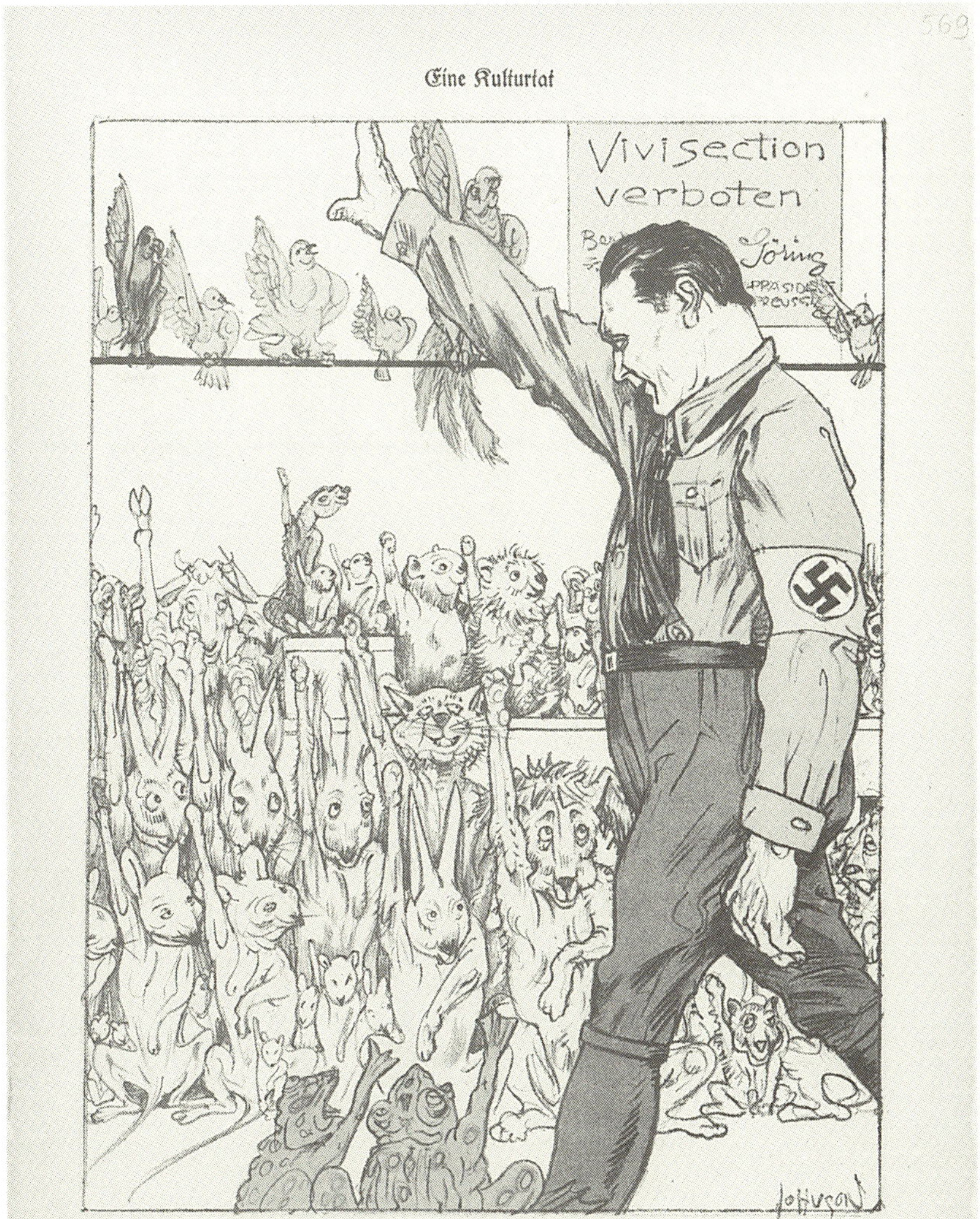

図3－1　動物たちがゲーリングに敬礼している——ナチスが動物保護法を次々に成立させていた時代に風刺雑誌『クラッデラダーチュ』に掲載された時事風刺漫画。ハイデルベルク大学の許可を得て印刷されたもの。

年までの運動の成果が限られたものに終わったこと以上に問題だった。結局のところ、成果があまり大きくなかったのは過去の何十年もの自然保護運動と同じで、現代社会の一般的傾向と自然保護が求めるものとは相容れないのだという印象を、自然保護運動参加者たちは共通に持っていた。ところが、自然保護運動組織の統合は、それとは全く別次元の脅威だったのである。

全体主義への密かな抵抗

「強制的同一化 Gleichschaltung」運動の本来の意図は政治的活動体としての州を中性化し、政治上の反対者を排除することだった。しかしこの運動は間もなく数々の社会的活動体を一つの協調主義者のシステムへと合理化させていくことになり、その過程で出世第一主義が横行するようになる。自然保護や地域文化、歴史的記念物の保存に関係するすべての団体を統一するために設立された帝国民族性郷土同盟（Reichsbund Volkstum und Heimat or RVH）はその好例である。

ＲＶＨの正式な設立は一九三三年七月二十七日で、この年の末までにはおよそ五〇〇万人の会員で構成されていた。[71] しかし、ゲルト・グレーニングとヨアヒム・ヴォルシュケ-ブルーマンが述べているように、会員になったからと言って、自然保護関係者が進んで権限を委譲するようなことは決してなかった。[72] 反対に、伝統的な組織構造に固執した保守的な中核メンバーの反感を買ってしまうことになる。多くの批判がＲＶＨ組織の指導者ヴェルナール・ハーヴェルベックに集まった。彼はヒトラー・ユーゲントと国家社会主義学生会の高官で、二十三歳のときに同盟の書記官となった人物で、[73] 自然保護活動家たちとは目標とするものが大きく異なっていた。ハーヴェルベックが若年層や労働者階級に向けて中央集権的な政治活動家の組織を目指したのに対して、一般大衆は伝統を支持し、中流階級を中心的な支持者層とする地方分権的な手法に賛成していたのである。[74] とうとう同盟は文化政策の分野の権限をめぐってアルフレッド・ローゼンベルクとヨーゼフ・ゲッベルスの間の対立に巻き込まれた。一九三三年末、ＲＶＨはゲッベルスの帝国文化院（Reichskulturkammer）に編入されて、この紛争は一時的な収束を見たのだった。[75]

「郷土」運動は非常に平和的なグループだったが、ハーヴェルベックの計画で、間もなく反抗的な空気に包まれた。もちろん、ナチス政権自体が全体主義的な性格だったため、彼らの抵抗は公の反乱の形を取ることはなかった。その代わり、団体は沈黙を守りながら消耗戦を行って、人脈を利用して団体内の問題へのあらゆる介入を巧みにかわそうとした。その意味ではバイエルン自然保護同盟が中でも最も恵まれていたと思われる。なぜならRVH会長であるミュンヘン大学の歴史学者、カール・アレクザンダー・フォン・ミュラーがこのグループに属していたからである。バイエルン自然保護同盟はすぐにミュラーに接近し、「団体内部の問題には変更を加えない」との確約を取り付けた。現場に望まない介入が行われる前に、同盟議長はすべての支部役員と各地の代表者にミュラーの声明を伝えたうえ、違反行為は即座に理事会に連絡するように指示した。[76] 同じころ、ヴェルナール・ハーヴェルベックはRVHの基金で購入したメルセデスの大型車を運転して、様々な団体資産を差し押さえるためにドイツ各地を移動していた。[77]

郷土保護連盟は一九三四年の初めに再び主導権を握ろうとして、自然保護主義者の間では常に問題として挙がっていた屋外広告に対する反対週間の運動を行った。[78] しかし、この運動は一九三四年の三月に急遽発表されたものの、広告業界からの抗議に遭い、積極的な行動は、始まったときと同様に急速に終了してしまった。同年の秋に成立した合意では、屋外広告に反対するあらゆる非政府運動は非合法となったのである。[79] 継続中だったハーヴェルベックへの反対運動はこれより は成功を収めていた。内部監査がいくつかの違反行為を暴くと、ハーヴェルベックは一九三四年十月二十日同盟書記官としての任務を解かれた。そして、RVHは続く数カ月の間に解散してしまったのである。[80] これをもって、強制的同一化（Gleichschaltung）の問題は自然保護活動家の間では、ときおり別の噂も聞こえてはいたが、一応休止状態となった。[81] 唯一の例外は鳥類保護の団体で、一九三八年九月の政令によって、この分野の団体はすべてリナ・ヘーンレの鳥類保護連盟に所属することが定められた。これはこの時点までにはすでに「鳥類保護帝国連盟」（Reichsbund für Vogelschutz）へと、より強制力のある団体名称を得ていた。[82] しかし、団体資産の収用という恐怖は現実のものとはならなかったものの、この話が自然保護主義者たちのナチスに対する共感を助長することにならなかったのは言うまでもない。

結論としては、ナチス政権の最初の二年間は自然保護運動にとって、不穏な均衡を保っていたと言える。一方で自然保護の団体はどうにか強制的な組織統合(Gleichschaltung)の対象になることを免れて、自己決定権を維持できた。しかし他方では、ナチス党の党員になったり、自然保護をナチスの究極的目標であるとして、思想的な傾向の強い表現を掲げるなどの、初期のころの服従ポーズではナチスから積極的な見返りは何も得られなかった。未完のままになった屋外広告反対運動と、十分な結果が出なかった動物保護法は、ナチス国家の中に自然保護意識を広めていくことのむずかしさを浮き彫りにした。高い目標を掲げ、活発な運動を強く求める熱心な活動家を抱えたグループにとっては――ハンス・シュタットラーは仲間の自然保護主義者たちに、ネルソン提督になぞらえて「ウンターフランケンは各人がその義務を果たすことを期待する」と訓示したが[83]――このような結果では到底満足できなかった。したがって、もしもこのような流れがこのまま続いたとしたら、自然保護運動はドイツ人歴史家マルティン・ブロスザトが言うように「抵抗運動(Resistenz)」に発展していただろうと思われる。彼らの考え方と行動規範は、ナチス支配とそのイデオロギーに対して制限を設け、ナチス政権に対して精神的な距離を置くというもので、抵抗運動を広く呼びかけるものでは必ずしもなかった。こうした物の見方でいくと、ナチスはナチスの活動を続ける一方で、自然保護運動もまた自分たちの活動を行うということになっていっただろう。[84] しかし、両陣営は一九三五年に劇的に接近し、ナチスに対して、熱狂とまではいかないまでも、強い献身へと心情は変化した。この新しい立場を何よりもはっきりと示しているのが、一九三五年六月二十六日成立の帝国自然保護法(Reichsnatur-schutzgesetz)だったのである。

帝国自然保護法の影響力

その六日前、ヴィクトル・クレンペラーは日記に書き留めていた。のちにこの日記こそ、大衆の意見がこの時代、著しく変質させられたことを記憶する、ナチス時代の最も貴重な記録の一つとなるのだ。クレンペラーは周囲の人々のことを観察して、次のように書いている。「平時ならば善意の人たちが、国内の権利の侵害に対する感覚を鈍らされて、特に、ユダヤ人の不幸を正当に理解できなくなって、ヒトラーに半ば暗黙の同意をし始めている」[85]。クレンペラーの記述はこの時代の他の記述とも一致しており、ナチス政権に共感する空気がある程度広がっていたことを示している(これは自然保護主義者たちの間でも目につく傾向だった)が、共感とは言っても相当二面性のあるものでもあった。ナチス支配を受け入れるようになった人々は多かったが、熱狂的というには程遠かった。ヒトラー神話は当時まだ生成の過程にあった[86]。ヒトラーは少なくとも近い将来にいたるまで政権に留まること、そしてこの政府と共存はできるということに、自然保護を訴えてきた人々は気づいていたのだ。しかし、こうした心理的態度が熱心な支持へと変化するには何か大きな事件が起こらなければならない。なぜ一九三五年の法律が自然保護の歴史の中で、大きな分水嶺となったのか、このような背景のもとでなら明確になる。ワイマール共和国とは異なり、ナチス政権は長年の夢を現実のものとしてくれるのだという考えのもとで、自然保護主義者たちはそれ以降行動していったのである。

この新法は、全体的な立法意図と各条項の両方について各方面から賞賛を受けた。一九三六年のある学位論文は、この法律について「立法上の芸術的最高傑作」以外の何ものでもないとまで論じていたし、とある法律関係の週報には、この法律によって「我々の『郷土』の自然に対する展望の基礎が築かれた」という表現が用いられていた[87]。ルートヴィヒ・フィンクは、一九五〇年代になっても、この法律について「このような法律を有している国はほかにはない」と熱を込めて主張している[88]。ナチス政権に典型的な点だが、法律の規定だけでなく、その背景にある立法意図の表現をも激賞するコメントが数多く発表された。こうした賞賛の言葉は、政権の最高ランクの人物たちが自然保護主義者たちに対して注目と支援を与えたことへの感謝の表現と密接な関係があった。ヴィルヘルム・リーネンケンパーは感謝をこめて、「一九三五年、総統は我々に帝国自然保護法をくだされた」と書き残している[89]。

イェンス・イヴォ・エンゲルスが主張しているように、もし仮に帝国自然保護法が自然保護主義者の間で神話といえるものになったのなら、これは法律の内容だけの結果ではない。たとえごく短い時間であったとしても、最強の存在に自分たちの主義主張が共感を持って受け入れられたという記憶によるものだ。何十年と社会から無視されてきたことに不平を言い続けていたグループにとっては心に深く刻まれる出来事だったのである。[90] 例を挙げると、バイエルン自然保護同盟はこの法律が同盟の活動に対して「大きな飛躍」を意味したと記録しただけでなく、「今や、ゲーリングが自然保護を力強く引き受けてくれた。つまり我々の関心事に対して法的な裏付けを与えてくれたのだ」と述べて、国家第二位の地位にある人物が自分たちの活動を擁護してくれていることに注目している。[91] ナチス時代の自然保護主義者たちにとって、この法は法律文書としてのみならず、新政権からの支援の言質として重要だったのである。一九四五年以降、自然保護主義者たちはこの法律の内容と可決されたときの周辺事情を明確に区別しようと試みるのであるが、ナチス時代の支配的な考え方はそうなっていなかった。[92] 一九三五年以後、自然保護主義者たちは法律の文言ばかりでなく、ナチス政権の意向をも、頻繁に援用することができたのである。ヘッセン州の地域自然保護受託人は、一九三八年の自然保護法をさらに組織的に運用することを促して、「帝国自然保護法が総統の主導のもとに成立したという事実に対し、私は皆さんの注目を仰ぎたい」と述べている。[93]

自然保護主義者たちの熱狂は全く根拠のないことでもなかった。この法律は、いくつもの点で世界的にも抜きん出ており、チャールズ・クロスマンが述べたように「世界で最も幅広い自然保護法の一つ」だった。[94] もちろん、いくつかの規定それ自体は新しいものではなく、ドイツ国内のほとんどの州では天然記念物や自然保護区の保護のための法律がすでに成立していた。しかしこの点に関しても、帝国自然保護法は全国共通の規定を作り、それまでの「種々雑多な自然保護規定」を廃止させたという点で突出していた。[95] また、帝国自然保護法がそれ以前から存在していた法規制を強化した点は象徴的といえる。これも自然保護運動を支持する人々にとって重要な点だったのである。ヴァルター・シェーニヒェンとヴェルナール・ヴェーバーが発表した解説によると、一九二〇年のプロイセン林野警察法に挿入された個別条項に基づいて、自然保護区を指定することは可能だったのだが、このようなその場しのぎは「恥ずべき事態であり、自然保護の重要な目的を裏口に案内するようなもの」という。[96] また、官僚組織の外側の名誉職である自然保護受託人との協議と、一般行政組織内部での政策決定という伝統的両輪体制が続いていたが、自然保護に関する運営構造に対する規定は重要であった。以前までは自然保護規定の執行のための組織制度を設置するかどうか各地の指導者に一任されていたのが、これからは帝国自然保護法がドイツ全国に広がった包括的な行政ネットワークに働きかけることになったのである。[97]

しかしながら、この帝国自然保護法が真に革命的だった部分は、ドイツ自然保護の伝統的基準をはるかに超えて、重要な保護の目的として景観の保護を含んだことだ。先に述べたように、景観計画に対する関心はワイマール時代の終わりごろにはしだいに高まってきていたが、法的処置は脆弱だった。ワイマール時代、プロイセン自然保護法の草案には景観一般に関する条項さえ含まれていなかった。[98] プロイセン林野警察法一九二〇年修正の草案は保護対象の項目の中に「地形の表面」を含んでいたが、議会の法制委員会は最終の草案からこれを取り除いてしまった。[99] これとは対照的に、帝国自然保護法の第一九条では、「カントリーサイドの景観の保護」の目的で、「外観を損なったり」、自然を傷つけ、人々の自然体験を阻害したりする行為を未然に防ぐことができるようになった。[100] しかも、第二〇条では「すべての政府行政機関は景観に大きな変更を及ぼすような計画の許認可は、事前に所轄の自然保護監督機関に意見を求めなければならない」と具体的に規定した。[101] どちらの規定も前例のないもので、ドイツ自然保護史の法的側面に画期的な飛躍を生んだのだった。この法の成立が発表されるとすぐに、帝国森林局局長ヴァルター・フォン・コイデルは「我々はドイツを景色の良い小さな場所がたくさんある国にしたいと望んでいるのではない」と述べて、自然保護主義者の課題が広がったことを強調した。今後自然保護主義者たちはカントリーサイドの景観に何らかの影響を与えるようなあらゆることに関して意見を述べる権利があるのだと、コイデルは宣言したのである。[102]

帝国自然保護法第二四条

これをもって、自然保護団体はその法的権限を飛躍的に広げた。しかし同時に、その権限を行使するに当たっては、当然、それ以外の土地利用との間に頻繁に問題を生じることとなった。多種多様な利害関係の調整を図るためには、すでに法的解決のひな形が多数出来上がっていたからである。たとえば、一九三一年のヘッセン州自然保護法には、所有者からの補償請求への対応に関する条項が含まれていたし、プロイセン自然保護法の草案では、第三者に対して不均衡な損害が生じる可能性がある場合は、補償措置を行うことは望ましくないとしていた。[103]

しかし、帝国自然保護法は第二四条で法の施行に必要な措置のための補償を原則として排除するとして、ここでもまた伝統とは訣別するものだった。言い換えると、これからは行政が自然保護区を指定したり、景観を変えることを禁止したりできるようになり、土地所有者は金銭的な補償を請求する訴訟を起こすことができなくなったのである。[104]このような過激な手法は決して偶然の産物などではなかった。法制度の改革におけるナチスの重要な目的の一つが集団の利益の優越で、一九二〇年のナチス党綱領第二四で掲げられた、「集団の利益は個人の利益に優先する」(Gemeinnutz vor Eigennutz) というスローガンに集約されていた。[105]この条項の背景にある目標はローマ法の伝統を超えることで、ローマ法上の私的所有権の思想はゲルマン的特色に本来備わっている公共の利益という概念とは対照的な存在だという。極論すれば、この論理の方向性では、個々人は財産の所有者ではなく、単に民族共同体Volksgemeinschaftから与えられた権限の保持者に過ぎないことになる。そして、民族同胞が必要とするときには、ナチスは個人に対して即座にこの権限の放棄を求めることができた。[106]帝国自然保護法第二四条は、ナチス時代にこのような理論的根拠を言明した数多くの表現の一つだったのである。ヴェルナール・ヴェーバーによると、ナチス政権は一九三六年九月までに、補償請求に応じないとする規定をおいた四七もの法律を施行していたという。[107]

しかし、自然保護主義者たちが熱狂的に第二四条を歓迎した理由は、ゲルマン的ファンタジーとはほとんど関係がなかった。その根拠は非常に現実的なものだった。バイエルン自然保護同盟が表現したように、条項は「将来にわたる施行上重要」だった。[108] 土地所有者との交渉は、自然保護活動に加わる人々が何十年にもわたって苦しめられてきた問題だったからだ。これまで、この面では政府が出す政令では大した成果がなかった。一九二八年のバイエルン州の政令は自然保護団体に「平和的な交渉を」行うように指導するものだったが、自然保護担当の役所に対して所有権者に協力を要請できる法的手段を何ら与えていなかった。

他方、一九三二年のプロイセン政府の規制緩和命令は土地所有者の同意を文書で求めた。[109] もちろん自然保護活動団体が将来を見越して自然保護地区を購入することは可能だったが、多くの場合、それは理論上の選択肢の一つにとどまった。郡の首長が価格の高騰を防ぐために土地の購入の際に中立的な仲介人を使うよう推奨することは目に見えていたし、シェーニヒェンが考えた一九二九年の「ラインラント保護宝くじ」は自然保護活動家たちの財政難を広く社会に知らしめる絶好の機会となった。[110] しかし、このような問題はすべて、帝国自然保護法の施行で解決済みとなったのである。原則として関連財産の収用を避けた自然保護主義者は多かったが、所有者との交渉は整備された補償条項を手にしたことで、はるかに簡単になったのである。[111] 事実、ドイツでは自然保護運動はこうした条項をすでに二十年以上にわたって求めてきていた。たとえば中央ドイツの小規模州で一九二〇年にチューリンゲンの一部になったシュヴァルツブルク・ルドルシュタット自治体が、一九一〇年に州による補償は行わないとする自然保護法を可決すると、ドイツの主だった自然保護団体は国内の他の州政府に対して請願を提出して同様の法律を成立させるように求めた。しかし、彼らの請願を立法府が「機密事項」と指定したことは容易に推測される。その後、法律として制定されることはなかったからだ。[112] 請願署名者の一人、フリッツ・コッホは一九二〇年代にチューリンゲンで同様の法律の制定を求めてロビー活動をしていたが、その運動は公衆の暴力行動へと発展し、壊滅的な敗北を喫した。[113] にもかかわらず、こうした法整備はいつまでも切望された。シェーニヒェンが一九三三年の『フェルキッシャー・ベオバハター』誌（Völkischer Beobachter）に掲載した記事で、「集団の利益は個人の利益に優先する」という理念を援用しつつ、「私的所有」のもとにある地域の自然保護は「国家社会主義運動の特別な課題」であると述べたのは、この間の事情をよく表していると言える。[114]

したがって、この法律が「自然保護の重要な要請すべてに対して公正な法規制を行うもの」であり、この法制定は「長年の希望の実現であった」とするシェーニヒェンやヴェーバーの解説には何の誇張もなかった。[115]しかし、なぜナチスはこのような厳しい法律を制定したのだろうか。帝国自然保護法への第一歩がワイマール時代の不毛な努力と酷似していただけに、この疑問は一層重要である。一九三五年二月に法務省が帝国自然保護法の最初の草案を発表したとき、その他の省庁からはありとあらゆる反対の声が上がった。[116]草案は自然保護問題に関する権限を文部省から取り上げ、内務省の管轄としていたため文部省は最も激しく抗議した。文部相は、法務省にはこのような草案をまとめる権限は全くないと主張した。[117]同様に農業大臣は鳥類の保護に関する責任を強調し、自分が管轄している鳥類に関する保護法を指摘しながら、この分野の権限を明け渡す意志はないと主張した。[118]内務省は権限の委譲による利益が見込まれたが、収用の問題が適切に処理されるまで法律の制定は待つべきだと主張しており、その発言から熱意は感じられなかった。[119]軍務省は、自然保護規制を軍事的理由で秘密裏に一時停止できる条項を求めたし、ドイツ道路総監もまた法制定過程に参画することを希望し、財務大臣からは小さいが困難な以下の抗議が出された。法律自体には不安はないが、プロイセン天然記念物保全局が帝国の制度に格上げになることに対して、プロイセンと帝国の間の費用分担合意に対する違反を理由に強力に反対した。[120]全体として、一九三五年の初めの段階では、帝国自然保護法の先行きは芳しくないように見えた。

状況が大きく変わったのはヘルマン・ゲーリングがこの問題を取り上げ、立法を強力に推し進めたことによる。一九三五年四月三十日の夕刻の一本の電話は、その後自然保護関係者の間で伝説のように語り継がれることになる。ゲーリングは時の文部大臣のベルンハ

図3－2　帝国自然保護法の父、ヘルマン・ゲーリングは、熱心なハンターで、1935年以降、ドイツ自然保護主義者の最高地位にあった。写真は1933年自分が仕留めたヘラジカと。写真提供はSVビルダーディーンスト社。

ルト・ルストに、自然保護に関する権限を自分の帝国森林局（Reichsforstamt）に委譲するように強く働きかけたのである。[121]ゲーリングの法案作成専門の部下は法務省と協力して改正法案の検討に取りかかった。新草案が一九三五年六月十七日に発表されると、当局者たちの仕事は佳境に入った。ゲーリングは内務省がこの分野における管轄権を主張して最後の要求を突きつけてきたのを却下し、労働省と手を組んで市内公園に法の規制が及ばないようにとの求めに応じた。そして補償条項に反対する貿易商業大臣からの意見を無視した。他方、国防軍（Wehrmacht）は軍事的保留地への免除条項を手に入れた。[122]一九三五年六月二十五日、翌日の閣議で協議するために改定草案を提出すると、ゲーリングは閣議までの数時間で前文を書くように求められた。[123]細部への最終作業は閣議の間にも続けられ、帝国自然保護法は閣議の最終項目として採択された。[124]同じ日、ヒトラーは自然保護行政の責任をゲーリングの森林局へ正式に移す命令に署名したのだった。[125]

迷走する森林保護

権限の委譲は現実的かどうかの問題とは全く関係なく、すべては切手収集家的な、ありとあらゆる役職と肩書を求めるゲーリングの態度によるものだった。しかし期せずして、こうした権限委譲により、自然保護運動に新しい可能性がもたらされたのである。一九三四年、ドイツ森林局の長官としてヴァルター・フォン・コイデルが選ばれると、「ダウアーヴァルト（Dauerwald）」は第三帝国における公式の森林管理理念として知られるようになる。[126]「ダウアーヴァルト（Dauerwald）」は一九二〇年代にはごく少数派の意見に過ぎず、ドイツ人の林業研究者の間にはこれを軽視していた者が多かった。[127]樹齢の同じ樹木（針葉樹が好まれる）は、商品にできる時期が来るまで育てて、区画を揃えて伐採するというやり方を、実に一世紀以上もの間、取ってきた。これに対して、「ダウアーヴァルト（Dauerwald）」の考え方は、樹齢もまちまちで、時として樹種さえも異なる、森全体の生態系にも優しい、そんな森の継続的な利用を想定するものだった。

ナチスがなぜ「ダウアーヴァルト（Dauerwald）」に強い嗜好を示したのかその理由は明らかではない。一九三〇年代初めの木材市場の不景気からすれば、経済面での魅力があったし、ハインリヒ・ループナーはゲーリングとコイデルとの間に一九三二年に接点が増えていることを指摘している。他方で、ミヒャエル・イモルトは「『ダウアーヴァルト（Dauerwald）』理念が主張された主な理由は、ドイツの森とドイツ民族との間のプロパガンダ的類似性がナチスの目に十二分に示されたからだろう」と論じている。[128]シェーニヒェンは、自分の著書の中で、より自然な「ダウアーヴァルト（Dauerwald）」が有する利点を自然保護主義者の視点から強調している。また、シェーニヒェンの後継者のクローゼは、のちに、森林局内部に自然保護問題に協力的な空気を作り出したことをフォン・コイデルの功績だと認めたという。[129]自然保護法成立後の記者発表の中で、フォン・コイデルは伝統的な森林管理［訳註：一斉林造林のこと］を激しく非難して、「最大限の木材を求めて、我々のカントリーサイドを針葉樹の荒地（Nadelholzsteppe）に変えた」と述べた。[130]一九三六年の著作の中で森林管理改革のキーパーソン、ヴィーテインクホフ＝リーシュは「ダウアーヴァルト（Dauerwald）」の森林と自然保護区との間に共通の立脚点が存在することを強調し、さらに両者には原理的に同義と言える点があると指摘した。[131] 結局のところ、ゲーリングの権力を使った行動は偶然にも前途有望な意見の一致を醸成していたことになる。

しかしながら、間近にも思われた同盟関係が実現することはなかった。自然保護運動が森林局の管轄に入ったまさにそのころから、「ダウアーヴァルト（Dauerwald）」思想が衰退に向かったというのは歴史の逆説というものである。事実、「ダウアーヴァルト（Dauerwald）」の原理は森林局の指導的立場の人々の間でも全会一致というわけではなかった。一九三七年の会議では、フォン・コイデルのいるところで、森林局上層部の一人が「ダウアーヴァルト（Dauerwald）」規制について遠回しに非難する演説を行って、拍手喝采を受けている。[132] 同時にまた、一九三〇年代半ばからは増加を続けている木材の需要がドイツの森林政策の決め手になっており、「ダウアーヴァルト（Dauerwald）」政策を緩和して木材の増産を図ることに消極的であることが明らかになると、フォン・コイデルはついに一九三七年十一月に辞職を余儀なくされた。[133] 一方、林業関係では引き続き「ダウアーヴァルト（Dauerwald）」理念を援用する命令が発せられ、ヴィルヘルム・ミュンカーが率いた広葉樹林保護委員会（Ausschuss zur Rettung des Laubwaldes）は森林局内部においても広く人気があった。[134] しかし、同時にドイツの戦時経済の木材の需要は増加の一途で、一九三五年にはすでに産出量が持続可能ラインの一五〇パーセントに達していた。[135] そして、「ダウアーヴァルト（Dauerwald）」理論は林業と自然保護の融合を意味するのではなく、ドイツの森林に対する過剰な開発をカムフラージュする時代に入ったのである。なぜなら、一九三七年に「ダウアーヴァルト（Dauerwald）」に取って代わった、これよりも柔軟性のある世界共通の用語「自然」林（natural / naturegemass）の概念と同様に、「ダウアーヴァルト（Dauerwald）」規制は、従来の一斉伐採よりも森林の過剰利用をより目立たない形式に変化させることに貢献したからだ。[136] ジーモン・シャーマはその『景観と追想』の中で「ドイツ歴代の政府中、第三帝国とその森林大臣（Reichsforstminister）ゲーリングほど、ドイツの森林保護について真剣に考えた者はいないだろう」と述べているが、レトリックと現実を混同していることは明らかだ。[137]

　このような変化の中、森林問題に対してますます合理主義的になっていく部署内で、自然保護は基本的に自縛状態となった。そして、一九四五年以降、自然保護活動家たちは本質的にゲーリング主導の森林局内で働くことは不本意な経験であったのだという意見にまとまっていった。[138]自然保護は政治的課題としての優先順位が目に見えて下がり、一九四一年に内部再編成があるまで下位区分にしまい込まれていた。[139]ミヒャエル・イモルトの報告によれば、林業と狩猟部門が七一人の学者を擁しているのに対して、自然保護を専門としている学者は四人だった。[140]一九三八年に森林局内で自然保護を担当していたルッツ・ヘックが、ベルリン動物園園長としての職務のために、自然保護活動に割ける時間がごく少なかったということからも、こうした状況が理解される。[141]ヘックは自然環境史の中でたまに名前が出るが、あまり良い印象を残してはいない。ミヒャエル・ヴェッテンゲルは第三帝国における自然保護行政に関する重要な記事の中でも、ヘックとクローゼの関係が良好でなかったこと以外にはヘックに関して何も言及していない。[142]しかし、ヘックはゲーリングとの関係が緊密だったため、有利な立場にあった。ヘックはゲーリングが愛したショルフハイデ自然保護区にバイソンの保護区を設立することに尽力したし、ゲーリングがペットとして可愛がっていたライオンの子が成長しすぎたときにはいつも、個人的にゲーリングの邸宅のカリンハル邸を訪問していた。[143]こうして、ヘックは帝国自然保護法が手厚い保護を約束した条項を、さらに超えるような主導権を行使できる状況になっていた。すなわち、国立公園の設立への宣伝活動である。一九三九年六月の会議で、ヘックは一般国民向けの余暇利用と「郷土」教育のための公園の重要性を強調しつつ、ドイツ国内の様々な地域に広大な公園設置の計画を示した。さらに彼は今後将来性のある地区の名前も数多く挙げていた。たとえばリューネブルガー・ハイデや、オーストリア・アルプスのグロスグロックナー地区である。[144]しかし、ヘックが一九四〇年に『フェルキッシャー・ベオーバハター』誌上に記事を発表してようやく計画を公にしたときには、第二次世界大戦がすでに勃発しており、計画は「ドイツ人の平和的活動が再開するまで」延期されることとなった。[145] 一九四五年以降、ときおり資料が参照されることはあっても、この計画のことを覚えている自然保護関係者はほとんどいなくなっていた。[146]

自然保護ネットワークの拡大

自然保護活動に携わっていた人々は帝国自然保護局の動きを常に注視していた。その前身はプロイセン天然記念物保全局で、一九三三年に帝国の組織に編成されたものである。帝国自然保護法は局に対して担当業務を急増させるものだった。一九三八年、自然保護受託人のネットワークは地方レベルで五五団体から成っていたし、さらに小区域ではおよそ八八〇団体を数えたという。[147] 新規に多くのメンバーが指名されて、局には重要な法的項目から些細な問題にまでわたる、広範囲の課題について多数の質問が押し寄せる事態となった。たとえば、ドイツとチェコスロバキアの国境線の真上に立つ、景観美を備えた樹木の保護のためにはどのような手続きが適切かといったような問題である。[148]

シェーニヒェンがこの仕事に本当に適材なのかという疑いがすぐさま持ち上がった。これは、自然保護局に持ち込まれたのが新しいタイプの難問だったことを示していると言える。[149] シェーニヒェンの辞職は一九三八年、彼の後を引き継いだのは、一九三五年から帝国森林局で自然保護活動をしていた元教師、ハンス・クローゼであった。[150] 同庁にいたルッツ・ヘックにしてみれば、クローゼが帝国自然保護局の運営を託されたことは森林局内部の対立者を追放する機会でもあった。[151] クローゼの評判は「非常にエネルギッシュな人物」というもので、シェーニヒェンが多くの人に「軟弱すぎる」[152]と見られていたのとは対照的だった。クローゼは有能な管理職で、当時自然保護活動家のネットワークが最も必要としていたタイプだった。[153] 熟練の策謀家、クローゼは自然保護活動家の選択の幅と限界についてごく現実的な考えの持ち主だった。かつて三十年にもわたって運動した結果、一九三九年に閉鎖されたホーエンシュトッフェルン山の採石場を一九四五年以降、再開するという計画が持ち上がったときには、強い反対を退けて、「政治とは可能性の限界を求める技術だ」と主張してさらに反対陣営と交渉するように提案した。この言葉はある意味で彼自身の座右の銘でもあった。[154]ついでながら、トップの交代が同時に示しているのは、ナチス時代には政治的思惑が最優先で支配していたのではなかったという点だ。チャールズ・クロスマンはクローゼを完璧な日和見主義者と評し、彼よりもシェーニヒェンのほうが「熱心なナチス党員」だと指摘したが、これは当然の指摘で、シェーニヒェンと違って、クローゼは決してナチス党には加わらなかった。[155]帝国自然保護法後に求められたのは運営能力で、シェーニヒェンが重視していた学者としての活動ではなかった。クローゼについて「自然保護理念を整理統合し、深化させ続けていく能力が低い」と、シェーニヒェンは辞任後に不満を述べたが、その彼もまた同じ批判が当てはまったのである。くっきりとした思想上の輪郭は自然保護活動上、最重要の資質ではなかった。[156]

自然保護受託人たちのネットワークを統合することはまた、ナチス政権の初期のころ、一部の地域で存在していた州の官僚と党高官との間の対立に終止符を打つことになった。いくつかの事例では、ナチスの権威に基づいて自然保護活動をしようとして、党員が地域政府の権威に対して盾ついたりしている。問題となっていたのは権限である。自然保護主義の主流と大きく異なった行動指針に従っていた党員はいなかった。最も攻撃的な党員の自然保護主義者はハンス・シュタットラーで、部下たちへの要求では軍事的な用語の選択が目立ち、地域の地方長官（Gauleiter）の支援を得ていることに繰り返し言及していた。[157]ニュルンベルクではカール・ヘップフェルが大管区「郷土」保全を担当し（Gauheimatpfleger）、ナチス党の管理者として活動していたが、彼の行政課題はシュタットラーよりも控えめなもので、主な提案の一つはハイキング・トレイルの指定だった。[158]もう一例を挙げると、ミュンスターの大管区文化監督（Gaukulturwart）ヘルマン・バルテルスで、自分の党幹部のネットワークを利用して文化的事業の一環で自然保護分野に進出しようとしたが、じきに、組織力のあるウェストファリアの自然保護団体からの反発に遭うことになった。[159]バルテルスは自然保護受託人の指名には党の同意が必要であると述べて、シェーニヒェンを驚かせたが、その後バルテルスはあっさりと自然保護問題を諦めてしまった。[160]フランケンでは行政の官僚組織からの抵抗も強く、一九三七年にバイエルン州内務省から政令が出ると、シュタットラーの自然保護に関する政令は結局無効なものとなった。結果として、シュタットラーは数々の自然記念物運営に関する申請書類や、自然保護を「逆襲」とか「看板職務」として考えている政治活動家のための膨大な書類の再提出を余儀なくされたのだった。[161] 党主導の自然保護と州主導の自然保護との間の対立はヘップフェルとシュタットラーが帝国自然保護法成立後、一九三六年にそれぞれの地域の自然保護受託人となって州組織に参加したことで収束を迎えた。[162] ナチス時代、自然保護団体は混沌としていたが、少なくとも一つの合意は存在した。すなわち、自然保護は各地の行政の課題であって、党務ではないということだ。

景観保護の攻防

自然保護行政は、ナチス党からの攻撃は易々とかわせたのだが、景観保護の権限をめぐってはその他の団体との競合を免れられなかった。こちらの分野では、帝国自然保護局とフリッツ・トートがアウトバーン建設総監として設立した景観監督者組織とが、強力なライバル関係にあった。アウトバーン建設のために創設された総監職は、ナチス国家の多極主義的発展過程を披露することになった。総監職は帝国運輸省（Reichsverkehrsministerium）の外郭に設立されており、総監はヒトラーの直接の指揮下にあって、建設事業の計画策定の際には大きな自由裁量を有していた。実際、トートはアウトバーン建設で才能を発揮し、一九四〇年には武器軍需大臣に就任するまでになり、一九四二年に飛行機事故で謎の死を遂げるまで、実質的にはドイツ戦時経済の職責を担うことになったのだった。[163] トートの景観監督者組織での仕事ぶりは自然保護運動の関係者たちからも、かなりの賞賛を得ていた。そのほとんどはアルヴィン・ザイフェルトによるもので、この人物はエネルギッシュなリーダーで、一九四〇年からは「帝国景観監督総監」（Reichslandschaftsanwalt）になっており、無名から上りつめてカリスマリーダー的存在となった人物である。[164]「政治的に有能な環境保護主義者」としてザイフェルトはフリッツ・トートばかりではなく、ナチス党の総統代理ルドルフ・ヘスからも保護を受けていた。[165] しかし、こうしたナチスの指導者たちへの依存関係にもかかわらず、ザイフェルトはナチス時代、かなりの程度まで論理面での自由裁量権を維持しており、世上の議論を煽るようなところもあった。彼の著作物を見ると、その自由独立の精神を賞賛したい気持ちの反面、この人物と共に仕事をしなくてもよかったことに安堵を感じる読者もあるだろう。ザイフェルトは有機農業の支持者で、「人智学的社会とナチス国家の仲介者として」、ナチスドイツにおいては不確かな立場に置かれていた人智学の難しい役回りを演じた。[166] 一九四一年にルドルフ・ヘスが英国へ渡ると、ザイフェルトは秘密警察からの監視を受けるようになり、逮捕されることはなかったものの、戦時中の彼の権力基盤は明らかに弱体化した。[167] にもかかわらず、戦争末期まで彼は月給として二〇〇〇ライヒスマルクに加えて五〇〇ライヒスマルクの事務費を受け取っていた。[168] 参考までに、一九三七年時点で、ドイツ国内の月給の平均は一五五ライヒスマルクだった。[169]

ザイフェルトの生涯と業績に最も詳しいトーマス・ツェラーは、彼を「ナチスの環境行政府の道化師とカッサンドラ［訳註：イリオスの王女で悲劇の予言者］を一つにして演じた」と鋭く表現している。[170] ザイフェルトの経歴は非常に特異であり、彼が果たした役割はドイツの自然保護運動の中でも他に類を見ないものだった。ザイフェルトは広範囲の問題を扱い、常に自分の意見を断固として主張し、時としてその態度は傲慢にも映った。彼が得意とするところは、一日の訪問の後に景観計画の指示書を執筆することだった。典型的な例はヴータッハ紛争についての意見書で、記録によるとこれは九十分間の現地視察に基づいて書かれたという。[171] 少なくとも一例だが、ザイフェルトの怖いもの知らずの態度にはそれを和らげる補足をつけないことには、到底許容できるものではないという感想をトートでさえ持った。黒い森地方のシュルッフゼーに関するザイフェルトの報告の提出に際して、トートは「ごく率直な表現」が求められる場合だけの「非常に個人的意見である」としてザイフェルトの「過激なスタイル」を弁護した。[172] ザイフェルトの所説で最も議論を呼んだものは、農地の排水と、それまで未使用だった土地の耕作、そして河川の流域調整によって、ドイツは「砂漠化」（Versteppung）の危険にさらされているというものだった。この問題に関する記事が、トートが独自に作っていた雑誌『ドイツの技術』*Deutsche*

Technik に一九三六年に掲載されると、数々のコメントが怒濤のごとく送られてきた。[173] 現代のアメリカの黄塵地帯を指摘しながら、ザイフェルトは水文学技術者の「機械論的な」方法を激しく非難し、自然の相互作用に十分な注意を払った全体観的な見方の必要を主張した。[174] 彼の河川の「自然の」姿に関する議論はあいまいなままだったが、自身を結局は技術者とみなして、学術雑誌上で自分の理論を詳しく述べることを事実上拒否した。しかし、砂漠化という専門用語は自然保護主義者たちがその他の分野でも盛んに使用するようになった。ヴィルヘルム・リーネンケンパーは土地と森の一面的な使用を非難するテーマを喚起したし、ラインラントの狩猟関係の役人の一人は、「自然界を様々な点から操作することにはおのずと制限があって、我々はそれを逸脱してはならない」と、ザイフェルトの議論を広い意味での警告としてとらえた。[175] また、ザイフェルトの議論は一九三〇年代の農学研究者の考え方とは真っ向から対立するものだったが、それでもナチス政権に働きかけて大規模に有機農業を実施させようとしている。[176] しかしザイフェルトはその他の、見たところ周辺的な問題にも取り組んだ。一九三九年には水力発電事業が山岳地方に設置した送電線が見苦しいことをトートに訴えて注意を喚起している。[177] また、ザイフェルトは人糞を肥料として使用することを非難し、支配者民族（Herrenvolk）としてのドイツ民族を堕落させるものだと主張した。[178]

ドイツ民族を「支配者民族」と呼んだように、ナチスのレトリックを使用することにもザイフェルトは尻込みしなかった。景観設計の業界での最大の競争相手であるハインリヒ・ヴィープキング－ユルゲンスマンとともに、どちらがより反ユダヤ的かを競っていた。[179] とは言っても、ツェラーの指摘によると、ザイフェルトは「ヒトラーが政権を取ることを切望していた狂信的なナチス党」ではなかったという。ザイフェルトはナチス党には一九三七年まで入らなかったし、深い確信があってのことというよりは、この年の自身の職業上の危機と関係があったのだと考えるのが適切だろう。[180] さらに言えば、彼の人種に関する理解はナチスの公式理念とは異なっていた。一九三三年のヴァルター・ダレとの誌上論争後に追放された、元ナチス党員フリードリッヒ・メルケンシュラーガーの人種理論に、ザイフェルトは傾倒しており、一九四〇年にはメルケンシュラーガーの解釈についてヘスやトートを説き伏せようとさえしている[181]。明らかに、ザイフェルトの考えはあまりにも折衷主義的、かつ学問的にはあまりにも独立心が強く、ナチス理念の狂信的信者になることは到底できなかったのだ。彼の発言については、他の人々の場合よりも、時と前後関係を見ることが重要なのだ。たとえば、ザイフェルトは外来種への攻撃では非常に急進的になった。特に、アオトウヒを「社会の敵ナンバーワン」として呼んだりしている。しかし、彼の考え方はもともと現代の植物社会学から発しており、ザイフェルトが自分の信念をナチスの論法で飾るようになったのは、自分の理想の実現が非常に困難であると悟ってからのことだった[182]。ザイフェルトはトートに初めて接触した際、在来種に注目したものとしないものの二種類、基本理念の異なる草稿を渡したと思われる[183]。誰かがそうしたように、ザイフェルトのことを「ナチスの血と土のイデオロギーの献身的代弁人」と呼んでみたところで、単なる常套句を用いているだけに過ぎない[184]。

トート総監のアウトバーン景観プロジェクト内部でのザイフェルトの立場は弱く、議論の余地の多いものではあったが、彼が成し遂げた最大の成果は、強力で影響力のある自然保護主義者として公の場に現れたことではないだろうか。景観監督者の選定からフィールド活動まで、ザイフェルトの仕事は妥協の連続で、彼自身が急進派へと変わっていく契機となったことは間違いない。景観監督者は常に相談役としての機能にその力を制限されており、助言内容を関係者に強制できる法的規定はなかった。そのため担当技師たちはその指導にはほとんど耳を傾けなかった。トートは景観監督者の組織を立ち上げた人物だが、彼らの日常活動の中で発生する紛争に対しては何の助けにもならなかった。「トートはどんな個別の助言や意見、報告などを求めているのかほとんど明らかに指示しなかった。それよりも、自分の権力を使って専門的見解を評価したり、無視したりした」という[185]。景観監督者の難しい立場を象徴していたのが、一九三六年にトートが彼らの時給を減額したことだった。アルヴィン・ザイフェルトが九カ月でアウトバーン建設のプロジェクトから身を引いた一九三七年、ついにこの問題はクライマックスに達した。すでにおよそ九六〇キロの高速道路が開通しており、工事はさらに続行中のことだった。当初からザイフェルトはなめらかなカーブを描く道路設計を主張していた。それに対して、技術者たちの多くは直線と急カーブの計画を支持していた。しかしザイフェルトの提案は一九三〇年代後半になるまで多数の支持を得られず、そのときにはすでにアウトバーンのプロジェクトの大半は計画段階を終えていたのである。[186]「アウトバーンプロジェクトにおける自然と技術の模範的な調和という神話は、放棄しなければならないときが来たのだ」とツェラーは書いている。[187]シェーニヒェンやシュヴェンケルはアウトバーンを「景観デザインの素晴らしい例」として激賞したが、もし仮にアウトバーンが自然保護主義者たちの目を喜ばせたとしても、それは景観監督者たちの働きかけにもかかわらずということで、彼らの助言が功を奏したということではなかった。[188]

景観監督者たちは自分たちの立場を利用してその他の分野にも進出しようとしたが、景観問題に関して独占的な地位を得ることはできなかった。ザイフェルトは長年の仇敵ヴィープキング＝ユルゲンスマンがアウトバーン事業に参入してくるのを何とか食い止めたが、ヴィープキング＝ユルゲンスマンは一九三六年開催予定の栄えあるベルリンオリンピックの景観プロジェクトを勝ち取った。彼は一九三四年ベルリン農業大学の園芸学科教授となって、この分野での存在感を維持していた。[189]こうした長年の摩擦も一九三九年以後質的な変化を迎えた。この年のポーランド占領により景観設計の分野には新領域が開かれたのである。大がかりな設計を行う、過去に類を見ない好機をめぐるトップ争いで、ヴィープキング＝ユルゲンスマンはほぼ優位に立つようになった。ドイツアウトバーン建設総監は新占領地域の主要路線沿いの景観事業に対して暫定的ガイドラインを発表し、ドイツ本国と同様に、その他の自然保護主義者たちの立ち入りを禁止する特殊な地域と定めた。[190]しかし、ハインリヒ・ヒムラーのドイツ民族性強化国家委員会（Reichskommissariat für die Festigung des deutschen Volkstums）に加わり、住民排除を実行する計画の策定にあたったのもヴィープキング＝ユルゲンスマンだったのである。[191]一九四二年五月、ヴィープキング＝ユルゲンスマンは森林局内にも役職を得て、自然保護と景観設計とを制度的に連携させた。ドイツ中心部では景観保護に関する責任はハンス・シュヴェンケルが握っていた。[192] クローゼの帝国自然保護局は東ヨーロッパにおける権力闘争にはほぼ敗北が決定していたが、数々のイニシアチブから見て、クローゼも東欧の征服に伴ってドイツの全能性に酔っていたのかもしれない。一九四三年三月、ハンス・クローゼはこともあろうに国防軍が退避してきたばかりのコーカサス地方の自然保護区をリストにして提案したりしている。[193] 東欧における各設計者の業績については第5章でさらに詳しく述べることにするが、自然保護と人種差別主義が、単なるレトリックという以上の意味で出合ったのがこの時点であったことは、あらかじめ述べておく必要があろう。そしてその結果は、誰も夢にも思わなかったのだが、非人道的な思考を恐ろしいまでに露呈する身の毛もよだつような計画［訳註：いわゆるナチスの「東部総合計画」を指す。東欧諸国など東方生存圏の獲得はナチスにとって重要な問題で、一九三九年ドイツ民族性強化国家委員に任じられた親衛隊全国指導者ハインリヒ・ヒムラーは、親衛隊にドイツ民族性強化国家委員本部を設置し、東部における人種政策の監督と実行にあたることとなった。一九四一年に東部総合計画が、続いてその改訂版が翌年にベルリン大学教授コンラート・マイヤーを責任者として提出された。それによれば、占領地域にドイツ人を入植させるため、先住者であるロシア人、スラブ人、ヨーロッパユダヤ人を追放したり、あるいは絶滅させたりすることを計画していた。また独ソ戦によって多数のロシア人戦死者、餓死者の発生も見込んでいた］に結実していった。[194] ヴィープキング－ユルゲンスマンは一九四二年の景観設計に関する著作で「東方民族の虐殺と残虐行為は、その天然の景観の苦痛にゆがんだ表情に深く刻み込まれた」と書いている。頻繁に引用されるこの一文は、人道に対する犯罪行為にこの種の専門職が関わったことを真摯に思い出させてくれるものである。[195]

結局のところ、ナチス時代、ドイツ自然保護運動に関係する団体間には強力な同盟関係は発生しなかった。その代わり、三つの重心の周りに役者グループがかなり混沌とした状態で存在していた。アルヴィン・ザイフェルトのカリスマ的指導力の下にあった景観監督者たち、ハインリヒ・ヴィープキング＝ユルゲンスマンの周囲に集まった景観設計者のグループ、そしてシェーニヒェンとクローゼの指揮下で、ドイツ全域に自然保護受託人たちのネットワークを持っていた帝国自然保護局の三グループである。今日、自然環境に関する共通課題をもう一度見直してみると、こうした分化現象はさらに明瞭に見えてくる。今日に繋がるものがいくらかは、たしかに存在しているということだ。たとえば、シェーニヒェンは大気と水質の汚染問題を自然保護上の関心事項として一九四二年の著作で取り上げていた。[196]しかし、経験則上、環境汚染の問題は常に優先順位の下位に置かれてきた。戦時中、山岳地帯から北方ドイツ低地へと流れる風光明媚なヴェザー川の川筋にあるポルタ・ヴェストファリア付近に、鉱石の精製所を建設する計画が持ち上がったとき、地域の指導者たちばかりでなく、フリッツ・トートからも抗議の声が上がった。[197]しかしながら、このように活動が急激に活発化することで、汚染問題一般に関して自然保護主義者たちが無関心であったことを、逆に露呈することにもなったのだ。ポルタ・ヴェストファリアにおける問題は風光に恵まれた地域への被害であり、汚染による被害それ自体ではなかったのである。ナチス時代、リサイクル活動のますます高まる重要性についても、同様のことが言えた。推進力となったのは、戦争に備えてのナチスによる経済自立への模索であって、リサイクルの取り組みが別の観点からもメリットがあることに気づいていた人はほとんどいなかった。一九四三年になって、ようやく自然保護団体は鉄くずの収集活動が屋外広告への反対運動の絶好の機会であることに気づくのだ。[198]ナチス時代の自然保護団体は影響力が限られていたというだけでなく、同時代の問題への視野も狭かったのである。

第4章　自然保護の可能性と限界——四つの事例

一九三一年、国際自然保護オランダ委員会は自然保護団体について世界通覧を発表した。ワイマール時代ドイツの自然保護は官僚主義による非効率さが問題だったが、通覧の記述は好意的であった。「ヨーロッパ域内で我が東方の隣国ほど大規模な組織が自然保護活動を行っているところはほかにない」とオランダ人自然保護主義者は述べた。[1] だが、一九三〇年代の終わりの制度の姿を知ったら通覧著者はどう言うだろうかとつい想像したくもなる。五五カ所に地域の団体があり、八八〇の郡レベルの団体がドイツ全土に広がっていたのだ。自然保護に関しては十中八九、当代随一の包括的なネットワークを誇っていた。どこの国も真似のできない錚々たる人員が自然保護活動に配置されていたのである。しかし、人員配置とは自然保護政策を成功させるための一つの条件に過ぎない。法律と制度のみからドイツの自然保護行政の総体的な価値を評価することは、不可能ではないとしても、かなり困難だ。前章であらゆる面での矛盾が明らかになったはずだ。一面では、帝国自然保護法第二〇条は少なくとも理論上では、景観に影響を与えるすべてのプロジェクトに対して自然保護主義者たちが拒否権を有していることを意味していた。他方、自然保護関連の最終決定権はヘルマン・ゲーリングが握っており、四カ年計画局の議長を務めるゲーリングの立場から言えば、自然保護問題は彼の課題一覧の中で軍事力増強よりは優先順位は低かった。自然保護行政がその他の機関や主義との間で生存競争に巻き込まれるのは避けられない成り行きと言えた。その結果は法律の文言よりも影響力が強かったのである。

以下の四つの事例から見えてくるのは、ナチス時代ドイツにおける保護活動の可能性と限界である。もちろん四つのケースの選定は何を判断基準とするのかと

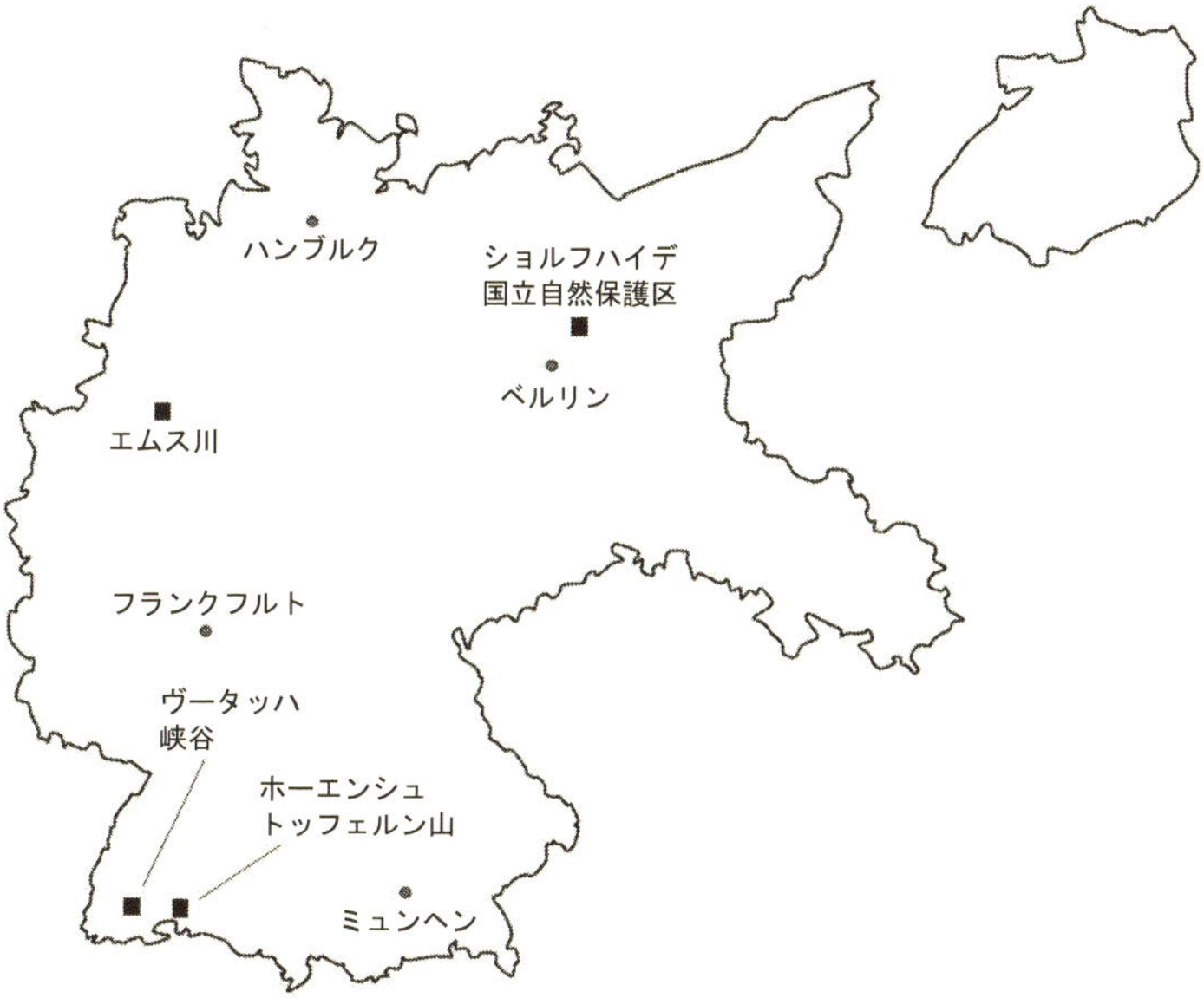

図4－1　自然保護事例の所在地。ホーエンシュトッフェルン山、ショルフハイデ国立自然保護区、エムス川、ヴータッハ峡谷。地図はジーモーナ・グロトゥエスの好意による。

いう問題はある。結局、十二年にわたるナチス党支配の間にはさらにいくつもの注意を要する抗争があり、さらに調査を深めれば深めるほど、これまで知られていなかった事件が明らかになるであろうことは論をまたない。しかも、そこに典型的なストーリーは存在しないのである。議論になっている問題も紛争の方向もそれぞれのケースで異なっている。したがって、最初の重要な基準は地理学的な側面である。それぞれのケースは国内各地のものである。エムス川の規制はドイツ北西部、他方、ショルフハイデ国立自然保護区はベルリンに近く、四〇〇キロほど東方になる。ヴータッハ峡谷とホーエンシュトッフェルン山はどちらも南ドイツのバーデン州、スイスとの国境に近い地域だが、この近接関係には意図がある。以下で述べていくように、ヴータッハのケースはホーエンシュトッフェルン紛争の続編的なケースになっているのだ。第二の基準は紛争の起こった時代がそれぞれ異なる点である。それによって時代の変化を見ることができる。第三の基準は、最重要ポイントで、事例としてできる限り異なっていることが条件だ。それによって、ナチス時代ドイツの自然保護活動の様々な姿を統合的に映し出すことができるのである。このように、以下の事例では広範な問題に視野を広げていくことになる。流水・流域調整、水力発電、採石の問題、狩猟、観光、収用の問題、人種差別問題と反ユダヤ主義の相対的重要性、経済的利益と自然保護の間の衝突、ナチス時代における抗議活動の限界、農業政策、政府内部の腐敗問題などである。関係者の広がりも同様だ。国家労働奉仕団からゲシュタポまで、と幅広い。ナチスの指導者たちもヘルマン・ゲーリング、フリッツ・トート、ハインリヒ・ヒムラーを含め、以下のケースに次々に登場してくる。

■ホーエンシュトッフェルン山

ルートヴィヒ・フィンクの嘆き

一九三〇年代の半ばごろ、南部ドイツの小説家、ルートヴィヒ・フィンクは自らの出身地域についての書籍を出版した。『知られざるヘーガウ』のタイトルで、風光明媚な他の場所から近すぎて競合したために、見落とされてきた地域の美しさを明らかにしようとした。コンスタンツ湖や黒い森地方、コンスタンツとバーゼル間のライン川渓谷などに近く、ヘーガウはドイツ南西部を訪れる観光客の旅行先としては順位が低かった。「ドイツ国民はまだ自らの祖国を知らないのだ」とフィンクは書いている。故郷の仲間たちに外国へ旅立つのではなく、ヘーガウの地を訪れるようにと勧めている。また、円錐形をした火山性の山々がヘーガウの特色ある景色であると強調している。「ヘーガウは聖なる地だ。岩石の一つ一つが地球の成り立ちを物語っている」という。彼の語りはこの地の山肌と地勢、さらにそれが映し出す人間の歴史にまで及ぶ。しかし、かつての火山の一つ、ホーエンシュトッフェルン山の話になると、突然調子が変わって、フィンクは悲劇的な雰囲気に陥るのだ。「この山の話をするのは辛い」[2]という。

ホーエンシュトッフェルン山の斜面で採石場が操業を始めて、採石によって山肌の様子がすっかり様変わりしてから、当時ですでに二十年以上が経過していた。採石場をめぐる紛争はドイツの自然保護問題の典型例で、このタイプのものは一八三六年のライン川渓谷〈龍の岩〉保護にまで遡る。ここはドイツ最初の自然保護区として自然保護主義者たちが常に引き合いに出してくる地だ。[3] 景観美を強く求める運動にとって、採石場は目障りなものとして映った。全く不可能ではないとしても回復することは困難な傷と言えた。[4] 山頂の城跡は十九世紀半ばにはすでに「完全に崩壊」という報告があがっていたが、この古跡が注目されると景観美に関する議論はさらに大きくなった。[5] ところがそれと同時に、採石場の所有者や操業者たちは、論争の相手としては難しい存在であることが明らかになってきた。自然保護運動家たちが認める結論とは多くの場合、採石場の即時操業停止のみだったが、こうした紛争では、実業者の立場からは死ぬか生きるかの議論になる。加えて、採石場が操業することは自然保護とは正反対であるのが普通だ。経済面で逆風の時代、石材は需要が高く、自然保護運動は隆盛の企業を敵に回すことになった。また、他方では、経済不況により貴重な雇用の場が危険にさらされていた時代だった。道路建設の良質の資材となる玄武岩を産出していた、ホーエンシュトッフェルンも例外ではなかったのだ。[6]

第一次世界大戦直前、ホーエンシュトッフェルンの採石場開業計画が浮上すると、幅広い党派から反対運動が起こったが、これは自然保護運動の心情的な側面の強さを示す証拠と言えた。初期に抵抗を示したグループの一つはバーデン自然史協会で、採石場ができれば数年のうちにも山は破壊されてしまうのではないかという懸念を表明した。[7] 地質学調査誌はすぐさま同様の記事を発表、玄武岩はすぐに採り尽くしてしまい、「一般大衆が受け取る利益も少ないのに、山は永遠に醜くなってしまう」と述べた。[8] 抗議の声はコンスタンツ湖旅行協会からも上がり、湖畔からおよそ一六キロも離れてはいたが、採石場が見苦しい姿をさらすことにいら立ちを募らせた。[9] しかし、ホーエンシュトッフェルン山の採石場問題は間もなく、ごく地域的な問題ではなくなった。一九一三年四月にはすでにマンハイムの新聞が「ヘーガウの山々はドイツの山であって、バーデン州だけのものではない」と、真に国家的問題として取り上げた。[10] 郷土保護連盟が出した解決策もこの主張を強調し、山の所有者で、ミュンヘンの不運な小説家フェルディナンド・フォン・ホルンシュタイン男爵に対して熱心に請願を行ったりした。この請願に署名していたエルンスト・ルドルフ、カール・フックス、フリッツ・コッホなどは皆、郷土保護連盟の上層部だったし、後にノーベル文学賞を受賞したヘルマン・ヘッセのほか、ルートヴィヒ・フィンクがいた。[11]

採石事業か環境保護か

地域レベルで見ても、労働問題の先行きによって環境に及ぼす影響への懸念が払拭されることはなかった。一九一一年には郡部の役人たちは「将来の破壊を阻止する手立てがあるのかどうか、あるとすればどうすればよいのか」頭を悩ませていた。[12] しかし、現行の法律を見ると、結果は期待に反するものに終わった。一九一二年、バーデン州内務大臣は「我々の判断としては、ホーエンシュトッフェルンの玄武岩採掘は禁止できない」と断言したのだ。そして、「所有権者に対する請願」が「嘆かわしい景観の変貌」に先んじる唯一の道だろうと付け加えた。[13] 同時にホーエンシュトッフェルンの地質学的実地踏査からは採掘に非常に有利な結果が得られた。すなわち、ホーエンシュトッフェルン山の玄武岩は高品質で、採掘しやすいというのである。[14] これをもって、採掘作業の開始はもはや時間の問題となった。担当当局者たちはホーエンシュトッフェルン山に傷跡を残してしまうことを危惧したが、それをどう阻止したらいいか答えは容易に見つからなかった。一九一三年三月、採石作業の開始直前、採石場の操業者たちは「自然保護と史跡を保存すること」を誓った。しかしながら、この約束はそれが印刷された紙ほどの価値もなかったことが時間とともに明らかになる。[15]

採石作業は一九二〇年代を通じて行われ、したがって反対運動も続いた。一九二一年十二月、数多くの自然保護団体が代表を送り込んで集会が行われた。その中にはバーデン郷土連盟（Verein Badische Heimat）、バーデン黒い森協会（Badischer Schwarzwaldverein）、自然の友（Naturfreunde）旅行協会、そのほかにコンスタンツ湖と州都カールスルーエから二美術団体が参加していた。[16] 実際、採石についてホルンシュタイン男爵家の親族内でも論争がないというわけではなかったのだ。所有権者のいとこカール・フォン・ホルンシュタインは事業には反対だったが、その理由は自分勝手なもので、自分の森や狩猟場が悪影響を受ける心配があるというのである。[17]しかしながら、この親族内論争も採石作業を中止させるには至らなかったし、同様に自然保護主義者たちの反対運動をやめさせることもできなかった。運動は一九二五年のミュンヘンでの第一回全国自然保護会議（Naturschutztag）の決議をもって最高潮に達した。[18]その時点で、州当局者たちは自然保護運動家たちの目的にかなり共感を持っていた。バーデン州は一九三〇年代には採石場側の重要メンバーだったが、一九二〇年代にはまだ大方の意見が反対の立場だった。金融庁は一九二五年ホーエンシュトッフェルン採石場からの購入を州に対して禁止し、労働局から官僚がバーデン郷土連盟の会員であるという肩書を持ってやってきて、自然保護活動家たちに大衆の同意を喚起することを求めた。さらには「石材製品を買うことで、この会社を支援していることになるのである。これを止めることは一般市民として当然の行為である」と主張するようにと圧力さえかけた。請願というあいまいな表現で隠していたが、これは紛れもない同社製品の不買運動であった。[19]しかし、法的な状況は変化しなかった。州の自然保護法は何もできなかった。結局のところ、採石場の強制閉鎖は損失補償問題を避けて通れないのである。「現在の経済状況、特に投資規模と採石場労働者数を見ると決して小さくないこの状況で、議会が必要な費用を捻出できるかどうか、非常に怪しい」と、一九二五年の文部省の意見書からは遺憾な様子が窺える。[20]一九二六年にはバーデン郷土連盟の議長までが、採石場を訪問した後、「およそ八〇万ライヒスマルクを投資し、数多くの労働者を抱えて、しかも高品質玄武岩礫を産出している企業を閉鎖することなどありえない話だ」と認めたうえで、退任したのだった。[21]

ホーエンシュトッフェルン山の保護を求める抵抗運動の中心的なポジションに、ルートヴィヒ・フィンクがゆっくりと近づいていったのは一九二〇年代のことだった。実際には彼はホーエンシュトッフェルン山の運動ではほとんど初期の時代からずっと活発に運動していたが、一九二一年十二月の集会で最初に演台に立ち、「郷土に対する冒瀆」という強い批判の言葉を発して、後続の演説者たちの論調を決定してしまった。[22]一九二五年までには彼の中心的な役割は非常にはっきりとしてきていて、「郷土が育てた詩人ルートヴィヒ・フィンクが先導する、郷土を愛する者たちの運動家グループ」と、自然保護主義者たちを称した新聞もあった。[23] 同じころ、フィンクの文筆業での業績は衰退期を迎えており、『ローズドクター』(*Der Rosendoktor*)が彼の唯一の文学的功績となった。[24]

とはいえ、フィンクが活動を指導することは、強靭な忍耐力を持った人物が運動の指導的地位にいることを意味しただけではなかった。バーデン郷土連盟や社会民主系の自然の友旅行協会などから支持を得た政治的に中立な運動は、フィンクとともにゆっくりと右派的な特質を帯びるようになったのである。ワイマール時代には、ホーエンシュトッフェルン山に関する記事の中でユダヤ人シャイロックについて言及したため、敵意に満ちた反ユダヤ主義者フィンクは訴えられ、罰金を科せられた。[25] 一九三二年、故郷のロイトリンゲンでヒトラーの演説に深い感銘を受け、私信の中で「ヒトラーが言っていることは、私が十一年間にわたって書き続けてきたことと全く異ならない」とフィンクは述べている。[26] 戦後に出版されたホーエンシュトッフェルン紛争の年代記の中で、フィンクは「退歩」という語を一九一九年から一九三二年に用いている。「不調和、政党政治、続出する腐敗の訴訟……、それでもなお人の誠意を信頼するというのは困難だった」。[27] これはホーエンシュトッフェルン紛争だけの話ではなく、ワイマール共和国のことも指していたことは明らかだ。

豹変するフィンク

訴訟後、フィンクは明らかにイデオロギー的な意味で目立たない態度をとるようになっていた。しかしナチスが政権を取ると、彼は多弁になり、ナチスのイデオロギーを丹念に調べ、それとの比較を通じて、シェーニヒエンやシュヴェンケルの出版物が色あせて見えるようになった。「二つの世界観がここでぶつかっている。一九一三年と一九三三年の世界観である。真に金銭的な実業界の代表が一方に、反対側にはより高度な価値を知る人々が立っているのである」と、一九三三年にフィンクは断言した。[28] さらに、フィンクはナチスの狂信者アルベルト・シュラーゲターの一派を利用して有利に論争を展開しようと試みた。シュラーゲターは反革命義勇軍の戦士で、ルール地方の占領時代、フランス軍に掃討された一九二三年の反連合軍レジスタンス運動の活動家だった。[29] ドイツのために殉じたシュラーゲターをナチスが褒め称えると、一九二二年にシュラーゲターがホーエンシュトッフェルンを訪れて、一本の樹木に自分のイニシャルを刻んだという話をフィンクは持ち出してきた。この木はたまたまその当時、採石場の縁のところに立っており、作業が進展すればまさに倒壊寸前のところだったと言うのである。[30] ホーエンシュトッフェルンの頂上が二つあるのは二人の犠牲者を求めているのだと考えて、フィンクはナチス親衛隊の傑出したメンバーで一九三〇年に共産主義者に殺害された、ホルスト・ヴェッセルのことを引き合いに出した。ヴェッセルの詩はナチスドイツの非公式讃歌となっていた。[31]「ホーエンシュトッフェルンを南ドイツの国家記念碑として捧げよ、シュラーゲターとヴェッセルの記念碑とせよ」とフィンクは一九三四年二月、ホーエンシュトッフェルン山で「国家的式典」を挙行し、それをもって「第三帝国」と「アドルフ・ヒトラーのドイツを広く知らしめる」ことを提案した。[32] ドイツ郷土保護連盟のヴェルナール・コルンフェルトがルートヴィヒ・フィンクと共同で書いたホーエンシュトッフェルンの意見書には、ヘーガウの「英雄的なドイツの景観」のことが述べられ、その破壊は自由主義の過去を捨てた政権のもとで起きた「全く理解できないもの」だとある。「血と土と人種で繋がった祖先を顧みる時代にあって、第三帝国内で最も雄大にそびえるヘーガウの山を破壊することは愚行の極みである」という。[33] いくつかの事例を挙げて、フィンクは自分の著作が売れないのもユダヤ人の陰謀によるものではないかと示唆している。[34]

こうした行動を通じて、フィンクはその他の自然保護主義者たち同様、ナチスのイデオロギーへと接近していった。フィンクはホーエンシュトッフェルンでの運動を右派の聖戦へと変貌させたばかりでなく、個人攻撃、告発へと転じていったのである。一九三五年四月八日付けの書簡には、ナチスの時代、真剣に取り合えば、相手に深刻な危害を与えてしまうような告発が数多く含まれていた。採掘会社に協力的な立場の中心的存在だったある人物は、かつての「ボルシェビキ（ロシア社会民主労働党の左派）」（Rätebolshevist）で、

図4－2　「ストッフリオ」とはルートヴィヒ・フィンクの支持者たちのトレードマークでホーエンシュトッフェルン山紛争のときに、フィンクの便箋にプリントされていたもの。ロイトリンゲン市公文書館の許可を得て使用。

一九一八年から一九年の革命時の首相で暗殺された「ユダヤ人クルト・アイスナーのもとで」活動していたとフィンクは書いている。さらに、採石会社の指導者二人は、ナチス時代の初期、組織的な刑事訴追を受けたフリーメイソンのメンバーだったと決めつけている。フリーメイソンというグループは、自分の郷土の山を守る目的で立ちはだかってくる人物を破滅させるためには、どんな汚い手も喜んで使うというのが、フィンクの見解だった。[35] フィンクは同年、親衛隊長（親衛隊の帝国指導者）ヒムラーのもとへも何度も書状を送って、このような主張を繰り返した。[36] 同時に、フィンクは所有者が非ユダヤ系白人かどうかの調査も始めた。[37] 幸い、フィンクのこうした訴状を真に受けた人物はおらず、採石場の操業者たちが告訴されることはなかったが、このような発言や悪意の言い訳には少しもならない。こうした個人攻撃を通じて、フィンクは明らかに、更なる境界点を超えてしまったのである。[38]

ナチスの介入

とはいえ、採石会社は一九三三年の時点で二三〇名の従業員を抱えており、とりわけ大恐慌の時代ともなると地域経済の重要な拠点であった[39]。したがって、周辺の市町村長たちはおおむね採石場には賛成で、その他のドイツ通産省やナチスドイツの労働者代表組織、ドイツ労働戦線（Deutsche Arbeitsfront）などの団体も同様に採石場の閉鎖には反対していた[40]。しかし、ナチスの指導者たちにフィンクに対する疑念を生じさせたのは雇用の問題だけではなかった。フィンクの活動が大衆運動の形を取ってきているのが、ナチスの目にも次第に邪魔なものと映り始めたのである。ナチスの立場からすれば、人々の不安と不満をかきたてることと同義だったからだ。一九三四年四月、ルートヴィヒ・フィンクは『危機に瀕したドイツの景観』というタイトルの請願書を公表した。それには長い署名者リストがついており、さながら「ドイツの自然保護関係者名簿」のような姿だった。中でも人目を引いたのが、パウル・シュルツ－ナウムブルク、マルティン・ハイデッガー、ヴァルター・シェーニヒエン、カール・ヨハネス・フックス、ハンス・シュヴェンケル、リナ・ヘーンレ、パウル・シュミッテナー、ルートヴィヒ・クラーゲス、ヴィルヘルム・ミュンカー、コンラート・ギュンター、ヴェルナール・リントナー、ヴェルナール・ハーヴェルベック、フリッツ・トートなどだった[41]。一九三四年六月、フィンクはさらに行動を進め、ベルリンで行われたドイツ・ハイキング登山協会（Deutscher Wander-und Bergsteigerverband）の大会全体を、自分の目的達成、ホーエンシュトッフェルン救済のための集会に変えてしまった[42]。これをもって、フィンクは明らかにナチス政権下の正統性のある自然保護活動の一線を、越えてしまったのである。ナチスはとうとうフィンクの活動に介入を始めた。地域の新聞にはこの行事に関する報道をしないように指示し、組織内部の発言によれば、行政側の我慢も限界を超えていたという[43]。「フィンク博士のこのような非常識な活動は、公の場でのいかなる煽動的な行動をも否定している我々の公式な論理とは調和しえない。この問題は公衆の感情を煽ることなく議論できるのであるし、そのようにすべきである」と、ベルリン集会の直後にバーデン州首相は文書で主張した。二カ月後、首相は「ホーエンシュトッフェルン山の保護をめぐる問題に関して、公の場での議論を凍結する」ように強く要請した[44]。一九三四年十二月、バーデン州帝国地方長官

（Reichsstatthalter）、ロベルト・ヴァーグナーはフィンクに対して怒りに満ちた書簡を送って、この問題に関して「辟易している」と述べ、これから先、「行動を慎むように」と指示した。[45]

ナチスにしてみればホーエンシュトッフェルンの保護運動を止めさせたほうが簡単だっただろう。やるべきことはルートヴィヒ・フィンクを逮捕することだけだったのだ。ナチス党が誰かを逮捕することに関して難しい条件などはなかったはずだ。実際には、一九三五年五月に、フィンクはゲシュタポの監視を受けるようになっていた。これがロベルト・ヴァーグナーの怒りに触れたことと関係があったかどうかは定かではない。ゲシュタポの側から言えば、第三帝国が何もしないことに対してフィンクが書簡で不満を述べたことが、「ナチス国家に対する批判的発言」にあたるということだったのだ。[46] とはいえ、党員の一人としてフィンクはナチス党の郡委員会から取り調べを受けたが、逮捕されるには至らなかった。しかし、話はさらに奇妙に入り組んでくる。[47] ホーエンシュトッフェルンの運動はその他のどこの問題よりもナチスドイツの多極主義的行政組織が生み出しうる混迷を見せている。経済的利益、雇用、自然保護問題、大衆の煽動活動に対するナチスの不信感などが、言葉自体は理性的なのに、客観的に見るとほとんど理性に反するという図式に収まっていた。ルートヴィヒ・フィンクを非難できる点は数多くあったが、ナチス政権に対する背信行為は全くなかったのである。[48]

結論として、フィンクがホーエンシュトッフェルン山の紛争の中で果たしていた役割を定義するのは驚くほど難しい。もちろん彼は、一九二〇年代半ばから始まる紛争全体の中で中心的人物であったことは確かだが、彼の存在の重要性と彼の果たした指導力の真の性格を厳密に定義することは難しいのである。彼は自分の主張を明らかにナチスのやり方で行っていたが、政治的には薄氷を踏むような行動をしていた。延々と続く運動の中でその課題を常に明らかに掲げていたが、彼のレトリックが果たして常に彼の目的のために利点となっていたのかは疑いの余地がある。彼の関心事に対して共感を持っている人でさえ、熱狂的で冗長で、しばしば攻撃的になるフィンクの書状が次々に送られてくるのは負担となった。一九三三年九月、フィンクはナチス主導の新聞『フェルキッシャー・ベオーバハター Völkischer Beobachter』に意見文を発表することができたのだが、数カ月後には新聞は彼が行ったベルリン集会の記事を載せることを禁じられた[49]。ナチスの指導者の中には支援を寄せてくれる者もいたが、口を慎むようにと、不愛想に忠告されることもあった。矛盾したことが数多くあった。ホーエンシュトッフェルンの運動はナチスの全体主義的な理想と多極主義的な現実との間の緊張関係をあぶりだしたからだ。ある意味で、フィンクは不可能なことの実行に成功したのだった。すなわち、政治的に独裁体制の国家で、自然保護運動を展開したのだった。

しかし、フィンクはナチスの指導者たちの間で反対に遭うばかりではなく、共感も得ており、おそらくそのおかげで彼は迫害にも遭わなかったのだ。フィンクの運動は疑いの目で見られもしたが、目的自体には心を動かされた人々もいて、運動は素早く引き継がれた。皮肉にも、最初の成功は経済的なものだった。採石会社が景観に与えた損害を補償するために、年額三〇〇〇ライヒスマルクをバーデン州文部省に支払うことに合意したのである[50]。もちろん、こうした実際的な取り決めは運動に理想を追い求める人々を黙らせるにはほとんど役に立たなかった――フィンクの親しい仲間であるカール・フェルディナンド・フィヌスは「死の賠償金」だと辛辣だった[51]――が、ほんの数カ月のうちに新しい対策が講じられることになる。ところが、この当時、決定権限はカールスルーエの州の役所にはなく、ベルリンにある帝国の所轄局に移管されており、決定手続きの中央集権化というナチス国家の特徴を如実に示していた。一九三四年十一月、ドイツ内務省は山の頂上を確実に保護するために、採石場の上方部分での操業をすべて停止させる命令を下した。国全体の自然保護法が存在しない中で、司法的には思い切った政令だったが、適切な法的正当性を示すように求められると内務省は意外な根拠を示した。ワイマール憲法である。すでに述べたように、ワイマール憲法第一五〇条では天然記念物を保護することを国家の義務としており、ナチスは一度も正式には憲法の効力を停止しなかったので――法律の文面よりも実際の行動のほうを重視していた政権にとっては少なくとも――この条項が適切な法的根拠となったのである。政令の日付は法の支配を完璧に茶化したものだ。この日は一九三四年十一月九日に施行されているが、この日は一九二三年クーデター（ミュンヘン一揆）が失敗した記念日でナチスドイツでは最も重要な祝日だったのである。[52]とはいえ、この政令は明らかに一時しのぎのもので、帝国自然保護法が成立すると数日後には、帝国森林局とシェーニヒェンの自然保護局が法的根拠の、よりしっかりした新しい政令策定作業に取りかかった。一九三五年七月二十日の視察の後、森林局は続く政令に折衷案を盛り込んできた。自然保護区をホーエンシュトッフェルンに設けるが、それは山頂付近の一部分で、山頂から九一・五メートルまでに制限するというものだった。それによって、森林局は山肌を保存することができ、しかも採石場の閉鎖を避けることもできるのである。[53]

採石場閉鎖へ

政令は一九三三年以来続くホーエンシュトッフェルンでの「不愉快な争い」について明確に言及したうえで、それまでの紛争に決着をつけるという意図をもって書かれていた。これは成功したかに見えた。なぜなら、それまでの熾烈な抗争はほとんど消滅し、多くの関係者がこの妥協策に満足したからである。アウトバーン建設総監はフリッツ・トートが行っていたホーエンシュトッフェルンからの資源供給禁止を無効にした。シェーニヒェンの自然保護局が採石場に植林して、さらに自然の豊かな州にする計画に向けて活動を始めた。地域主義者の専門誌はすぐにこの活動の大きな成功を称賛した。[54]しかし、ルートヴィヒ・フィンクは採石作業が継続されている以上、これは敗北であると考えており、一九三〇年代後半の経済の急発展が彼にとって有利に働いた。失業者数の減少が続き、採石会社では危険な作業に喜んでついてくれる労働者を集めることが、ますます困難になっていたのである。一九三八年九月には九八名しか確保できず、うち一六名はイタリア人だった。[55]フィンクはようやく一九三五年の政令を撤回させることに成功した。ドイツ郷土保護連盟のヴェルナール・コルンフェルトと親衛隊アーネンエルベ（SS-Ahnenerbe）研究部門のヴォルフラム・ジーヴァスがフィンクの問題意識を継承すると、フィンクはハインリヒ・ヒムラーに働きかけて、ヘルマン・ゲーリングに宛てて採石場閉鎖を求める書状を書かせることに成功したのだった。[56] おそらく、親衛隊全国指導者のゲーリングを動かしたのはホーエンシュトッフェルンの「偉大な歴史的過去」だったのだ。ヒムラーの書状には山頂にそびえる「ゲルマン民族の要塞」という表現が使われていた。[57] ゲーリングはヒムラーからの要請に従って、一九三八年クリスマス・イヴに電報でホーエンシュトッフェルン山の採石場閉鎖を命令した。[58] 会社と商工会議所からの反対はあったが、採石作業は一九三九年年末までにようやく停止したのだった。[59]

ほぼ三十年にわたった運動を経てこの成功を手にしたルートヴィヒ・フィンクは、ナチスにへつらう言葉を連ねて勝利を祝賀する記事を発表した。「象徴的であった。総統の示す原理は単に紙の上に書かれるだけではないのだ。事実となり、真実となり、そうして実現へと続いていくのである」とフィンクは言う。[60] 閉鎖の発表直後のインタビューでフィンクは「ゲルマン民族の法がローマ・ユダヤ人の法に勝利したのだと考える」と、一層遠慮のない言い方をしている。[61]「ドイツ人精神はアメリカ人精神に勝ったのだ」とフライブルクの党役員の一人は強く主張し、また他方では非常に穏健なハンス・クローゼが「自然保護の歴史上のマイルストーン」と表現した。ゴットホルト・ヴルステルは、フィンクやその仲間たちに届けられた祝賀の書状をまとめて、専門家らとともに小冊子を発行した。[62] 労働者たちがその後どうなったかについては、自然保護活動グループはそれまで同様、ほとんど関心を寄せることもなかった。フィンクは経済や社会問題と関わることはまずなく、たとえあっても傲慢に舌打ちをして発言した。農地改革の雑誌へ一九三三年に送った手紙の中で、フィンクはホーエンシュトッフェルン山の自然保護の問題を社会的側面からとらえて、「大規模な採石事業は農民の息子たちを工場労働者に変えてしまった。彼らは自分たちの生まれた土地に帰るべきだ」と論じた。[63] この二年後フィンクは、労働者たちがやるべき自然保護活動について「あまり多くを期待することはできない」が、「我々民族の教育者たち」が「民族精神のために」必要な仕事を終えたときには、状況はおのずと変わるだろうと述べている。[64]

加えて、雇用の喪失はヘーガウ地域では問題とはならなかった。というのも、ドイツでは戦争が失業問題を効果的に収束させたからだ。しかし、採石停止という決定が含んでいた損失を国家がどう扱うべきかという、次の問題はそう簡単には解決しなかった。一九二〇年代には、フィンクはまだ補償の必要性を主張しており、文部省に対して「〈山を守る〉公共宝くじ」を提案したりした。[65]とはいえ、一九三三年以降、フィンクの動きが過激化すると、このような考えは廃れてしまい、彼はナチス時代には補償問題について沈黙するに至った。一九三四年の顧問弁護士への書状の中でフィンクは、ホルンシュタイン男爵からの供出を求めている。その根拠は「先祖伝来の山を引き渡す所有者が所有権を失うのは当然である」とした。[66]何らかの賠償の必要性に言及したのがハンス・クローゼであった点は興味深い。「ホーエンシュトッフェルン山の救済に対して賛成の立場から、完全に一方の当事者に偏った手段に賛成することには躊躇するものがある。これは没収以外の何ものでもないからだ」とクローゼは述べている。[67]しかし会社の損失が一〇〇万ライヒスマルクを超過すると、補償費用としては高額になり過ぎ、ドイツ財務省は帝国自然保護法により会社は補償を受ける権利はないと指摘するに至った。[68]当局内部での議論は戦争が始まってもなお続いたが、努力の甲斐なく終わった。[69]一九四五年以降、採石場再開問題について短い議論はあったが、この問題は保留のままである。

最終的にルートヴィヒ・フィンクは勝利したのだが、振り返ってみれば矛盾に満ちた勝利であった。結局のところはこうである。第一に彼の勝利は採石会社に莫大な損失をもたらし、その結果、会社の財産を徹底的に奪うことになった。第二に、本質的に同じ目標に結びつくようになった右翼思想の形をとってしまったことが、自然保護運動にとって大きな損失となった。しかし、フィンクはどちらの結果にも、戦後になって激しく後悔した形跡はない。一九四九年の手紙からこの論争を振り返ってみると、フィンクは自身の姿を、勝ち目のない権力に対して、どうにか生き残ってきた罪のない自然保護運動家グループのリーダーとして描いていたことがわかる。「我々は疲弊しきった、しかし、くじけることのない、郷土を愛する小さな一団だった。我々の要求は強力で、ドイツ全土に共鳴が広がったのだ」[70]とフィンクは書いている。ハンス・クローゼがヒ

図４－３　現在のホーエンシュトッフェルン山。かつての採石場の場所は左手の急角度斜面の部分。写真は著者による。

ムラーともアーネンエルベとも個人的な接点はなかったものの、概ね意見を同じくしていたことは興味深い点である。[71] 実際、クローゼは常に政界の黒幕だったが、フィンクが親衛隊全国指導者（Reichsführer SS）を動員しえたやり方を暗黙のうちに称賛して、「一九三八年の状況で、影響力の大きなヒムラー氏を良い目的のための道具として利用するとは、ホーエンシュトッフェルンの同志たちは非常に賢明な行動をとったものだ。これに対しては誰も批判することはないだろう」と述べている。[72] フィンクは第二の点で明らかに間違っていたし、第一の点でもたしかに稚拙であった。厳密な意味で戦術的な観点から言えば、「賢明な行動」と言う者も実際にいたかもしれない。しかし、一九四五年以降に至っては、ナチス政権の真の恐怖を目撃した以上、こうした見方に対して道徳的な次元の観点を加えることは得策とは言えなかったのではないか。結局、ヒムラーがドイツ警察国家のトップであっただけでなく、ホロコーストを組織した中心人物でもあったことは、一九四六年には広く知られていた。そのうえ、彼が自然保護問題に関わったのはこれが最後ではなかったのである。

■ショルフハイデ国立自然保護区

ヘルマン・ゲーリングの思惑

一九三五年四月三十日の夕刻、ヘルマン・ゲーリングはベルンハルト・ルストとの名高い電話会談を経てドイツの自然保護を担当することになった。受話器を戻すとゲーリングの思いは協議の残りの時間を割いて詳しく述べた関連事項へと自然に流れていった。ショルフハイデの将来についてである。この森林地帯には美しい湖がいくつもあり、ベルリン市街地からおよそ六四キロで、ゲーリングが心から大切に思っている場所であった。当局者たちもゲーリングの自然保護問題に対する真の動機が、この地域への関心であったことには気づいていたに違いない。ゲーリングは自分が軌道に乗せたばかりの帝国自然保護法が、ショルフハイデを対象とするための法的根拠を用意すべきかどうか決めかねていた。ゲーリングは自分の理想のためには、別の法律を定めるほうがおそらくよいだろうと考えた。しかし、ショルフハイデに対する大筋の方向性は特別自然保護区の制定を求めて「北アメリカの国立公園と同様の計画」を、と言ったゲーリングの表現の中に、明らかに表れていたのである。[73]

ショルフハイデの自然の豊かさに対して深い愛情を抱いていた有力者はゲーリングが最初というわけではない。実際に、ショルフハイデの森と中世騎士物語は、高貴の生まれの者たちがこの地域に入って狩りをしていた十二世紀に遡ることができる。[74] 何世紀にもわたって狩猟はショルフハイデの主たる用途で、諸侯たちはこの一帯の野生生物を注意深く保護していた。一五九〇年ごろ、ブランデンブルク選帝侯は大きな狩りの獲物が北方へ逃げないように、約四八キロにわたってショルフハイデの境界に沿ってウッカーマルクまで柵を建設する命令を下した。[75] 十九世紀半ばに、狩猟の守護聖人にちなんでフーベルトゥストックと名付けられた狩猟用の特別な山小屋が建てられると、貴族たちの訪問はさらに盛んになり、皇帝ヴィルヘルム二世はその在位中、少なくとも年に一度はショルフハイデを訪れるようになった。[76] テオドール・フォンターネは自身の高名なブランデンブルク地方の解説文の中で、この地の豊かな狩りの獲物を称賛し、ドイツ皇帝が客人を驚かせるために特別な日にだけしか狩りをしない「ほかに類を見ない地域である」と述べている。[77] 一八八五年の夏には、ロシア皇帝アレキサンダー三世もフーベルトゥストックの宿に滞在している。[78]

王室の狩猟は自然環境にとって負担となりえたが、十九世紀に何度か過剰な時期があったのち、ヴィルヘルム二世は大規模な狩猟を禁じ、その効果は一九四五年まで続いた。[79] ショルフハイデの動物たちにとって二十世紀初頭の最も厳しい時代は、おそらく一九一九年と一九二〇年の革命の年だっただろう。このとき、違法な狩猟がかなり頻繁に行われたため、アカシカが激減した。[80] しかし、獲物となる動物の個体数はじきに持ち直し、地方政府は一九三〇年にショルフハイデの大部分を保護下に置いた。[81] ワイマール時代、ドイツ人政治家たちは相変わらずこの地域に執着し、第一代ドイツ大統領フリードリヒ・エーベルトは余暇を過ごすためにフーベルトゥストックに繰り返し滞在した。[82] 社会民主党員としては少々珍しかったがエーベルトは狩猟にも関心があり、その後継者パウル・フォン・ヒンデンブルクもまた同じだった。この人物は第一次世界大戦の将軍で一九二五年にワイマール共和国の大統領となった。ヒンデンブルクの大統領統治は共和国の衰退を招いたとして語られることが多いのだが、ショルフハイデでの振る舞いは申し分のないものだった。彼は一シーズンに一頭の雄ジカを撃つ許可証を文書で申し込み、獲物を狙って数日追いかけた後で素晴らしい獲物に出くわしたのだが、たまたま二つの森林区の境界線上に立っていたため、撃つことを断念した。許可書が二つのうちの一区画だけのものだったからである。[83]

ゲーリングがショルフハイデに関心を示したことは全く驚くにはあたらない。さらに言えば、ゲーリングの関心はこの地域の支配者の権限として長い間続いてきた、狩猟に対する強い執心と同様のところから来ていたのである。彼は一九二〇年代後半になって初めてショルフハイデで狩猟旅行を行い、この地域にすっかり惚れ込んだ。[84] ゲーリングはショルフハイデの中に自分専用の場所を確保することにも全く躊躇はなかった。プロイセンの首相として、また一国の最高森林監督官として、およそ一二〇ヘクタールの森を一九三三年の初めに自分が生涯使用するために確保したのだった。

同時にヒトラーは特別な基金を設けてゲーリングが好きなときに使えるようにした。[85] こうした便宜によってゲーリングはショルフハイデの森に大邸宅を建設する命令を下した。十カ月後にはゲーリングの数々の邸宅のうちでも最も有名で最も壮大な邸宅、カリンハルが完成したのである。[86] この名称はゲーリングの亡くなった妻カリンに捧げられたもので、家とともにゲーリングが建設した壮大な墓所にはその遺骨が眠っていた。一九三四年六月、ゲーリングはその墓所の落成を国家行事の形を取った壮大な式典とした。ヒトラーがショルフハイデを訪れたのは在職期間中この一度だけだった。[87]

カリンハルの邸宅の建設はナチス時代を通じてほとんど休むことなく行われ、その複雑な建造物は人々から、良くも悪くも様々な評価を受けることとなった。フォルカー・クノプフとステファン・マルテンスはカリンハルに関する著作の中で、ショルフハイデでゲーリングが行った建設事業にかかった総経費を七五一万二一五五ライヒスマルクと見積もっている。これに対して、一家族の住宅一軒にかかる費用は当時通常一万ライヒスマルクであった。[88] しかし、ゲーリングの関心は常にカリンハルの境界線を越えて、ショルフハイデの森全体へ向けられていた。この地域のすべての開発をストップさせようというゲーリングの意図は一九三三年にはすでに、政府議事録に記録されている。[89] したがって、帝国自然保護法にショルフハイデの保護を目的とした規定が含まれているのは自然な流れで、ドイツ国内の自然保護区のうち、この地域だけが法案への公式解説の中に名指しで登場している。[90] 帝国自然保護法第一八条には国立自然保護区（Reichsnatur-schutzgebiete）設立についての規定が設けられた。[91] この規定の実施については、ゲーリングの狩猟への嗜好が強く働いたことが見て取れる。国立の自然保護区四カ所すべて、すなわちショルフハイデ、西ポメラニアのダルス、東プロイセンのローミンテン、そして、同メーメル川の三角州地帯も同様の地域にあり、特権階級のハンターたちに豊かな獲物を提供できる地域だった。[92] 国立自然保護区は国有地にのみ設定することが許可され、帝国森林局（Reichsstelle für Landbe-schaffung）内部に土地の購入のための特別な組織を創設することを規定していた。国立自然保護区は法律

図4－4　ヘルマン・ゲーリングが来訪者のグループを連れてショルフハイデ国立自然保護区を案内しているところ。ゲーリングの右側には、ベルリン動物園園長で1938年から森林局で自然保護を担当しているルッツ・ヘック、彫刻家マックス・エッセル、1937年まで森林局の長官を務めていたヴァルター・フォン・コイデル。写真はウルシュタイン・ビルト社。

の補償条項の例外［訳註：一九三五年の帝国自然保護法には「収用」を定める規定（第一八条）があり、その運用は当座「国防軍の目的のための土地調達に関する法律（一九三五年三月二十九日）」を準用し、地所または金銭による相応な補償を行うことが定められていた。ただし「収用」を定めたのは国立自然保護区に関してであり、通常の自然保護区には帝国自然保護法第一八条の「収用」ではなく、所有権者の補償請求権を否定した第二四条が適用される］とされており、収用は「適切な補償」のある場合のみ可能とされていた点は興味深い。しかし市場価格と同等かという点は疑問のあるところだ。[93] ショルフハイデは一九三七年初めに帝国自然保護区になり、面積は五万ヘクタールから五万六四八〇ヘクタールへと増加した。[94]

種保存の取り組み

ナチス時代、ショルフハイデ国立自然保護区はすでに絶滅した種をかつての生息地に再移入しようとした取り組みで特別に名声が高かった。この地の原生の自然はドイツの中心部から長らく姿を消してしまっていた数多くの野生動物の住みかとなるとゲーリングは考えた。数々の再移入計画にも資金は無限にあった。[95] ベルリン動物園とその園長ルッツ・ヘックの協力により、バイソン保護区がショルフハイデ内に設けられ、個体数は一九四〇年にはおよそ七〇頭にまで回復した。[96] 狩猟管理人たちもまたショルフハイデで野生の馬と各地の動物園にいたプレジェワリスキーウマとの繁殖に乗り出したが、群れは戦争終結までに一六頭にとどまった。[97] ヘラジカの繁殖はさらに困難で、移入プロジェクトは結局失敗に終わった。ショルフハイデの森では、もともとの生息地のようには餌も空間もなかったのである。[98] 一九四二年の夏、一頭のヘラジカがカリンハルの敷地内へ迷い込み、公園内の花を食べ始めた。ゲーリングは兵士の一団を差し向けてヘラジカを捕獲し、ショルフハイデの森の中の別の一角へ放したが、数日のうちに再びカリンハルに戻ってきたので、最終的には射殺されてしまった。最後まで残っていたヘラジカは一九四三年にベルリンの郊外を歩き回っているところを殺された。[99] そのほかに再移入が試みられたのはオオツノヒツジ、ビーバー、ワシミミズクである。[100] 一九三五年にはショルフハイデ自然保護区東部に野生動物問題の研究機関が、潤沢な資金を得て開設された。[101]

ゲーリングにとって、こうした種の再移入は太古の夢想を実現するというだけでなく、自らの名声にも関わる話だった。バイソンの保護区にカナダから雄牛が連れてこられたときには派手な演出が行われた。カリンハルでの大げさな落成式の十日前、ゲーリングはフランスやイギリス、イタリア、アメリカ合衆国の大使を含め、およそ四〇人もの客を招いて、ショルフハイデ保護区で特別な式典を開いた［訳註：一九三四年六月十日］。オープンスポーツカーに乗って遅れて現れると、ゲーリングはショルフハイデの意図するところを述べ、客人たちをバイソンの保護地区へと案内した。そこではまさに何頭ものバイソンのメスが雄牛と出会うところだった。とっさに雄牛に「恐怖のイヴァン」とあだ名をつけると、雄牛の運送用のコンテナの扉を開かせた。そしてこのとき、帝国第二の指揮権者は自分の権力には限界のあることを知る。すなわちイヴァンは自分の新しい住まいの中へこわごわと歩みだしはしたものの、気のない視線をメスたちに向けた後、狩猟管理人も驚いたことに、向きを変えて、もといたコンテナの中へ戻ろうとしたのだった。[102]「プログラム中、この部分は期待どおりにいかなかった」。イギリス大使エリック・フィップス卿は自分の覚書帳に記録している。フィップスはかつての任地スペインでこれよりもさらに活発なタイプの雄牛の扱いにも慣れており、ショルフハイデでのゲーリングの支配について痛烈な表現で記録した。フィップスは、カリンハルの邸宅と墓所をくまなくめぐる行事については、「この一連の流れはときおり非現実的な感覚を湧きあがらせた」と記し、雄牛のお披露目のことは、「大きな、よく肥えた、甘やかされた子どもが、自分のおもちゃを見せてくれているような、ゲーリング将軍のほとんど痛ましいまでの純真さが格別印象的だ」と書いている。しかし、記録は陰鬱な言葉で終わっている。一見無害な見世物がより深く、より厄介な真実を現しているのではないかとフィップスは感じていたのだ。「それから、翼のある、もはや無邪気とは言えないようなおもちゃがほかにもあった。これが、同じく子どものように無邪気に、いつの日か喜び勇んで残忍な使命を果たすのかもしれない」とフィップスは書いている。[103]「バイソン文書」とあだ名がつけられて流出した機密報告書は、すぐさま有名になった。とうとうゲーリング本人にまで知られてしまって、その結果、ゲーリングとフィップスの関係は冷えてしまった。[104]しかし、一般の関心はゲーリングの〈農場〉に向けられていた。一九三六年に開かれた狩猟の獲物の保護区では、およそ二〇〇頭の動物が見学でき、最初の一年半の間に一〇万人が訪れたという。[105]

注ぎ込まれる金

このエリアが広大だったため、ショルフハイデの人気が高まっても、カリンハルでの式典や国家行事との間に衝突が起こるようなことはなかった。実際に、ゲーリングはショルフハイデ特別基金（Stiftung Schorfheide）を通じてこの土地の魅力をさらに高めようとした。これは一九三六年一月二十五日の法律に盛り込まれたもので、基金は「特に都会の人々の間に自然と繋がっているという意識を目覚めさせ、かつ深めるために」設立された。同時に生存が脅かされている植物や動物のための「保護された地域」を作り出すことを目的にしたのである。[106]プロイセン州政府から資金の提供を受けて、基金は国立自然保護区とほぼ同じ区域を対象とすることになった。パウル・ケルナーはもともと基金の議長を務めており、この仕事はゲーリングに媚びるような評伝を書いたエーリッヒ・グリッツバッハに引き継がれる。[107] しかしながら、基金もまた別の目的のために機能していたことが、一九三六年の支出一覧からはっきりと見て取れる。基金の予算は少なくとも二二万五〇〇〇ライヒスマルクを狩猟の経費として取り分けていたのだ。[108] この莫大な金額がゲーリングの高額な狩猟旅行の結果であったことは疑いようがない。そして、基金がその他の支出にも充てられていたとしても驚くにはあたらない。結局のところゲーリングの金の無駄遣いはナチス時代でさえ悪名高いものだったのだ。[109] 基金のその後の収支記録は残っていないが、通常の業務以外の経費に充てられていたとすると、そして、ゲーリングの浪費癖による請求額を次々に支払っていたとすると、基金の収入の多くがゲーリングのライフスタイルの維持のために使われていたと考えることは難しいことではない。ショルフハイデ基金によって、自然保護は政府の腐敗のカムフラージュに手を貸していたことになるのだ。

　ある意味では、このような自然保護の悪用にはそれ自身のロジックもあった。結局のところ、ゲーリングの自然保護政策は二つの目的のために行われていたのである。保護区は動物や植物にとっての天国を用意すると同時に、そこはカリンハル邸の完璧なる背景であり、かつ熱心なハンターの活動領域だったのである。そして、ナチス時代にこのように自然保護と政治腐敗が密接に関係した例はほかにもあった。たとえば、ハンブルクの地方長官（Gauleiter）カール・カウフマンは狩猟区を正当に占拠する隠れ蓑にできることから、突然自然保護に熱心になった。その他多くのナチスの地方長官たちと同様、熱心なハンターであったカウフマンは、広大な森林地域も相当数の狩猟の獲物にも恵まれていない州であるハンブルクの領域内の、限られた財産で満足していなければならなかった。しかし、一九三七年に広域ハンブルク法が成立し、州が拡大すると、カウフマンは突如行動を開始した。広域ハンブルクの北側の郊外にあるドゥヴェンシュテッター・ブルックに注目すると、この地域の国立自然保護区への認可を保証して、州の経費で柵で囲い、一般市民の立ち入りを禁じ、続いて狩猟の権利を州政府からカウフマンに移管させた。相当数のアカシカをこの地域に入れて、彼はとうとう熱望していた狩猟保護区を手に入れたのだった。[110] 皮肉にも、地域住民の不満を公表したのはナチス党の事務局の有力な長官だったマルティン・ボルマンで、一九四二年の初めに行われた地方長官会議では、参加者たちの多くが自分の狩猟体験を語ることに熱心で、より大きな政治的意味のある問題についで触れることもままならないと、ボルマンは思ったのだった。[111]

しかしながら、こうした行き過ぎた浪費がゲーリングやカウフマンの地位をおびやかすことはなかった。ゲーリングは実際には、次第にヒトラーの引立てから滑り落ちていったが、ショルフハイデでの浪費からというよりは政治的な失敗によるところが大きかった。連合国側の航空機は一機たりともベルリンに飛来させないという、ゲーリングのドイツ空軍トップとしての自信に満ちた公約は、彼の無能ぶりを象徴するものとなった。政治的な凋落を埋め合わせるように、ゲーリングは愛するショルフハイデでますます長い時間を過ごすようになり、とうとうカリンハルはドイツ空軍の正式な司令部となったのだった。[112] ゲーリングがショルフハイデを支配した時代、彼はまるで絶対君主のように振る舞い続けた。一九四二年夏、森林火災が猛威を振るったとき、ゲーリングは火が落ち着いた現場に現れて、バイソン保護区の柵を守るように執拗に消防士たちに求めた。バイソンは火災を逃れて、六〇〇ヘクタールからある保護区の別の場所へ逃げ込んだという主張にもゲーリングは耳を傾けようとしなかった。数カ月後、ゲーリングは自分の素早い行動でさらなる災害を防いだのだと得意がっていた。[113] 彼は、関係する役所でも自然保護の目的で土地購入を継続しており、一九四二年には政府政令が施行されて、ショルフハイデ自然保護区は五万六四八〇ヘクタールから七万四二〇〇ヘクタールに膨れ上がった。[114] 一九四五年一月、連合国軍がこの戦争を終わらせるべく、ドイツ国境で戦闘の準備をしていたとき、ゲーリングの誕生祝いに集まった客たちはカリンハルの敷地をさらに拡張しようという、彼の計画を無責任に褒め称えていた。およそ三〇五メートルの長さの中央棟を有するヘルマン・ゲーリング博物館を一九五三年一月十二日のゲーリングの六十回目の誕生日に開館させることも計画された。[115]

狩猟場としての自然保持

そのあとに続く数カ月の出来事によってこの壮大な夢は完璧に打ち砕かれた。戦争末期、ゲーリングはカリンハルで過ごす最後の数週間を、過去十二年にわたって蒐集してきた美術品の発送に忙しく費やした。[116]その間、ゲーリングは可愛がっていたバイソンを打ち殺す命令も出している。戦時中を通して一度も空爆も銃撃戦にも遭わなかったカリンハルの屋敷には地雷が設置されて、赤軍（ソ連軍）部隊が近郊に初めて姿を現した一九四五年四月二十八日、ついに爆破された。[117]この地域から瓦礫を取り除くのにおよそ十年の年月がかかった。この地では注意深く観察するとコンクリートの板状の切れ端が見つかることが今でもある。[118]ショルフハイデでは、盛んに伐採が進んだために森は減少し、赤軍の兵士たちが動物の数を激減させ、この地域の動植物は一九四五年以降、それまでほどには生育しなかった。エルヴィン・ブーフホルツとフェルディナンド・コニクスによると、赤軍は装甲車を使って動物たちを森から追い出すと、マシンガンを使って殺し、その過程で野生種の馬の最後の生き残りは絶滅した。[119]皮肉にもナチスが労力を注いだバイソンやヘラジカなどの大型動物の再移入は失敗に終わったのに、ビーバーやオオツノヒツジのようなあまり特別でもない種は引き続き生き残った。そしてその後は、以前にはショルフハイデでは全く見られなかった動物ばかりになったのである。[120]

ショルフハイデはその後の数十年間も狩猟地域として残った。ナチス政権と社会主義のドイツ民主共和国との間には不思議と共通点が多かった。ゲーリングと同様、東ドイツ政府は、一九六四年にソ連の大使がヘラジカの群れを寄付すると、再移入の試みを始めた。しかし、その試みは再び失敗してしまう。生き残ったヘラジカはフリードリヒ動物園に運ばれた。[121]一九七六年から一九八九年までドイツ社会主義統一党書記長を務めたエーリッヒ・ホーネッカーは権力の座を降りると、ドイツ民主共和国による環境破壊からショルフハイデの自然の美を守ることを誇りとして活動した。[122]しかしながら、社会主義者の指導者たちは環境に与える影響の大きい、タイプの異なる狩猟を好んでいたため、ゲーリングの狩猟のやり方を踏襲しなかった。たくさんの獲物を狙う狩猟のために、森林監督官たちは何としても獲物の動物の数を増やす必要があった。その結果、数の増えたシカの群れはショルフハイデの森に害をもたらす存在となった。[123] ゲーリングの狩猟は特定の獲物に集中するやり方だった。小さな動物には関心がなく、シカの群れにエネルギーを集中させていた。他のハンターの狩猟記念品の数々に強い嫉妬心を露わにしていたことは、ゲーリングの人生の神話ともなっていた。ハンガリーの首相ジュラ・ゲンベシュがローミンテン国立自然保護区での国家主催の狩猟で素晴らしい雄ジカを仕留めたとき、ゲーリングはゲンベシュが帰国するや否や担当の森林監督官たちを厳しく叱った。自分がハンガリーで以前に撃ち取ったのがゲンベシュの獲物よりもずっと小さかったからだ。しばしばゲーリングは「ヨーロッパで最も強い雄ジカ」を仕留めるつもりだと、自信ありげに語ったという。[124] 一方、ショルフハイデの植物相への影響は良好だった。ナチス時代、森林監督官たちは獲物の動物の数を減少させ、強く、しかし頭数的には限られたシカを育てることに焦点を絞った。ナチス時代に国家主催の狩猟担当者だったウルリッヒ・シェルピングは回顧録の中で、特別な客人が数多く訪れたにもかかわらず、ショルフハイデでは「非常によく管理された狩猟」が行われたと語った。[125] しかしながら、これは明らかにゲーリングの狩猟の好みによりたまたま発生したことで、明確な環境政策の結果ではなかった。結局、ゲーリングの世界観の中に自然の持つ自律的エネルギーが存在しなかったことは、バイソンの再移入計画と「恐怖のイヴァン」のエピソードが雄弁に物語っている。

■エムス川流域調整事業

洪水との戦い

十八世紀からドイツでは農業の振興が大きな課題の一つだった。農業生産を上げていく一つの方法として、耕作適地での水の流れの調整があった。また、農地の灌漑と排水対策は常に農業政策と一体だった。十八世紀の最もよく知られた事業はブランデンブルクのオーダー川の排水で、川の流れを短くする治水工事でおよそ五万六〇〇〇ヘクタールの農地が改良された。[126]しかし、目的を同じくした、より中小規模の工事はこのほかにも州の事業として、あるいは私的な事業として、数えきれないほど行われている。ドイツ西部の、ウェストファリアでは十九世紀には治水事業が盛んに行われ、それまでごく粗放的にしか使用されてこなかったヒースの原野で集約農業を展開するようになった。こうした事業の多くはエムス川の流域を中心としていた。エムス川はこの地方を西に向かって流れ、この地方の首都ミュンスター付近で北へ方向を変え、オランダとドイツの国境で北海へと流れ込む。しかし、十九世紀後半にミネラルを含んだ肥料の使用で農業の生産性が向上する以前には、こうした工事の多くの場合あまり芳しい結果は得られなかった。また、予期せぬ付随的な影響や流域内の水流の内部力学によって、治水工事自体、実際には想像以上の困難が付きまとうものだったのである。その当時は完全なものと考えられた工事が、数年後には終わりの見えない泥沼がまだ続いているという状況となった。[127]

この長引く戦いの新しい局面は一九二〇年代に始まった。エムス川流域を夏の洪水が繰り返し襲って、周辺の農家に大きな被害を与えたのである。農業暦一九二四〜二五年には洪水による被害は一つの郡だけで一五万ライヒスマルク、一九二七年には二二万ライヒスマルクの被害が一五四〇ヘクタールの農耕地帯にもたらされた。エムス川の支流域ではさらに約四〇万ライヒスマルクの損失が報告された。[128]エムス川は大雨の後の余分な水を貯めることができなくなったとして、農民たちはすぐにエムス川の水文学を批判し始めた。こうした状況はそれ以前の水文学的工事から発生したものであることが多かった。工事は農地からより速く排水を行って川へ流していくものだったのだが、エムス川自体はもともと長く蛇行した川で、砂や泥の堆積作用が強く、集約的に農業が行われた流域に、制御しきれない流れが島を作り出していた。このため、川の流れの調整を求める声が上がり、一九二六年十月四日に行われた近隣の農民協会の合同集会では特に水の問題が話し合われ、その趣旨の決議文が採択された。[129]ミンデンのプロイセン水文学事務所（Kulturbauamt）がこの要求を聞き、洪水問題の緩和のために包括的な計

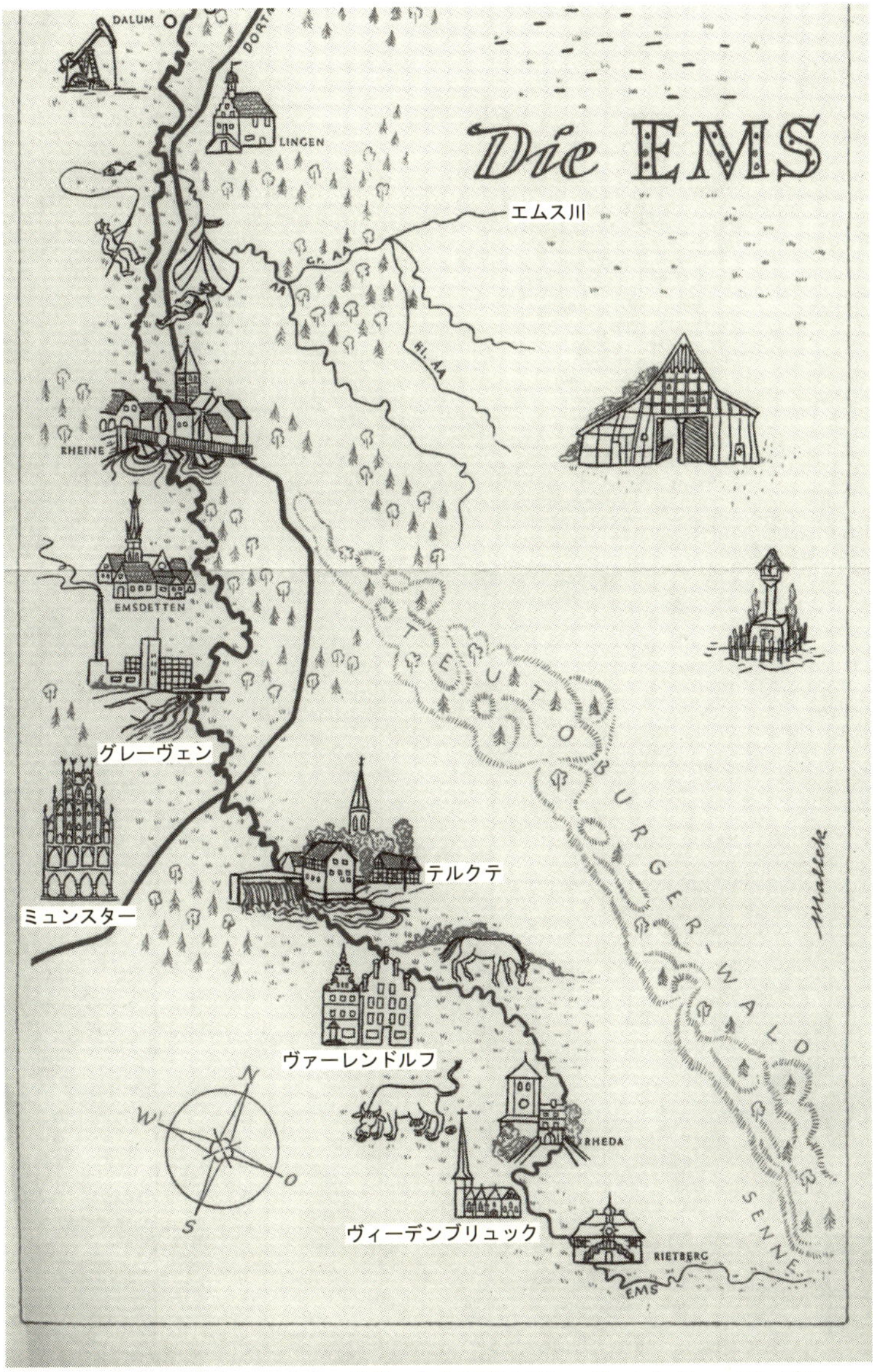

図4－5　1958年の書籍から。ナチス時代、治水事業はグレーヴェンとヴィーデンブリュックの間の区間にほぼ集中していた。地図はヴァルデマール・マレック、ステン・ヴェルム著『エムス川の絵本』（ミュンスター、1956年）より。

画を策定する作業に入った。一九二八年春、水文学事務所はエムスの水源から約一二八キロ、ミュンスターの北側の郊外の町、グレーヴェン付近の地点までの治水計画を発表した。この地点から先、エムス川は一級河川となり、プロイセンの役所の仕事ではなく帝国機関が管轄権を有したのである[130]。

環境史研究では水文学技術者［訳註：日本でいう河川土木技術者のこと］は特殊分野の専門家と考えられており、エムス川事業はまさに彼らの専門性を証明する格好の舞台だった。水文学技術者たちはかなりの資金が自由に使えたうえ、州政府に密接に繋がりがあって、大きな権力を有していた。また、その権力を行使することに躊躇もなかった。実際、カール・アウグスト・ヴィットフォーゲルは水文学社会の有名な理論の中で、中央集権化された水資源運用は権利の乱用そのものであると主張している[131]。一九二八年の計画はおそらく完全な実効性を狙っていたわけではないだろうが、多くの水文学報告書と同様に、大胆で自信に満ちたものだった。まずは、大雨の後はエムス川の水量調節が不可能になるという、農民から上がっていた過去の苦情の確認から始まっている。続いて報告書は解決に向けての過去の試みについて概観する。最初の包括的な計画が一八五二年に策定されて以来、少なくとも二六もの計画があり、そのどれもが必要とされていた厳密さで実行できず、水文学者たちを落胆させた。この結果をもって、自分たちには総合的なマスタープランを作る知恵がないのではとの疑いを募らせたわけでは決してない。むしろ、第二七番目の計画の実行にはいかなる妥協も許されないのだという警告へと繋がっていった。農民たちだけでは適切な計画を練り上げることは不可能であり、協力しあうことすら無理なのだと、計画策定にあたる人々は強調した。自分たちの側の土地を勝ち取り、反対側の土手を浸食に任せるという農民たちのおぞましい抗争物語を引き合いに出しながら、公平な専門知識だけが適切な解決への道筋を示すことができるのであると、技術者たちは主張した。均一の斜面を作り出し、隠れた障害物を計画的に取り除きながら、計画は水の流れ道を予測していった。それによるとエムス川天然の姿というより、水路というに相応しい水の道となっていた。多くの機能があった川は、技術者たちによって幾何学上の不等辺四角形の断面図と土手へのしっかりした植林とによって、排水溝となり、水を可能な限り早く吸い上げることが唯一の任務となったのだった。また、川の流れについても、蛇行の代わりに直線と緩やかなカーブを増やす合理化が急ぎ必要となった。ヴァーレンドルフとグレーヴェンの間だけでも川の長さは五一・六八キロから三六・九六キロに縮まった。報告書によると、「手つかずの自然（ウィルダネス）」という評価を受けることになるような区間もあるというが、川の景観の変化やその他の環境への影響について十分な検討がされたわけではない。しかしながら、自然保護主義者の立場から見ると、この計画がもたらす結果が非常に深刻なものとなることは明白だった。[132]

時代による後押し

この計画には堂々たる値札がついてきた。結論として、水文学者たちの推定ではこの治水工事は約一〇〇〇万ライヒスマルクかかるというのだ。それにもかかわらず、政府内部に協力してくれる人々が現れる。「エムス川の流域調整の工事は絶対に必要である」と関係する三つの郡部の長官たちは強調し、「いかなる官僚主義的手続きにもこの計画を妨害させてはならない」と付け加えた。[133] 同様に農民たちもこの計画に大いに期待して、治水工事はウェストファリアの農業の経済的な生き残りに関わる問題だと主張したのだった。[134] 後者の発言については記憶の中で脚色を施したかのように聞こえるかもしれないが、当時の農民たちが置かれていた陰鬱な状況を考える必要がある。一九二〇年代終わりになると、税負担の増大や急速な工業化による負債の増加、物価の下落が世紀の危機の中で同時に発生し、北部ドイツの一部農業地域では農民たちが過激化したため政府が急きょ、行動に出た。[135] また、農業危機に関しては農民の財源からのいかなる出資も考えられないとして、農民たちは盛んに「国やその他の組織が費用を引き受けるべきだ」と指摘した。[136] その結果、治水工事は主たる受益者たちに対して無償で行われることになった。川沿いの農民たちは経済的負担なしにエムス川の工事から利益を受けるのに対して、様々なレベルの国の組織がその資金を負担したのだった。[137]

しかしながら、流域調整事業の中で農民たちは皆同じ利益を追求したわけではなかった。最も声高な支持者たちというのは常に、洪水の影響が特にひどい川の上流域の人々だった。一九三一年、上流のヴィーデンブリュック郡の長官はこの事業に言及して、川の治水に対してあたかも当然の権利があるかのような発言をした。「長年、我々はエムス川の治水について語り合ってきた。そしてさらに何年も、その実行を待ちわびてきた。結局のところ、エムス川の治水事業は全くもって川の治水というものではない」[138]。しかし、川下の農民たちは消極的だった。ヴィーデンブリュック地区での治水が洪水を引き起こして川下の自分たちの土地を水浸しにするという理由からである[139]。また、治水事業の経済効果は試算によると、川のどの地域かによって明らかに異なることがわかった。ヴァーレンドルフの町とテルクテとの間、アイネンより上流では、およそ八六四〇ヘクタールまでの保護が約束されており、〇・四ヘクタール当たり二三〇ライヒスマルクの経費、この事業の総経費は五〇〇万ライヒスマルクとの見込みだった。しかし、問題のアイネン村より下流では一二四〇ヘクタールしかないところへ、治水事業は同じく五〇〇万ライヒスマルクの費用を必要とし、〇・四ヘクタール当たり一六〇〇ライヒスマルクはそれ自体「正当化できない」ものということになる[140]。一九三〇年の農民集会は連帯とこのプロジェクトに関する「包括的な視点」を求めて閉会した。「いかなる理由にせよ、ヴァーレンドルフより下流の損害が上流の工事開始によって増加するようなことがあってはならない」という[141]。しかし、こうした発言は根本的なジレンマを解決しないまま、単に異なった利益関心を隠しているだけだったのである。

結局のところ、この事業の命運は一九三〇年代初めにはまだ決していなかった[142]。事態を好転させたのは大恐慌の結果として、突然安価な労働力が利用できるようになったことだった。大規模な失業問題を解消するために政府がテコ入れして労働事業を立ち上げ、労働の対価は劇的に縮小した[143]。しかも、事業は突如関係者が皆満足できるウィン・ウィンの様相を呈してきた。農民にはより高くより安定した生産高が期待でき、失業者には低賃金だとしても仕事があり、水文学の専門家たちは自分たちの計画が実行できるのだ。関係者の中で唯一勝てなかったのが自然保護主義者のグループで、事業はシェーニヒェンが「国家労働奉仕団に託されるドイツ景観に関する請願」の中で批判していたシナリオとほとんど同じだったからだ。「労働奉仕の仕事は決して幾何学やコンクリートの景観へと通じてはならない」と彼は書いて、「蛇行する川を直線の運河状の川床に置き換えること」がないようにと警告した[144]。ウェストファリアの設計者たちはコンクリートの上にたくましい樹木を植栽するやり方を好んだが、それ以外では設計ボード上の設計図から現実のものへと、シェーニヒェンが懸念していたとおりに、今しも変わろうとしていた。

農業生産の向上と、雇用の創出、魅力的なマスタープランが連携して、事業は急速に勢いづいてきた。一九三二年、最初の区間が「修正された」。便利な婉曲表現であった[145]。しかし、こうした初期の頃の骨折りがあっても一九三四年三月、ナチスによるエムス川治水工事の「公式な」開始の演出は行われた。約一二メートルで水路の〇・八キロにわたる湾曲が消える場所で、どちらかといえば平凡だった一幕をナチスは巧みに印象深い祭りへと演出したのだった。旗やその他の装飾を周辺地域に点在させて、式典は多くの参加者を集めた。この地の地方長官アルフレッド・マイヤーと地方行政の長たるカール・フリードリヒ・コルボウの二人は共にこの機会を利用して、地域民に演説し、まさにとりかかろうとしている事業を褒め称えた。地域の新聞によれば、命令が発せられると、国家労働奉仕団担当官が「彼らの武器である鋤」を取り、作業に取りかかったという。労働奉仕団事業の準軍事的な性格は実に明白だった[146]。

アルベルト・クライスの「意見書」

この時点までは自然保護団体からの大きな貢献はなかった。地域の新聞では早い段階での情報は発信されていたが、実際に、自然保護団体からの意見が最初に発表されたのは一九三三年夏のことだった[147]。理由は管轄権の問題が大きかった。すなわち、一九三五年に帝国自然保護法が成立して自然保護に関する行政行為の協議が義務とされるまでは、近く行われる予定の事業について自然保護団体と情報を共有する法的な義務はなかったのである。とはいえ、自然保護団体のその他の活動がそれと同様の役割も果たしてはいた。一九二

○年代の終わりごろ、ウェストファリアの自然保護運動には大きな人気の波が来ていて、自然保護活動家たちは盛んに広い土地を購入したり、借用したりして、自然保護区とし、一九三三年までには州の境界内に五六カ所もの自然保護区ができあがっていた[148]。現代の基準で見ると、たしかに驚くべき数だ。トーマス・レーカンも「プロイセンで最も力のある地域自然保護運動組織である」と述べている[149]。しかし、丁寧に観察してみれば、ワイマール時代の自然保護活動には限界のあることがわかる。これらの自然保護区のおよそ半数は四ヘクタールにも満たない面積しかなかったのである[150]。要するに、自然保護主義者たちの目から見て、特殊な価値を有した狭い地域にだけ焦点があって、エムス川沿いで進行中のような大規模事業は自然保護団体の射程には入っていなかった。彼らが目的としていたのは、包括的な土地運用ではなく、個々の場所の保護だったのである。

したがって、ウェストファリア郷土同盟（Westfälischer Heimatbund）が一九三三年にようやく懸念を表明したとき、その抗議姿勢はやや控えめで、「可能な個所では自然保護のアプローチ」を取るように要求するのみだった。保護を求める動機は二重になっており、同盟は「特に風光明媚な景観」を志向する一方で、「ミュンスターの住民が余暇時間を過ごすための場所」としてのエムス川の価値についても言及していた[151]。同盟からの請願が出されてから三日後、大管区文化長官バルテルスはこの意見を支持する旨を公にし、ウェストファリアでは州政府と党の間に自然保護問題への競争関係が健在であることを示した[152]。実際、競争関係はおそらく郷土同盟の内政への干渉に役に立ったのだろう。なぜならその二週間前に、ナチス党文化同盟（NS-Kulturbund）ギューテルスロー地方支部、バルテルスの党自然保護ネットワークのメンバーとなっている組織で問題について話し合い、自然保護を「民族の（völkisch）義務」と呼んだ。「公共の利益は個人の利益に優先する」というナチスの原理を発動して次のように述べて、エムス川上流の渓谷全体を保護するように同盟は要求した。「自然の貴重な宝が功利主義的な観点から搾取の対象として見られたときにはすでに遅いのである。ここに、その他多くの分野と同様に、国家社会主義の理念は人々を啓蒙していくだろう」[153]

州政府の答えは二面性を持っていた。一方では、地方行政は自然保護の利益を考慮して遂行することが重視された。事実、行政は「エムス川をミュンスター市民の余暇を過ごすための場所として保存すると同様に、エムス川沿いの農地を夏期の洪水から守るため可能なことはすべて行う」とまで約束したのだった。他方では、重要な問題を詳細まで議論することがないという意味で、政府とは責任逃れをするところで、事実いかなる具体的な言質も取られていない。行政側は法的な義務はなくても自然保護受託人に意見を求めることを約束はしたが、拘束力のないものと考えていることは明白だった。[154]このことから行政側からの文書は二通りの読み方ができる。この問題がすでに処理が始まっていて、自然保護活動家のほうからのさらなる積極的活動は必要ないと暗に示しているか、あるいは土地の改変に関する配慮は行政内部で歓迎されているという表れか。自然保護の立場からは明らかに後者の解釈が多く取られた。そして続く数カ月の間、抗議のうねりが大きくなっていった。芸術家の地方団体（Freie Künstlergemeinschaft Schanze）が一九三三年十一月に請願書を提出し、エムス川とミュンスターの東側の郊外にあたる、エムス川支流のヴェルゼ川の流れを変える事業に「強い懸念」を表明した。文面は郷土同盟のものよりもいくらか厳しいもので、この事業を当然のことのようにとらえた郷土同盟に対して、芸術家たちの請願は「文化的な価値は経済的な利点よりも優先順位が高い」と断言し、川の治水工事という選択肢に対抗して「不可侵の自然保護区」を宣言することを求めた。さらに文書は注意深く「象徴的類似」という表現で、オーバーザルツベルクにあるヒトラーの山の保養所のことをほのめかした。ちょうど総統が「外界から遮断され、人の手の入っていない自然」の中での「休息と余暇」を求めるのと同様に、ウェストファリアの多くの人々もエムス川の景観を「休養と体力の尽きせぬ源泉」として大切にしたいのであるという。[155]再び、地方行政側から「自然保護に同様の関心を抱いている様々な方面のグループが、一堂に会して計画について話し合い、意見を集めることは有用なことであるかもしれない」と丁重な返事があった。[156]

芸術家団体からの請願もあって、エムス川の治水工事に対する懸念は自然保護団体の中心的なグループ以外にも目に見えて広がっていった。次に続く意見書にもこのような傾向が見られ、様々な分野のグループが含まれていた。一九三四年一月に提出されたのは、ミュンスターの小説家、アルベルト・クライスを中心として、そのほかに五、六人の市民が「共同執筆者」として署名していた。土地調査会社取締役クレメンス・ブランド、ミュンスター大学生物学教授、地理学者、猟師、釣り師とカヌーの漕ぎ手団体からの代表者たちである。しかし、このような代表者たちの幅の広さだけが、この意見書の新機軸だったわけではなかった。川の「原始的特徴」と「郷土愛」を強い調子で褒め称えた後、意見書は事業全体の包括的再評価へと書き進められていく。共同執筆者たちはエムス川の未来の「運河のような川の輪郭」に強く反対し、その曲がりくねった水の流れを保存するようにと要求したのだった。事業の主旨に真っ向から反対する裏付けは二点あった。意見書によると、下流に向かう未知の圧力を伴ったまま急速に水を流すよりも、現状の蛇行は水を保持することから、洪水防止にむしろ有利なのではないかという。さらに、この事業全体の背景であった農民からの苦情に対しても強く反論している。農民の牧草地が普段から乾燥しすぎていたことを考えると、土地所有者の多くは洪水によってむしろ利益を得ていたのではないか。「これまでのところ、洪水による大きな被害は少数の孤立した場所の農民に限られている」という。さらに、意見書は自然の持つ内的な力学を指摘した。川の流れの速さを上げると予期せぬ副次的な効果が現れることは避けられず、この工事によってほぼ確実に地下水面は低下し、農耕には非常に大きなマイナスの影響が出るというのだ。最後に意見書は運河状の構想が当然必要とする管理維持費用に言及する。結論として、この意見書は工事全体の根本的な見直しを求めたのだった[157]。

この意見書を、早い時期にその他の自然保護団体から出ていた意見と比較するとわかることがある。情緒に訴える始まり方は郷土連盟や類似のバルテルスのネットワーク、芸術家同盟のそれ以前の意見とほぼ同じ方向性を持っていた。しかしその後は意見書の論理付けの方向ははっきりと違っていた。自然保護団体は全体の事業に対して、娯楽面と景観美的な面からの配慮の必要を併せて要求したにとどまるのに対して、この意見書は更なる問題点に言及し、事業の根幹的な部分に疑問を呈した。すなわち、意見書が事業の新機軸を求めて全体の構想から評価しなおすことを含意していることだ。ここには、同時代の自然保護に対する感情について、教訓的視点が現れている。それ以前の自然保護団体からの意見が、事業の利点を当然の前提として不自然な反論を展開しようとしていたのに対して、意見書の共同執筆者たちは経済的な利点自体にまだ疑問の余地があると主張したのである。初期のころから中心的提案者の間で疑問のあった点が、この事業の真に危険な性質に繋がっていることが、ここではっきり見えてくる。たとえば、プロイセン農業省の役人は一九二八年の会議のときに過去四年間の大雨について言及し、その後数年間、雨が少なければ、「将来の流域調整工事は利益がないものとなる」と強調していた。[158] こうした背景を見ると意見書はエムス川を水の問題としてのみ考えるのではない、新しい全体論的な方法を求める出発地点になりえたのだ。意見書が公開で議論されていたならば、それはできたはずだったのだ。

意見書の最初の原稿が関係者の間に出回り始めて数日のうちに、地方長官カール・フリードリヒ・コルボウは初期の議論の鎮静化に乗り出した。地域の自然保護受託人パウル・グレープナーは「意見書の流布阻止」を依頼する厳しい口調の手紙を受け取った。「完璧に誤った歪んだ内容」であるとの理由だ。[159] さらに、「エムス川の景観に治水工事が及ぼす影響について、誤った考えや不要な懸念が一般市民の間に広がることを阻止するために、この問題に関する手紙や記事は掲載する前に必ずミュンスターの地方長官か自分に意見を求めるように」というコルボウからの指示を地方新聞が受け取ったことは重要である。[160] 数カ月後、バルテルスがエムス川の予想される変化についての講演の企画を提案すると、コルボウは地方長官マイヤーに「全市民の間に新しい懸念を引き起こさないように」、講演に顔を出してくれるように依頼した。その講演の際、コルボウは自然保護主義者たちに対して「うぬぼれの強い人間のグループ」という用語を用いた。[161] シェーニヒェンが川の治水問題に関連して生け垣の保護について懸念を表明したときには、ミュンスター郡は「この種の報告に対して異議を唱え」、この介入は「エムス川の治水事業に対して不信感を抱かせることのみを目的としている」と主張した。[162] こうした痛烈な反応に、論争は急速に協議事項から外れ、意見のあった者たちも皆沈黙してしまった。

帝国自然保護法の矛盾

このように政府の立場が急激に変化したことには説明が必要だろう。数週間前には政府主催の公聴会に招聘することを計画していたのに、彼らの抗議を鎮静化しようとしたのはなぜなのか。祝賀の催しが目前に迫っていたことも、このような突然の反応を引き起こす原因だった。不平不満を抱いた自然保護主義者たちが満場一致のナチスのショーを台無しにするというのが、一九三四年三月に計画されていた派手な演出の式典には最も起きてほしくないシナリオだったのである。また、エムス川の景観の保存はアドルフ・ヒトラーの真意を汲んでいるのだという大胆な主張で、意見書の共同執筆者たちが人々を狼狽させたことは間違いない。「総統以上に自然を友とし、祖国、郷土、自然の三元素を聖なるものと考えている人物はいない」と意見書は宣言していた。帝国自然保護法が成立する以前のものとしては思い切った主張だったし、国家労働奉仕団に関する批判は一層衝撃的であった。[163] しかし、政府側の動機の中心にあったのは、おそらく自然保護主義者たちの批判が、ある特殊な境界を踏み越えてしまったことだろう。政府にしてみれば、自然保護団体はそれまで小規模の調整変更をすれば譲歩してくれるごく限られた希望を持っているだけで、その自然保護団体と協議するという政府の誓約があったのも、彼らの要求がごく限られた小さな問題に限られるだろうという推測がここでも基礎になっていたらしい。こうした考え方では、自然保護主義者たちを国家労働奉仕団の役人たちと同等に扱うことも、事業の全体を自然保護の立場から見通すことも全く不可能なのだ。自然保護主義者たちの運動が次第に勢いづいてくると、政府も将来問題が起こる前に素早く決定的に妨害しておくのが最も良い方法だとわかってきたのだった。

その結果、一九三四年以降にはエムス川事業は基本的に二通りの事業となった。一つはナチス政権の政治

図4－6　治水事業の前後のエムス川。写真はベルンハルト・レンシュによる。彼はウェストファリア地方の自然保護受託人だった。ミュンスターのウェストファリア公文書庁の許可を得て掲載。

宣伝のために行うものと、もう一つは現実世界のものだ。ナチスの指導者たちは公式の発言の中で自然保護に参加していることを誇りとして語っていた。一例のみ挙げると、コルボウは一九三四年三月、式典中の演説で「エムス川の景観の特徴は破壊されることはない」と宣言している。[164] しかし、実際の川の土手沿いの工事には自然環境への配慮はほとんど見られなかった。新しい川床は通例直線と硬い幾何学的な設計で、単調な運河のような姿が、美しい絵画のような風景にとって代わった。[165] 労働量を最大化するために機械の使用は最低限に抑え、土木工事はもっぱらシャベルを使用して行われた。[166] 第二次世界大戦の勃発までは用役についている労働者たちであふれかえっていたが、戦争が始まるとポーランドの戦犯たちが限られた期間だがここで使用されるようになる。[167] 結局、工事は一九四一年に戦時経済のために中止になった。[168] その時点までに約八五キロの区間で工事によって川の姿は変容していた。[169]

新聞各社は自然保護関連の問題に継続して触れていたが、政府が検閲を行っていたため、次第に一般市民の心配を和らげる方向で扱うようになった。たとえば日刊紙『ミュンスターリッシャーアンツァイガー』(*Münsterischer Anzeiger*) は、川の流れを直線にする工事のために「大自然の魅力」が脅かされる可能性に言及したが、次のように述べて関連する懸念をすぐに一掃してしまった。「我々の郷土とその特殊性に関係するすべてについて、今日のドイツ指導部は慈愛に満ちた同情を感じているのであるから、我々はこれまで以上に自信を持ってよいのだ。かつて物質主義の時代が許してしまった過ちを我々は繰り返すまい」[170]。もちろん、このような言葉では自然保護主義者たちにとってはいくらも譲歩したことにはならなかった。エムス川とヴェルゼ川が合流する地点であるミュンスター市に属している資産に、川の工事区域が達した一九三八年に不満のうねりは再び姿を現した。娯楽時間を過ごし、伝統を育成（Brauchtumspflege）するという特別な価値を有する場所の保全を表向きに掲げた市側の抵抗運動だったが、[171] 真の動機はすぐに明らかになる。初期の運動に参加していた人物、ミュンスター市の土地測量所所長、クレメンス・ブランドが率いていたのである。彼は一九三四年の意見書に署名をした共同執筆者の一人であった。当然、抵抗運動は、じきにより一般向けの性質を帯びるようになる。「ヴェルゼ川の河口付近にいかなる変更も加えてはならない」と、一九三八年八月パウル・グレープナーは宣言した。[172] また、地域の自然保護受託人としてベルンハルト・レンシュはその立場に乗じてエムス川の変化について詳細な批判を開始した。[173] しかしながら、自然保護主義者たちは一九三八年十月に行われた会議中に反対意見を撤回するように強制されて、こうした発案はほどなく不名誉な終局を迎えた。[174] ブランドは自分の懸念事項を発表し続け、ハーメルン出身の文筆家、ベルンハルト・フレメスを通じてハンス・クローゼのもとへ意見書を届けた。帝国自然保護局は「川の治水事業の現時点での形は、エムス川の景観を壊滅的なものにすることは間違いない」と意見書に同意を示した。[175] だが、それは必然の運命に直面したむなしい希望に終わったのである。

自然保護主義者たちの敗北は早すぎるものではあったが、治水工事の内的な力学という側面も大きかった。ただ単に短い区間の改修を中止しても、水文学的な見地から言って、破壊的状況は必然的に発生する。なぜなら、大量の水はこのボトルネックとなった土地で暴れ回ることを避けられないからだ。景色の美しい地点を何カ所も選び出して保護するが、それ以外はあきらめるという伝統的なドイツ自然保護の戦略は、このケースでは明らかに限界に近づいていたのである。[176] 実際に設計者たちは帝国自然保護法第二〇条によって義務化される前でさえ、自然保護受託人との協議を行っていた。[177] しかし、自然保護受託人が公式に内容を聞くのは普通、図面が作成された後だったのである。協議が始まってみると、自然保護受託人たちは自分たちの役割がいかに影響力を持たないか、はっきりと悟るのだ。時には樹木や灌木の植林、その土地の野生種の選定などを依頼することもあったが、それ以上全体に関わる問題には立ち入ってはならなかった。[178] 実際に、自然保護受託人はこうした問題を提起しようとさえしなかったのだった。

こうして、ウェストファリアのエムス川治水工事をめぐる一連の物語は、帝国自然保護法二〇条の矛盾点を明らかに示したのだった。一九二八年から一九三三年までの間、自然保護関係者たちはこの事業の議論に参加していなかったため、その基本設計は自然保護の観点には全く注意を払っていなかった。しかし、一九三三年以降、日常的に議論に参加できるようになると、自然保護団体はこの事業全般を受け入れなければならなくなった。ところが彼らの影響力は依然として周縁的な問題に限られていたのである。つまり自然保護団体は難しい立場に陥ったと言える。自然保護受託人の影響力のなさは明らかに期待はずれだったが、この事業に関して、もっと全般的な批判を展開するチャンスもなかったのである。自然保護主義者たちは事業設計の中心的内容に対して問題提起したいと間違いなく考えていたし、事業全体の阻止を夢見てもいたかもしれないが、ナチス政権は明らかに彼らの政治的自由を制限していた。一九三四年の意見書却下以降は、一般の人々の抵抗運動は事実上不可能で、水文学の専門家たちは内部からの批判を簡単に鎮圧することができた。自然保護主義者たちの活動に一貫性がないように見えたとしても、またこのケースのように無能に見えたとしても、それは選択肢の欠如によるものだったのである。

その間、一般市民が自然保護主義者たちの問題意識に対して共鳴するものを感じていたことは明らかだ。実際、工事に対する不安が非常に強くなったので、一九三七年十一月には、工事が環境に及ぼす影響について地域の懸念を和らげるべく、水文学の技術者がテルクテの町の郷土集会へ派遣された。[179] しかし、翌年この地域の自然保護受託人バイヤー博士が同じ集会で講演をしたときには、ごく限られた成果しか収めていないことが見て取れた。一九三八年十一月十三日の集会はいくつかの点で陰鬱な空気の中で開催された。悪名高い「水晶の夜」と同じ週だったのである。この事件では何十人ものユダヤ人が殺害され、およそ三万人が強制収容された。何百というシナゴーグ（ユダヤ教の会堂）に火がつけられ、破壊された。その一つがテルクテ地域にあった。[180] 都合の悪い思想を駆除することはナチスドイツではごく普通のことで、廃墟と化したシナゴーグからわずか数区画しか離れていないところで、地元の人々は自分たちの愛すべき郷土の自然保護を謳う集会をしていたのだった。「癒されることのない損傷」と「過去数年間にわたる」数々の「罪深い」行いに言及しながら、バイヤー博士の講演は時に憂鬱な未来を描いた。しかし、政府の意向に沿ってバイヤー博士は「テルクテ付近の少なくともいくつかの区間では、昔ながらの状態にとどまる望みもあろう」と楽観主義的な言葉で講演を締めくくろうと努めた。「ロマン主義と技術の間の葛藤」に関する博士の言葉は著しく漠然としたもので、「おちこちの」景観の美しい場所を保存するという彼の意図は壊滅的な敗北を喫したわけだが、それでもバイヤー博士の希望的な発言は拍手喝采を受けた[181]。その瞬間、自然保護運動の人気はその不運な状況と同じくらい先行きの暗いものとなったのだった[182]。

■ヴータッハ峡谷

シュールハメルの手法

一九二五年、南ドイツは雨模様のクリスマスだった。バーデン州気象情報局は西から雨雲が切れ目なく流れ込んできていると伝えた。不愉快な天気は文字どおり休日を水浸しにしたのだ。同時に気温は氷点を超えて上がり、クリスマス休暇はスキーをして過ごそうと考えていた人々はどんどん溶けてなくなっていく雪を呆然として眺めていた。長引く雨と融雪で通常をはるかに超える水が黒い森地方の川へと流れ込んだ。間もなく洪水のニュースがこの地方の主な川から次々に入ってきた。年末の数日を静かに過ごそうと思っていた人々は増してきた川の水と格闘することとなった。自然保護区の誕生の年とは思えない瞬間だった[183]。

重大な洪水被害のあった川の一つがヴータッハ川である。黒い森地方の南側を流れる川で、南西ドイツの最高峰フェルトベルクに端を発して、コンスタンツとバーゼルの間でライン川に流れ込む。標高差一〇〇〇メートルを短い距離で流れ下る川だ。洪水被害の報告書を作成する任務は、近隣のボンドルフで道路と水路を対象とする建設局の局長をしていたヘルマン・シュールハメルがあたることになった。報告書で、ヴータッハ川沿いの地域に水文学的な工事を行うのは難しい状況にあるとシュールハメルは主張した。ヴータッハ川に沿った地域、特にボンドルフ付近の流域では数千年の間にヴータッハ川が深い谷を刻んでいて、そのため美しい峡谷を形成していたのである。このヴータッハという名称は意味もなくつけられたのではない。最初の音節「Wut」とはドイツ語で「怒っている」という意味で、Wutachというのは「怒っている川」と翻訳できる。ヴータッハ峡谷は浸食の結果で、激流は流れのコースを気まぐれに変えていた。シュールハメルは一九一九年の洪水で破壊された三つの橋について詳しく語る。このときの洪水で川の流れは変わってしまったのだが、また新たな洪水が発生して以前の川床へと流れが戻ったため一九二〇年代半ばまでにはこれらの橋は再び使用できるようになっていた。こうした難しい状況を背景に、シュールハメルは思いがけない手法を説明した。それは、クリスマス洪水のときの損傷を相当の費用をかけて修繕する代わりに、「ヴータッハ峡谷をほぼ自然の形のままにして、これを自然保護区創出の第一歩とする」という提案だったのである。[184]

水文学者としての立場からすると、なんとも奇妙な提案だった。しかし、ヴータッハ川沿いの状況の難しさのため、水の管理の観点から、むしろこの提案は容易に受け入れられた。エムス川とは違って、農耕に関する利益は大きな問題ではなく、商業的交通も川沿いではなく、普通峡谷を横切るものに限られていた。クリスマス洪水による被害のほとんどはハイキングコースに関係するものだったのである。したがって水文学の専門家がよく用いる水の制御という考えはヴータッハ峡谷ではほとんど意味がなかった。この提案によってシュールハメルの自然保護分野でのキャリアはぐんと良くなり、とうとうザイフェルトの景観監督者の一人に抜擢されるまでになった。このようなポストに技術畑から採用されたのは彼一人だった。[185] さらに一九三九年にはバーデン州全体の自然保護受託人にも任命されたが、彼の本来の動機は経費と利益の冷静な計算と水文学的見地からくるものだった。[186] しかしながら、自然保護主義者たちはシュールハメルのそうした動機よりもヴータッハ峡谷の景観に興味を持ったのであって、彼の計画は急速に自然保護主義者たちからの賛同を得るようになった。バーデン州自然史自然保護協会(Badischer Landesverein für Naturkunde und Naturschutz)が一九二六年七月四日、峡谷の視察旅行を企画すると、参加者たちは峡谷の素晴らしい自然にすっかり魅了された。「この地域は経済的にはさほど重要とは言えないが、ほかに類を見ない非常に素晴らしい地理的な現象と豊富な動植物に恵まれている点で、ここに自然保護区を創設するという考えには、いかなる支援も惜しまない」と、文部省の役人は視察の際の備忘録に書いている。[187] 一九二七年一月、州の自然保護団体は自然保護区を支援する請願書を発表した。満場一致を印象付けるように、署名者にはバーデン黒い森協会、自然の友（Naturfreunde）旅行協会、州の自然史協会、バーデン郷土連盟が名を連ねた。[188] 一九二八年九月、バーデン州議会は全会一致で自然保護区設立法案を可決した。[189]

水力発電事業との攻防

自然保護者たちが熱意ある反応を示した理由は、同じ地域で時を同じくしてもう一つ問題が起きていたからだったとも言える。一九二四年、ヴータッハ峡谷から西へ九・六キロのところにある湖シュルッフゼーに、水力発電所を建設するという計画が持ち上がったのである。黒い森地方の南斜面の切り立った落差を利用して、この事業はピーク時の需要をまかなえる電力生産を約束できるということだった。大規模な発電事業には必須の条件だ。[190] この計画は自然保護主義団体ばかりでなく、さらに広く反対運動を引き起こした。シュルッフゼー計画の経済効果が相当大きく、政治的な支持も非常に大きいために中止にすることが不可能になったことがわかると、交換条件という考えは自然保護主義者たちの関心を激しく刺激した。もしも美しいシュルッフゼーが形を変えることが避けられないのならば、少なくとももう一つの景観の美しい地区ヴータッハ峡谷は自然保護区として温存されるべきだという主張である。文部省では一九二八年四月の内部文書にこの提案を記載した。[191] するとこのアイディアは瞬く間に支持を拡大していった。同年、バーデン議会での決議にシュルッフゼー事業についての記載が盛り込まれた。[192]

しかしながら、ヴータッハにおける自然保護区の将来は無敵というわけではなかった。財務省の林業部門は一九二七年の計画に対して反論を試み、「自然や、天然林と太古の森に対する気まぐれな嗜好」を厳しく非難した。この計画には有利な点が少しもないと森林監督官たちは主張した。[193] さらに上流のノイシュタットの市長は、「植物学者や地質学者の何人か」を除けば「外国人は一度峡谷を訪れたらそれで十分満足するだろう」と断言して、この計画に対する疑念を表明した。[194]市長は自然保護関係団体の職員たちが、ヴータッハの水質をすでに何十年にもわたって汚染してきた町の製紙工場に攻撃を仕掛けるのではないかと恐れてもいた。[195]とうとう、昔からの課題であった補償の問題が大きな障壁として立ちはだかってきた。行政側が何らかの補償に応じないのなら、森の所有権者は自分たちの土地に使用制限がかかることは受け入れないというのである。[196]

その結果、一九三五年に帝国自然保護法が成立するまでは、行政はゆっくりと時間をかけて計画を進めていった。一九三六年初めに、ヴータッハ峡谷自然保護区の創設のためヘルマン・シュールハメルが政府の特別補佐官に任命されると、事業はついに急速推進の段階へと入っていった。[197]同年中に林業部門は自然保護区と折り合いをつけて、所有権者たちは制限付きの森林使用に甘んじることとなった。同時に製紙工場に関しては四〇〇名にのぼる労働者のことを考慮して廃水問題は棚上げされた。[198]一九三八年八月、文部省は帝国森林局にヴータッハ川に沿った五六五二ヘクタールの保護を求める政令の草案を提出した。見るからに過大な作業だったが、ドイツ自然保護の最高権威をしてほとんど丸一年を要してようやく合意が成った。[199]一九三八年八月、政令が施行されて自然保護区指定がついに公のものとなったのは、ドイツのポーランド侵攻のわずか数日前のことだった。[200]

しかしその間ずっと、ヴータッハ自然保護区は一触即発のダモクレスの剣［訳註：常に身に迫る一触即発の危険な状態を言う。シラクサの僭主ディオニュシオス一世の廷臣ダモクレスが王者の幸福を称えたので、王がある宴席でダモクレスを王座につかせ、その頭上に毛髪一本で抜き身の剣をつるし、王者には常に危険がつきまとっていることを悟らせたというギリシアの説話にちなむ］の下にあった。隣接するシュルッフゼーでの水力発電事業である。水力発電施設で水の需要が高いことはよく知られている。バーデン事業所と発電量の多いライン・ウエストファリア発電所（RWE）の二つの大規模施設の補助的な施設として、黒い森地方南部の水力の発展を目的に設置されたシュルッフゼー事業所も例外ではなかった。[201]シュルッフゼー事業所の一九三八年の計画にはヴータッハを将来的には支流とみなすつもりであることは言及されていないが、これは明らかに戦略的な動きだった。[202] 一九三八年十一月、内部の会議で支流について問題になったとき、役人の中心的人物は「こうした支流はいずれ数年のうちに事業に含むことになるので、下流域の住民の間に不満が出ないようにこの問題は除外してある」と述べている。[203] 計画者の間では大体の工程表がすでにできていたのである。一九三七年シュタレック付近のヴータッハ川の小規模発電プラントがダムを約二メートル高くできるよう許可を求めると、十五年後に決定が撤回される可能性もあるという前提で、政府は事業を認めた。「水力発電事業の経済効果をさらに大きくできる余地を残す目的である」という。[204] 事実、発電所はドナウ川からの水を利用することも考慮した。そのためには大陸の分水嶺を越えて少なくとも約一一キロの送水管が必要であり、詳しい調査の結果、ドナウ川から給水した場合の費用は巨額になることがわかった。[205]

シュルッフゼー発電所の事業規模については、一九四二年の春に計画が最終決定するまではっきりしないままだった。それ以降明らかになってきたのは、高低差の大きなダムが自然保護区の中にできることと、ヴータッハ川から大量の水を引いてくることだった。[206] しかし、シュールハメルはすでにこの計画がヴータッハ川の水を引くことを聞き及んでおり、一九四一年五月には計画者の意図について疑義を表明していた。もちろん、一九四一年の出来事は自然保護運動の宣伝活動には影響はなかった。一九四一年六月二十二日、ドイツ軍のソ連侵攻をもって、第二次世界大戦は新たな段階へと進んだ。その年の終わり、モスクワを目前にしての敗戦はドイツ軍の武運の翳りを象徴するものだった。戦況の悪化にもかかわらず、バーデン州文部省は一九四二年七月四日付の経済通商省へ宛てた文書の中でシュールハメルの発電事業への疑念を支持した。[207] 一方、一九四一年九月、水とエネルギー資源総監はシュルッフゼー発電事業を他に優先する事業であるとした。[208] しかし他方で、総監は政令を出して、この事業が通常の許可制の手続きに従うことを義務付け、自然保護関係機関に対して懸念などを表明する機会を設けることとした。一九四二年一月二十一日、ヘルマン・シュールハメルはシュルッフゼー発電所計画が帝国自然保護法第二〇条に従って提訴されるべきであると指摘したのだった。[209]

歴史家が繰り返し論じるのは、第二〇条の強制力は非常に不十分で、景観に影響を及ぼすすべての事業計画について景観監督者との協議義務は「しばしば無視された」という点だ。[210] しかしながら、ヴータッハ峡谷をめぐる問題では、戦時経済上の重要事業を一時停止することになっても、時として法律の文言のほうが効力を有することを示したと言える。それこそがシュールハメルの行動の最も大きな効果だったのだ。[211] 一九四二年六月、文部省の支持を受けて、シュールハメルの反対表明は、少なくとも彼がその意思を翻すか、さらに上の権威が異議を唱えるまでは、事業の件の箇所の禁止を意味することとなったのである。それはまたシュルッフゼー発電所計画全体の進捗を阻むということにもなった。[212] たしかに、ヴータッハの分水路は事業全体の最後の段階になるので、峡谷での建設工事の開始はすぐにも起こりそうな状態ではなかったが、事業全体の構想は利用可能な水量の精密な計算結果にかかっていた。つまり、ヴータッハが必要水量全体の三〇パーセントを供給することが予定されるとすると、最終決定が下されるまでに十分な機器調達はまず不可能だったのである。[213] また自然保護主義者たちからの反対意見をあっさり無視してしまうこともまず無理なことだった。一九四二年十二月、内務省はそのような動きは「行政の威信を傷つける」と裁定を下した。[214] ドイツ国民が東側の最前線での事件を、神経を尖らせながら見守っていたのはこの同じ月のことだった。一九四二年十一月二十二日以来ドイツ第六軍はスターリングラードで身動きが取れない状態に陥っていたのである。

こうした状況に設計者たちが神経をすり減らしていたことは想像に難くない。文部省からの政令が出されてから数日で、シュルッフゼー発電事業の代表者がいたシュールハメルに連絡を取ってきた。[215] 「州自然保護局の意見を緩和させること」を目指していたシュールハメルに連絡を取ってきた。こうした努力が無益だとわかると、事業の支持者たちが圧力をかけてくるようになった。国家代理官ロベルト・ヴァーグナーは自然保護問題を不愉快に思っており、このことはホーエンシュトッフェルン紛争のときにすでに明らかになっていた。このヴァーグナーはドイツ森林局に宛てて、自然保護担当者たちが「細心の注意を要する我々の電力供給状況に対して、報告書の中で十分有効な注意を払っていない」と怒りを込めて書き送っている。[216] しかし、それに対してシュールハメルは特に敬意を払うでもなく、一九四二年十一月の意見書の中で繰り返し自分の地位を強調した。[217] 実際、自然保護主義者たちの目的というものは、困難な状況にもかかわらず、概して多くの支持者を得たのである。一九四二年九月、チュービンゲン大学地質学教授、ゲオルク・ヴァーグナーがヴータッハ峡谷へ流入する水量の減少を懸念した発言をすると、フライブルク大学自然科学学部も十二月にはヴータッハ峡谷の研究と教育上の重要性について小論文を発表した。森林局の自然保護担当部局の内部ではハンス・シュヴェンケルが手つかずのヴータッハ峡谷を支持する声を上げたし、ルッツ・ヘックも現存の自然保護区に対するいかなる変更に対しても反対する旨を告げた。[218] わずか四カ月前にシュルッフゼー発電所の考え方に賛同する報告書を書いたばかりだったアルヴィン・ザイフェルトさえも、一九四三年一月には、シュールハメルへの支持を表明することになった。[219]

暗躍する自然保護主義者たち

もともとこれは自然保護主義者のごく小規模な連携行動だったが、シュルッフゼー発電所を印象付けることには成功した。第六軍がスターリングラードで瀕死の状態のときに、シュルッフゼー発電所は自然保護主義の立場に有利な形で計画変更へと動いていたのだ。初めの計画ではもとの水量のおよそ一七パーセントの水がヴータッハ峡谷へ流入することになっていたが、新しく作られた案ではおよそ三五・三パーセントが川床に残ると予測された。[220] バーデンでは決定権者たちの意見が対立して、問題の結論はベルリンに送られ、ドイツ森林局は一九四三年三月三日にすべての会派を集めた。婉曲な言い方をするなら、自然保護主義者たちの目的にとっては不都合なときといえた。その四週間前に第六軍がスターリングラードで降伏し、二週間前にはヨーゼフ・ゲッベルスが悪名高いスポーツ宮殿演説で「総力戦」を宣言したばかりだったのだ。自然保護主義者たちは相変わらず反対の立場に立っていたが、シュルッフゼー発電所の提案者たちは自然保護主義者たちの要求に対して寛大な譲歩条項を出すと同時に、ヴータッハの水を使用する必要を強調していた。[221] 六日後、ドイツ森林局はシュルッフゼー発電所の修正計画を重要な理由として挙げ、自然保護行政の立場からついにヴータッハの迂回水路に対して合意決定を下した。[222] 一九三六年以来、文部省内で自然保護を担当してきたカール・アザールは、後にこのときの会議とそこでの決定について語っている。それはまるで「自然保護の真の擁護者」がどこに立脚しているのかという証明のための時間だったという。ドイツ森林局のルッツ・ヘックは「自然保護主義の目的を放棄した」が、他方で、振り返ってみれば、自然保護主義者たちはもはや力の限界に近づいてもいたのである。[223] 森林局との会議の前日、事業の提案者たちは水とエネルギー資源総監と会って、戦略を練った。トートの指導のもと、総監には自然保護の目的に対してある程度共感するものがあり、シュールハメルも一九四二年初めに総監が発表した基本方針を熱心に引用していた。[224] しかしロベルト・ヴァーグナーによれば、トートが一九四二年二月に亡くなると、アルベルト・シュペーアは戦時経済が急激に逼迫するのを見て、森林局が異なった決定をした場合には断固として個人的な干渉をする用意があった。ゲーリングを出してくれれば、まず間違いなく、自然保護主義者たちの懸念は急速に消えるだろうというのが、彼の狙いだった。[225]

シュルッフゼー発電所計画が勝利をおさめると支持者たちは歓声を上げた。しかし、結局のところ、計画の遂行はほとんど一年近く待たされ、貴重な水はもともとの計画よりもさらに多くを自然保護主義者側に益する用途に譲らなければならなかった。設計者側のメリットとしては唯一、自然保護主義者たちの狭量な反対がもうないか、あるいは少なくともそのように感じられるということだった。しかし、それも一九四四年七月十一日フライブルク大学で行われたシュールハメルの講演のことを聞き知るまでのことだった。シュールハメルは水力発電の目的でヴータッハの水を迂回させることが自然保護区に与える危険性について講演した。そのうえ、シュールハメルはこの問題に関してすでに結論が出たことには言及していない。「講演は無料で誰でも参加できるものだったことから、この講演がヴータッハをエネルギー生産目的で利用することに反対する、一般市民向けアピールだったと見なければならない」と発電所計画側は文部省宛ての文書で当惑を露わにした。[226]

その当時、実際に何が起きていたのか知っていたとしたら、発電事業推進派は黙っていなかっただろう。舞台裏では自然保護主義者たちが森林局の政令を無効にするために活動しており、通常の手続きで進めなくなると自然保護主義者たちはひそかに裏工作を始めた。ホーエンシュトッフェルン紛争はこうしたケースの前例となった。ホーエンシュトッフェルン山の上部のみを保護するという一九三五年の森林局政令のような一見して最終と思われた決定が、後になって強力な機関の援助によって修正されるということは経験済みだったではないか。また、ルートヴィヒ・フィンクはホーエンシュトッフェルンの救済に有効であることが明らかだったハインリヒ・ヒムラーとの親密な関係を享受したではないか。自然保護団体の職員たちは、そのときまでヴータッハの問題に関係がなかったフィンクに急速に接近し、フィンクは親衛隊長官への裏ルートを復活させた。[227]「成功への道があるとすれば、それは親衛隊を通じて進む道だ」とハンス・クローゼはフィンクに宛てた私信で明言している。[228] もちろん、秘密厳守が成功のためには最重要で、フィンクは秘密めいた言い方で「特別な一歩」と手紙の中で述べていた。[229] 裏舞台での権力による政治行動に熱狂し、クローゼはすでにヴータッハの運命を決める決定を総統自身が行うことを夢見ていた。[230]

ところが、ヒムラーは自然保護の目標を受け入れず、自然保護主義者たちの希望はくじかれた。親衛隊隊長で、警察機関のトップ、ヴュルテンベルクとバーデンの国家代理官であるホフマンは、一九四三年八月の書状でフィンクに対して、ヒムラーは「目下非常に重要かつ緊急を要する案件を抱えて奔走中である」からとホフマン流の人を食ったような表現を使って、ヒムラーがこの問題と個人的に関わることを差し控えるつもりであることを伝えてきた。[231] 加えて、ヒムラーは親衛隊長官として国家代理官ロベルト・ヴァーグナーとこの問題で事を構えたくなかったのである。ホーエンシュトッフェルンと違ってヴータッハ峡谷には、ヒムラーのゲルマン的ファンタジーを刺激するような遺跡が全くなかったということもあった。しかし、ホフマン自身はヴータッハ峡谷に対する愛情に目覚めており、「総統に代わって」この自然保護区のために戦うことを誓っていた。[232] ホフマンは自然保護活動に熱心で、一九四四年一月、仲間の一人の報告によるとホフマンの関係先は「成果を挙げている」ということだった。[233]「ヴータッハに関して最終決定はまだ言い渡されてはいない」とシューールハメルは文部省に宛てた報告書の中で主張し、フライブルク大学で彼が行った講演について自己弁護している。親衛隊長官の関与に触れながら、「かつてのホーエンシュトッフェルンでの場合と同様に」「問題の全貌はまだ〈流動的〉なままである」とシューールハメルは気づいたのだった。[234]

一連の手続きはすべて秘密裏に進行し、参加者の真の感情を判断することは困難である。ユダヤ人問題の「最終的解決」［訳註：第二次世界大戦中ヨーロッパにおけるユダヤ人に対して組織的に大量虐殺を行うナチスの計画のこと］にヒムラーがどんな役割を果たしているのかわからなかったとしても、自然保護主義者たちもテロ集団のネットワークを率いるリーダーと自分たちが関係していたことは認識していたはずだ。そのような人物の仕事に手を出すことに何の疑いも持たなかったのだろうか。結局、一九四三年に裏で糸を引いていたのは狂信的なナチス党という均質的なグループではなかった。たしかにフィンクは献身的なナチスであるとみなされていたが、クローゼもシューールハメルも思想的には下級の人物と理解されていたし、後者は一九三七年までナチス党に加わっていなかった。[235] いずれにしても危険な遊びは建設的な結果をもたらさなかった。森林局の政令はナチス政権の終わりまで効力を持っており、それを根拠にシュルッフゼー発電所は一九五〇年代になっても権限のあることを主張しようとした。しかし、ヴータッハ峡谷の保存を求める運動はそのころになるとさらに勢いを増してきて、一九六〇年、ついにこの計画を棚上げにさせたのだった。[236] ナチス時代には戦争の進展のおかげでヴータッハ峡谷に危害が及ぶことはなかった。シュルッフゼー発電所建設計画は一九四二年に始まったが、一九四四年初めには終了し、ヴータッハダムは着工されなかった。実際には一九五一年までこの地域に予備調査のための掘削も始まらなかったのである。[237] したがって、ヴータッハはダムも分水路もないまま、今日もかつてと同じ天然の川である。このような文脈でメタファーが不適切でないとしたら、自然保護主義者たちは戦闘には負けたが、戦争には勝利したのだと言いたい気持ちにもなるだろう。

結論としては、以上四つの運動はナチス時代の自然保護活動について様々な評価ができることを示している。ホーエンシュトッフェルン山の場合はフィンクの運動は最終的に成功した。ショルフハイデ自然保護区の場合、成果といってもゲーリングの狩猟熱が偶然に作用したに過ぎなかった。それに対して、エムス川を救う戦いはほぼ完璧な敗北を喫した。ヴータッハのケースでは自然保護主義者が究極的に勝利したわけだが、ナチス政権の支援があったからというよりも状況的に幸運に恵まれたからだった。こうしたケーススタディから言えることは、ナチスのリーダーたちの間にある程度は自然保護主義に対して共感するものはあったが、そのことで自然保護活動が成功したということでは決してないということだ。エムス川のケースでは美しい川の景観を守ると言ったナチスのリーダーたちの熱心な誓いの言葉が、現実にはそれを破壊することになってしまった。原則論として自然保護の法的根拠に異を唱える者はいなかったのだが、強引な手段に訴えるかどうかは別の問題だった。自然保護はナチス政権の政治課題に挙がっていたが、他の目的と競合する場合には自然保護主義者たちは困難な戦いを余儀なくされた。ホーエンシュトッフェルン山のケースでも、それまでの長い迷いの時代と弱々しい妥協の歴史を考えれば、最終的な勝利はもはやそれほど印象に残るものではなかった。勝利に貢献したものは、長く耐え続けた抵抗運動、労働力市場での有利な展開、それにハインリヒ・ヒムラーの景観美の優れた山を救うというゲルマン的ファンタジーだったのだ。そうした前提で見ると、好都合に終わった結果も明らかに約束された前例と呼べるようなものではなかった。その他のケースを鑑みれば、ホーエンシュトッフェルン山のケースは幸運な例外ともいうべきものだったのである。

成功の度合いはそれぞれのケースで異なったが、自然保護主義者たちがとった戦略は驚くほど酷似していた。行政が内密に活動を行ったり交渉したりすることをナチス政権が積極的に支持していたことは明らかで、一般市民を巻き込んだ抵抗運動はどのようなものでも疑り深く監視された。戦時経済のためのプロジェクトが何カ月も行き詰まったとしても、自然保護主義者たちが内部の会議で頑固な態度を取り続けることに不都合はなかった。一九三四年のフィンクのベルリン集会で政府が取った強硬な反応が示しているように、一般市民のいるところで反対の声を上げることこそが問題だった。自然保護の活動が成功するとするなら、あるいは少なくともいくらかでも前進があるとすると、前進の道は行政内部での交渉だったのである。ホーエンシュトッフェルン山のケースでさえ、結局成功できたのは秘密裡に存在した主要人物との関係が役に立ったのであって、フィンクの公開の場での運動のおかげではない。以上のことから明らかになってきたのは、ナチスドイツの自然保護についてその内部の動き方を理解するためには、ナチスの官僚制について語らなければならないということだ。

第5章　ナチスとの蜜月の終わり——それでも自然保護活動は続く

多様化する活動

　世間に広く知られることはどんな社会活動でも最も自然な目標となる。したがってドイツの自然主義者たちが相当の時間とエネルギーを講演会や公教育に費やしていることは驚くにはあたらない。「自然保護は国民の責任である」（Naturschutz ist Volkssache）というスローガンは繰り返し宣言されてきた。[1] だが、これは少し詳しく見ていく値打ちがある。自然保護主義者たちが一般民衆に向かって講演などをする場合、少なくとも最初の段階では、自然保護の目標のために強力な圧力団体を形成することを目的としていない。まずは政府が定めた規則に従うべきだと徹底させることだった。一九二九年にはすでにシェーニヒェンが『母なる緑の自然とつきあうために』（Der Umgang mit Mutter Grün）という書籍を発刊して、自然の中でどのように行動するのが適切なのか指導した。彼の著作はユーモラスな書きぶりだったが、意図に反して彼の傲慢な態度を隠し切れなかった。[2]「自然保護に関するすべての努力の出発点は、植物や動物、景観に対する慎み深く上品な行動である」とハンス・シュヴェンケルは一九四一年に述べているし、その他の自然保護主義者たちも同様に「我々の郷土の自然について厳粛に思慮し、維持していく教育を国民に施す」ことを誓った。[3] 最も普通に行われていたやり方としては、それまで知られていなかった天然記念物を登録することを関係当局が怠った場合は法によって処罰されるという警告を付けて、地方政府は自然保護の目的に対する市民の支持を得るために政令を発布するのである。[4] 行政の役割こそが中核であり、関心を高めることは単なる後知恵であることは自然保護の立場の人々には明白に理解できた。

行政機関が強力な役割を果たすべきだというのはドイツの自然保護活動の特徴で、ドイツの政治や生活のその他多くの分野と同様だ。ナチス時代の官僚たちの支配的立場は前例がないものだった。自然保護の活動がそこまで官僚主義的だったことはかつてなかった。再び帝国自然保護法が重要な分岐点を成すこととなり、一九三五年以降行政の資料ファイルは目に見えて分厚くなっていった。[5] しかし、それがナチス時代における行政の活動についてほとんど唯一言えることなのである。調査ファイルを見ていくと、自然保護活動が非常に幅広く多様であることに驚かされる。帝国自然保護法の課題は小規模な天然記念物から景観一般まで多岐にわたり、地域の特性や個人的な嗜好に大きな幅を持たせていた。新しい選択肢としてカントリーサイドの保護があり、広大な景観保護区（Landschafts-schutzgebiete）を創設しているところもあった。[6] また、鳥類の保護や浸食作用を防いだりするのに重要な、生け垣の保護といった比較的小さな問題に関心を寄せている活動もあった。[7] ルール地方の自然保護受託人カール・オーバーキルヒは個人所有の動物園を「鳥と獣の強制収容所」と呼んで攻撃した。またヴァイセンブルク地区の担当官は「景観美」と釣り合わない汚い宿屋を強く非難した。[8] 一九三八年の秋ズデーテン地方をドイツ軍が占領すると、フランケン地方政府は壁や建造物にペイントされた軍隊の道順を示す青い矢印の除去を命じた。ヘッセンでは猟師たちに狩猟のときの隠れ場の設計を「景観の中に自然に埋め込まれる」ようにさせた。[9] ユダヤ人墓地まで自然保護主義者たちの課題リストに挙げられた。一九三八年、ハンス・シュタットラーはもちろんユダヤ人シンパではなかったが、部下たちに命じて地域のユダヤ人墓地を調査し、天然記念物とすべきものがないかどうか調べさせたのだった。[10]

多くの自然保護家にとって、帝国自然保護法は心躍る経験だった。たとえば北海沿いのフーズム地区の自然保護受託人は、この法律が成立してから数カ月の間に意欲的な活動の輪郭を描き出した。これまでの努力を「価値ある準備段階」と評価したうえで、彼の文書は「法に基づいた、適正な計画の一覧作成」を目指す「厳格な組織」を作ると約束していた。自然保護受託人はあわただしくアンケートを採って情報を収集し、ここで得た情報と「この地域全域の活動家たちとの組織的な協力関係」とをもって、この地区の自然の宝を「安全な保護のもとに」置きたいと願ったのだった。[11]登録と組織化を志向する強い傾向は明らかに典型的なものだった。自然保護主義者たちの間では包括的で詳細な目録をまとめることは非常に人気のある活動で、自然保護受託人は仲間の活動家たちに「保護する価値のある場所を数多くリストに」載せるように日頃から要請していた。[12]自然保護活動が急激に活発化すれば、もちろん一定程度の形式主義的な手続きは避けられないことだった。しかし、行政の行うべき範囲を超えてしまうことがしばしば起こった。当時の自然保護家たちが、きちんと登録された自然の宝だけを真実の自然の宝であると考えていたという印象を時として受ける。

自然保護主義者たちが登録と組織化を強調したのは驚くべきことだった。彼らは法律の規定の適切な執行にばかり焦点を合わせているような狭量な法律至上主義者では決してなく、全く反対に、文字どおり活動家たちだったからだ。ヴィルヘルム・リーネンケンパーは自分の活動理念を説明するのにしばしば軍隊用語を用いた。「我々の活動は戦いでなければならない。言葉においても、文章においても無知と残虐行為に対する戦いでなければならないのだ。郷土の宝が敵に包囲されているなら、即刻介入すべし。我々の活動に遅延を容認してはならない。たった一日の遅延が修復不可能な破壊を意味しうるからだ」という。[13]自然保護主義者たちはリーネンケンパーの戦闘的な発言に比べて概して実用的で、自分たちのほうがより強力な法的手段を持ち合わせていても、理性的な妥協案に同意することが多かったのは確かだ。[14]しかし、帝国自然保護法の、それ自体すでに広範にわたる行動課題を、自然保護主義者たちがはるかに超えてしまうことも繰り返し起こった。例を挙げると、リーネンケンパーは狩猟法ではカバーできない自然保護問題をしばしば扱った。正式には法的な権限が欠如しているにもかかわらず、全く彼は意に介していなかった。「もしも母なる自然が危険にさらされているなら、自然の真の友人は管轄権の問題など気にしないのだ」と言うのである。[15]また、帝国自然保護法が労働省に市内の公園の管轄権を与えているのにもかかわらず、自然保護関係者が公園事業に繰り返し携わった。[16] 題材が自然保護主義者の注意をひくものであれば、すぐにも率先して問題に取り組んだ。正式な管轄権などは副次的なものとみなしていたのである。一九三七年、ドイツが第一次世界大戦で失った植民地を取り戻すだろうという噂が広がると、ハンス・クローゼは将来の植民地行政組織の中に国立公園認定のための委員会を立ち上げることをすぐさま提案している。[17]

自然保護ブームの到来

帝国自然保護法は、自然保護関係団体が自然保護区や小規模の天然記念物の保全を超えて、景観を全体としてとらえて関わっていくことを促進していた。[18] 熱心にこの方向に推し進めていこうという活動家たちもいた。「完全無欠の景観でなければならない」と、景観設計の全体論的な手法をナチス国家の全体主義的な特徴と関連させながら、あるラインラント出身の自然保護主義活動家は断固として主張した。[19] 多くの会議や講演会が同様の方向性で開催され、自然保護主義者たちの活動に、より広範な手法を取り入れるように力説した。一九三八年、帝国自然保護局がハンス・シュヴェンケルを指導者に立てて、コンスタンツ湖の近くで景観設計に関する講座を主催したのはその一例だ。[20] また、ラインラントでは一九三七年に三〇〇名ほどの参加者を集めて船旅を行い、ライン川沿岸の景観に関わる諸問題を議論した。[21] しかし、こうした素晴らしい催しにもかかわらず、一般の自然保護主義者からの反応はどこか熱の入らないものだった。結局、活動の中心は自然保護区や天然記念物の保全止まりで大規模な景観まで広がることはなかった。[22] 景観設計は自然保護主義団体などが伝統的に行ってきた活動の中心からはかけ離れた世界だったのだ。シェーニヒェンが自然保護と包括的な景観保全との違いをどう書いているか読んでおくことは参考になる。自然保護活動が特定の地域を原始の状態で保存することを目指していた一方で、シェーニヒェンは景観保全の任務について、ある特別な方法で人間の景観利用に影響を与えることだと考えた。このように、活動の二領域はそれぞれ異なる物の見方を必要とした。自然保護を目指すには「全体的な目標を達成するためには、競合するほかからの要求は可能な限り排除する」ことが必須であったのに対して、景観保全では「一定程度の柔軟性」と進んで妥協することが求められた。したがってこの二領域は異なったタイプの人間性を必要とした。自然保護が忠実な主張者、目的のために邁進する活動家を求めるのに対して、景観保全では管理者、柔軟な交渉人タイプが必要とされた。ほとんどの自然保護主義者たちは管理者タイプというよりは、主義主張者であり、それゆえ、景観設計の分野はアルヴィン・ザイフェルトと、ハインリッヒ・ヴィープキング－ユルゲンスマンの手に委ねられたのだった。[23]

自然保護区の指定は景観設計の観点から見れば、限定的手段だったが、自然保護主義者たちはこの分野に特化して熱心に取り組んだ。国全体の資料はないが、地域レベルではこうした自然保護ブームは明らかにあった。[24] 数例を挙げよう。カール・オーバーキルヒはルール地方の自然保護区の数を、帝国自然保護法成立から二年以内に倍増させた。[25] シュレスヴィッヒ・ホルシュタイン地方北部の自然保護受託人、ヴァルター・エーマイスもこれに劣らず活躍している。一九三五年以前には域内に一〇カ所の自然保護区が存在していたのが、一九三八年には一二の地区が新しく保護区として報告されており、さらに六カ所が指定に向けて準備中であった。[26] ザウアーラントの山がちな地区ではヴィルヘルム・リーネンケンパーが一九三六年から三八年の間に、一九の自然保護区を申請した。[27] プロイセンの域外では結果はさらに目覚ましかった。ヴュルテンベルクでは一九三七年から四三年までに四六カ所の自然保護区が指定され、総面積が一二八四ヘクタールに上っていたし、バーデンでは同じ期間に五八カ所、総面積で七万六一ヘクタールの自然保護区が生まれている。[28] こうした数字は戦後数年のものと比較するとさらにその急増ぶりがわかる。合併州となったバーデン・ヴュルテンベルクでは一九四五年から五九年までの間にわずか二五カ所が追加指定されただけだった。結局、戦後十五年間で保護の指定を受けたのは一二六〇ヘクタールで、これはナチス時代の保護区総面積のわずか六パーセントに過ぎなかった。[29] ナチス時代のほかにはドイツ史上、これほど短期間にここまで多くの自然保護区が指定された時代は後にも先にもなかった。

自然保護区の数の急増は一九三五年以降の自然保護

運動の高まりを証明するものであった。しかしながら、そのことはまた別の、さらに意味の異なる現実を証言している。二年や三年でこれほど多くの自然保護区の指定をすることは、帝国自然保護法二四条の補償条項の存在がなければ不可能だったということである。すでに見てきたように、この条項は自然保護区指定予定地の所有権者に対して何らかの補償を認めていた、それ以前の規制とは明確に異なるものだった。自然保護の実際の活動において慣例から脱却することは、法的理論ほどには急進的ではなかった。しかし、ホーエンシュトッフェルンのような例外的なケースばかりでなく、この条項は次々に適用されたのである。一九四八年になって、ノース・ライン・ウェストファリア州政府はヴァルシュタイン地区の採石場の所有権者からの損害賠償を拒否するためにこの条項を援用している。[30]だが、条項の援用にあたって、それが自然保護活動の中で果たすべき適切な役割についても、その道徳的背景に関しても議論は一切なかったのである。一九四五年以降でさえ、帝国自然保護法に関する出版物はこの問題について沈黙している。ハンス・シュタットラーは一九三八年の意見書の中で、自然保護主義者たちの間にあった支配的な倫理観（これが適切な表現であるとすればであるが）について的を射た説明を行っている。「理性的でない民族同胞たちを自分の意見へと振り向かせるためには、時として家父長的な強制（väterliche Gewalt）による以外に手がないことがある」というのだ。[31]第二四条が最終的に無効となるのは、一九四九年の西ドイツ基本法第一四条が適切な補償のない財産の収用を禁止するまで、待たなければならなかった。[32]

重要なのは、二四条の履行が主としてこの分野の専門家によって行われていた点である。上からの指示は通常注意を促すにとどまった。帝国自然保護法に関する解説書で、ヴァルター・シェーニヒェンとヴェルナール・ヴェーバーは「担当者の慎重な扱い」を要求し、「自然保護の理念は同志たちの生活を破壊したり、損害を与えたりしたうえに成り立つものであってはならない」と述べている。その結果、シェーニヒェンとヴェーバーは、自然保護のための政令が財産の収用に等しいときは常に「同等の補償」を提案している。[33]同様に、カール・コルネリウスは帝国自然保護法に関する博士論文の中で、規定は「利己主義的なケース」でのみ適用になると述べている。[34]一見すると、自然保護主義者たちは穏健な交渉というこれまでの習慣を守り、自然保護行政は所有権者に対して補償を支払い続けていたように見える。[35]しかし、これは見せかけだけだった。帝国自然保護法第二四条は所有権者に圧力をかけて譲歩を引き出す完璧な道具立てだったのである。その指示は強力で、自然保護主義者たちはこの方法を常時使用していたのである。

ルール地方の北のはずれ、ヴェストルパー・ハイデ自然保護区創設はこの適例である。地域の水道局が砂を堆積させるために購入を計画し、農業者と約六八ヘクタールの農地に六万ライヒスマルクの売却価格で話がまとまっていた。しかし、この土地が自然保護区に選定されると、この合意は無効となったのである。[36]対価として農業者が何らかの支払いを受けなければならないという点で、行政はすぐに合意した。当時、この農業者が明らかに経済的に困難な状況にあったからである。しかしながら、水道局が提示した額に近い金額である必要はないという点でも、行政側の意見は一致していた。その結果、二万一〇〇〇ライヒスマルクという金額になり、農業者は失望の中、妻に促されて会合を打ち切った。[37]その後二回にわたる交渉の結果、はじめに決定していた市場価格の半分よりは若干多い三万二〇〇〇ライヒスマルクという金額で両者の合意は成立した。[38]このようなケースに特徴的だが、交渉の中で重要な役割を果たしたことは疑うべくもないのに、行政側の公式記録には二四条を適用した記録は全く見られなかった。カール・オーバーキルヒは年間報告の中で、ヴェストルパー・ハイデに関しては何ら具体的な数値も示さずに、「難しい交渉」だったとのみ述べている。[39]

このケースはおそらく決して珍しいものではなかっただろう。行政機関は個人の財産を安易に収用することはなかったが、帝国自然保護法によって規定された強固な地位を利用して、より有利な結果を求めたのである。自然保護主義者たちにとってみれば、同法二四条は魔法のつえのようなものだった。無差別に使われることはなかったが、問題が発生したときにはいつでも使える状態にあった。ヴィルヘルム・ミュンカーがザウアーラント地方の自然保護予定地区について書いた意見書はこの問題の参考になる。ミュンカーは「所有権者に損害を与えることなく友好的に問題を解決する」のが好ましいと明言はしているが、ハンス・クローゼにじきじきの訪問を求めることを条件の一つと見ており、「彼の決定には何の疑念もない」と述べている。言うまでもなくこれは、公平な交渉のための申し分のない状況設定とは言えないものだった。[40] 一九三六年、ヴィルヘルム・リーネンケンパーとパウル・グレープナーは自然保護区の賃料を大幅に値下げするように同地域の市長に働きかけている。[41] バイエルンの町ヴァイセンブルクでは、見苦しい建造物の売却を所有権者が拒んだ事案に対して自然保護受託人は二四条を引き合いに出そうとしたし、ザクセンの役人は補償請求に対して「法律にはそのような効力を持った条項はない」とそっけない返答をしている。[42] 一九三六年、ヴータッハ自然保護区の私有地における森林管理に関する指導をどうするかという議論に際し、バーデン州金融・通商省は第二四条に照らして場合によっては譲渡も視野に入れるべきだと指摘した。[43] 自然保護担当の当局者にしてみれば、二四条を参照することで職務はよりスムーズに進むし、それまでの所有権者との厳しい交渉を経なくとも、これまでにない自主性でもって解決できるようになった。行政の担当者たちは、それほど悩むことも法律的なリスクもなしに厄介な要求を簡単に却下することができた。補償問題に関する最終決定権がプロイセン上級行政裁判所（Preussisches Oberverwaltungsgericht）になかったとしたら、状況はさらに悪くなったのではないか。ここでは、過激な行政判断に対抗してバランスをとるべく伝統を強く意識していたし、ナチス化に対して抵抗した実績にも卓越したものがあった。[44]

近づく両者

自然保護区の増加は、ナチス時代の自然保護ブームの一面を示していたに過ぎない。ナチス国家内の異なる機関同士の間には小競り合いが絶えず、そのため自然保護主義者たちにとって協力者やパートナーを求めることは喫緊の課題だった。自然保護担当者にとって最も重要なパートナーとは市民による自然保護運動であり、ナチスドイツでは市民と政府の関係者の間に緊密な協力関係があるのが常だった。自然保護受託人たちの間のネットワークは協力関係を保つのに有利な条件となっていた。行政と密接な関係を保ちながら、かつ行政組織のヒエラルキーの外側にあって、自然保護受託人は政府と市民運動を繋ぐのに申し分のない立場にあった。[45] 自然保護受託人たちのネットワークは自然保護運動の団体と混じり合って、国の活動なのか社会運動なのか区別するのが難しくなった地域もあった。[46]
同じく忘れてはならないのは、国の金が自然保護団体のカバンの中に流れ続けたことだ。ドイツ国内の主だった自然保護団体の一つである自然保護公園協会（Verein Naturschutzpark）は、一九三五年二万八〇〇〇ライヒスマルクの助成金交付を求めてきたのに対し、ドイツ財務省は三万ライヒスマルクを提供したのだった。[47] しかし、このようなネットワークは自然保護運動の中心となる支持者の頭の上を軽く超えて広がり、後で考えてみれば全く関係ない党関係者まで巻き込み始めた。

こうした協力者たちには資本家もいれば、労働者、農民なども含まれていた。ベルリンの証券取引新聞『ベルリーナー・ベルゼンツァイトゥング』（*Berliner Börsenzeitung*）は帝国自然保護法の成立を好意的に伝えて、首都近隣の自然保護区に関する記事を拡大掲載した。[48] ザクセン州ではナチスドイツの労働者団体ドイツアルバイトフロント（Deutsche Arbeitsfront）が、人気の高いレクリエーション地域にある山を危険にさらしている採石場に反対する運動に参加した。[49] カール・オーバーキルヒは担当地区の協力が「卓越していた」と、アウトバーン建設を担当していた政府機関を褒め称えている。[50] ラインラントでは地方の狩猟に関する最高管理官（Provinzjägermeister）が、土地の排水と耕作の問題で国家労働奉仕団と論争になった。[51] 軍部でさえも活動が活発になり、一九三八年には州の所有地に自然保護区を追加するように動いている。[52] 同じ年、バイエルンのナチス地方長官（Gauleiter）で、地方の指導者の中でもその独裁的な政権で知られた人物アドルフ・ヴァーグナーが、バイエルンの自然保護同盟の後援者となった。[53] 一九三六年にはウェストファリア州農民指導者（Landesbauernführer）が、「何を保護するのが真に価値があるのかを定義し、安定した食料供給という最も重要な目標を危うくすることがないように」農業と自然保護の関心の間に友好関係を築くことを提案した[54]。こうしたポーズが自然保護活動への全面的な関与を意味しているのではないことはもちろんだ。しかし、自然保護運動が無視する対象ではなく、ほかから合流を目指してくるような政治的に大きな存在として立ち現れてきたことを示している。意外なことに、一九三六年商務省の政令は次のように警告した。「工業や商業の目的のために使用されている地域に、いかなる制約もあってはならない」という。これは自然保護が今や無視できない存在となったことを示すものだ[55]。実際、自然保護行政側も、一九三九年にヨーゼフ・ゲッベルスがベルリンの北側の保護区の中に、ヴァルトホーフ邸宅を建設しようとしたときには反対の声を上げているし、このプロジェクトの準備中、ゲーリングから繰り返し介入を受けた[56]。たしかにハンス・シュヴェンケルは一九三九年の会議の席上、自然保護がいまだに「無視され」「嘲笑され」ているところもあると、不満の言葉を述べている。しかし、こうした状況もナチス時代には明らかに弱まっていた[57]。

自然保護主義者たちは、観光による利益に手を出すことには懸念を露わにしながら、消極的態度をとっていた。旅行協会はこれまで数々の紛争において自然保護活動家たちを応援してきた。それなのに、自然保護運動家たちの間にある強い感情が働いて、巨大観光事業の気配がするすべてに対して異論を唱えた。バイエルン自然保護同盟が制作したバイエルンアルプス自然保護区のパンフレットで、「教育を受けたまじめな登山家」とか「自然の理想的な友人」というグループと、その対極に「一風変わった外見と流儀の男女」がいると二派の存在を表現しているのが、典型的な事例だ[58]。自然保護団体では賢明にナチスの旅行協会、歓喜力行団（Kraft durch Freude）と直接接触することを避けていた。歓喜力行団はナチスの作った組織の中で最も人気のあったものの一つであったが、この旅行協会が進めていた労働者階級の観光事業は自然保護区の中でたくさんの制約にぶつかることになった。加えて、規則に従わない態度や歓喜力行団の遠足中に植物に対する破壊行動があったことなどの噂が執拗に流れた[59]。「低い山岳地域が怠惰な自動車の運転や都会のぜいたくな暮らし、習慣にすっかり適合してしまったら、また、レストラン経営者の関心がドイツのレクリエーシヨン地域の運命を決めるようなことになったら、ドイツの国は一体どうなるか（ありがたいことにアルプスはこの意味ではより困難なケースだ）」。ハンス・シュヴェンケルは一九三八年の報告書の中でこうした疑問を発している。[60] また、意外にもナチスの指導者から自然保護のために直接の介入はほとんどなかった。ゲーリングがショルフハイデの保護に協力したことや、ヒムラーがホーエンシュトッフェルン山紛争に介入したことは、単発的な例に過ぎない。結局、強引な行政主導策は危険性をはらんでいたのだ。一九三七年、アドルフ・ヴァーグナーがニュルンベルクとアウグスブルクの間にある保養地、パッペンハイムの町のクリーンアップ作戦を拙速に命令した例がそれだ。結果、町の指導者たちの間では大騒ぎになり、詳しく調べてみると、地方長官がローテンシュタインの村を車で走り抜けた際、村の入り口の案内標識のせいで、ローテンシュタインを保養地パッペンハイムだと思い込んでしまったことが判明した。標識には「パッペンハイム」という文字があり、ドライバーに対して「パッペンハイムへは市内で右折」という案内が添えられていたのだが、後半部分は長官の目に留まらなかった。その結果、ヴァーグナーは改めてパッペンハイムの町に対して「街中も郊外も清潔で美しい」としてこの向う見ずな計画を中止し、珍しく後悔の気持ちを表して、近い将来、パッペンハイムを訪問すると約束したのだった。[61]

言うまでもないことだが、ナチス時代、自然保護主義者たちにとってはプラスになることばかりではなく、落胆させられることも起きた。皮肉にも、最も著しい失敗の一つは非常に理想的なものと考えられたプロジェクトの中で起きている。一九三二年、シェーニヒェンはキフホイザー山地を第一次世界大戦で命を落とした兵士たちを讃える自然保護区として指定することを提案したが、成功しなかった。[62] だが、こうした失敗があったとしても、それによって隠蔽されるようなことがあってはならないのは、ナチス時代が、なかでも帝国自然保護法の成立と第二次世界大戦勃発までの四年間が、自然保護の社会にとって多忙な時期であった事実である。この時期の積極的な活動が一層際立つのは、詳しく観察してみると、自然保護受託人たちのネットワークがかなり印象の薄いものであったからだ。自然保護受託人は、通常、無給の名誉職であるため、それぞれの本業の傍ら自然保護業務を行うのが常であった。これが非常に大きな負担となっていることから、文部省は一九三四年二月に政令を出して、自然保護受託人の職務を担っている教師たちの仕事を大幅に削減することを認めた。[63] 自然保護受託人の中に占める教師たちの数を見れば、この政令の重要性は明らかである。プロイセンでは一九三六年に三四人の地域自然保護受託人のうち、二七人が教師であったし、ウェストファリア・ライン地方では九六人中五六人が教師だった。[64] しかし、この政令が出されたのは、当時、文部省が自然保護に関しても担当省であったからであり、帝国自然保護法の成立とともにその管轄が森林局に移動するや、文部省の協力的な態度は急変した。政令が公式に撤回されることはなかったものの、自然保護受託人として活動していた教師たちが職務の軽減を受けることは以前よりもはるかに困難になった。[65] こうして、自然保護受託人という仕事は一九三五年以降、明らかに魅力を失ってしまった。

環境史家がこれまで繰り返し述べてきたことだが、帝国自然保護法第二〇条に則った環境行政の協議は不完全なままだった。[66] たしかに、一九三八年の国の政令には、公聴会がなかったこと、また、あっても多くの場合に予定よりはるかに遅れていたことが報告されていた。[67] しかし、さらに重大な問題は帝国自然保護法が自然保護受託人の仕事量の大幅な増加を意味していたことだった。つまり、自然保護受託人は、締切にいつも追われ、意見書の取りまとめを迫られ、数限りない会合に出席が求められていたのだ。こういった追加業務が、通常のフルタイムの仕事の上にのしかかっていた。その結果、景観に影響を及ぼすすべてのプロジェクトで義務化された公聴会は、過重労働にあえぐ自然保護受託人たちにとって膨大な負担となった。そして、多くの場合、彼らは監督者としての外見を繕うだけの仕事に汲々としていたのだった。カール・オーバーキルヒはとりわけ劇的な話を取り上げている。彼は高度に工業化されたルール地方のガスのパイプラインに関する会合について、かつて次のような説明をしている。「具体的な計画について何の情報もないまま、私は会議に加わった。交渉の間、私はいくつか重要な区画を通り抜けていくパイプラインのコースを、必死になって自分の地図の上に写した」。結局オーバーキルヒは重大な疑義がありながら、この計画を阻止することを躊躇してしまう。彼がなんとかなしえたことと言えば、工事後に自然の生け垣を復旧させる手ぬるい嘆願をまとめただけだったのである。[68]

自然保護受託人たちが置かれた陰鬱な現状という観点から見ると、ナチス時代の自然保護制度の運用について包括的な議論が全く行われなかったことに驚かされる。一九三七年、ヴィルヘルム・リーネンケンパーはフルタイムの自然保護受託人ポストの創設を求めて声を上げたし、パウル・グレープナーは一九三八年の会議で「このままでは適切な監督が行き届かない」と主張して「自然景観保護政策の過剰」に対して注意を促してさえいた。[69] しかし、こうした声は単発的なものに過ぎず、強制力もなく、自然保護受託人たちは戦後に入るまでの長きにわたって相変わらず無給のまま過重労働を続けていた。したがって、自然保護の社会が手近に使える資金も人手も限られていることを認めて、優先順位を決めていくというのが、あるいは賢明な作戦だったのかもしれない。しかし、そのような基本線に従って帝国自然保護局が考慮したという証拠はないし、各地の自然保護受託人たちのほとんどについても同様だ。結局のところ、自然保護受託人のネットワークに入っていることは多くの活動家たちにとって名誉であって、それゆえにその限界について冷静な議論をスタートさせることが困難だったのだ。ヘッセン州自然保護受託人の一九三六年の次のような声明は、大方の意見を伝えている。「ヘッセン州は今や、地方レベルにまで自然保護ネットワークがいきわたった最初の州である」[70]という。自然保護主義者たちは「包括的な」ネットワークのほうが「効率的な」ネットワークよりも重要だと考えているのではないかという印象を著者は否定しえない。

活動の形骸化

その結果、自然保護主義者たちの限られた人的・経済的資源は、自然の保護活動よりも形式主義的、非生産的な書類仕事へとつぎ込まれた。目立った例としては、ペットの鳥類に足環をつけるという活動があった。大量の資料が各地の資料館に残されており、自然保護行政が膨大な量の形式的手続きであったことを物語っている。地方によっては、協会を設立して鳥類に足環をつける活動を行おうという意見があったが、団体を作ることに熱狂するこの国であってさえも、奇妙に思われるような発想であった。[71] 実際、問題は一層深刻で、帝国自然保護局では自然保護受託人のネットワークに対して、次から次へと政令を繰り出して、過重労働で知られた一団に絶え間なくさらなる業務を課していった。課題自体が取り組む価値のあるものであっても、積み重なっていけば、様々な事業の先導や遂行の活動の中で、自然保護の担当者たちは次第に身動きが取れなくなっていったのである。ある問題に関して帝国自然保護局が実際に動いたことと言えば、無理を押し通す通告だけだったということは一度ならずあった。カモの数の減少がドイツ狩猟年鑑で報告されるや、シェーニヒェンはすぐさま繁殖区域の保護活動を開始したが、進展状況に関する報告は言うまでもなく、成果についての追跡調査をすることもなかった。[72] 一九三七年、帝国自然保護局は政令を出して、ドイツ農学研究所（Biologische Reichsanstalt für Land- und Forstwirtschaft）と協力して、「ネズミの毒が鳥類の生育へ及ぼす影響に関する研究会」を発足させると発表したものの、その後何も報告されていない。[73] 振り返ってみれば、取るに足りないものであったと映るような活動もあった。絶滅が危惧されていた特殊な魅力を持つヒルに焦点を当てた一九三七年の政令はその好例だ。十九世紀の開業医たちがヒルを絶滅の一歩手前まで追いやってしまったので、シェーニヒェンは今こそ再検討すべきときだと考えた。そこで、自然保護受託人たちに植物の豊富な浅い水辺を見つけて、素足になって「水の中をゆっくりと歩き、一、二分ごとに足を持ち上げてみる」ように熱心に説いた。シェーニヒェンは捕獲したものをどこへ送るかを記して、政令の文言を締めくくった。[74] リーネンケンパーが「犠牲」と言っていた（第1章冒頭）のは、あるいはこういったことだったのではないだろうか。

結局、自然保護家たちのネットワークの正味の効果は、彼らの持っている潜在能力を引き出すにはほど遠かった。シェーニヒェンは一九三八年に不平を訴える文章を書いているが、それを読めば、どれほど多くの形式的手続きが自然保護活動運営の足かせとなっていたか、その一端をつかむことができるはずだ。彼は職務に関して適切な情報を得ていないこともあり、文書を送っても「配達不能」として帝国自然保護局に戻ってくることも多かったという[75]。しかし、そうした非効率な事例があったにもかかわらず、一九三〇年代後半の自然保護活動家たちの仕事は、ワイマール時代の単発的な活動からは、明確に異なる次元に進んでいた。一九二〇年代の自然保護活動が基本的に精力的な個人活動家の理想主義のうえに成り立っていたのに対して、帝国自然保護法の成立後は、国内のいたるところで自然保護への気運が高まっていった。法の命ずるところ、地方でも地区でも自然保護を無視することはもはや不可能となったのである。さらには、第二次世界大戦中に明らかになってきたように、自然保護受託人たちのネットワーク自体は、以前よりはっきりと勢いを増してきていた。戦争に突入してからの数カ月、自然保護はこのような困難な時代にも重要なのだと、自然保護運動家たちは強調していたし、戦時中、初めの数年間自然保護活動は驚くほど正常に続けられた[76]。たとえば、一九四〇年の政令では、戦況にかかわらず、いかなる森林政策の中でも景観に与える影響を考慮する必要があることを帝国森林局は強く述べている[77]。一九四一年、ザクセン州郷土連盟（Landesverein Sächsischer Heimatschutz）は、戦時経済にとって極めて重要であるとされていたにもかかわらず、自然保護区内にある採石場に反対する一方で、同年、土置場の美化についての会合では、この問題に対して「国家的重要事項」という言葉で言及している。一九四一年四月、ドイツ海岸付近の鳥類保護に活動の重点を置いていたヨルトサント協会（Verein Jordsand）は、干潟の島ノルダーオークの海岸線北西部分の保護のため、資金集めに乗り出した[78]。自然保護主義者たちの批判は軍隊に対しても向けられた。一九四〇年一月、地域の自然保護受託人は兵士たちがライン川とジーク川の合流地の樹木を伐採したときのことを「冒瀆」という言葉を用いて言及している。その逆に、一九四一年九月、カーラー・アステン自然保護区の中に機密の軍事基地が建設されることになったときには、軍部は非常に注意深く適切な許可を求めた[79]。シュヴァーベン・アルプ協会（Schwbäischer Albverein）が、一九四〇年四月自然保護監視員の制度の創設を決定した際には、戦争突入初年にもかかわらず、自然保護を求めて粘り強く資料を提出する活発な姿が、周りに強い印象を与えることになった。七〇〇名以上のメンバーがボランティアとして風光明媚な地区の監視にあたって、違法行為や破壊行為を防ぐ活動を行った。[80]

しかし、戦時中の活動は書類仕事の域をあまり超えてはいない。たとえば、ヨーロッパ全土を繋ぐ直流ケーブル網を作るという、一九四二年の計画が実現する機会は訪れなかった。この計画は美観を損なう電線を廃止し、空襲に備えるものでもあった。[81]その他、担当者たちは戦前の事業に固執した。バイエルンのヴァイセンブルク地区を景観保護区に指定するための仕事は、一九四四年二月まで継続的に行われた。[82]戦時中の活動の数々は平凡さが目についた。一例を挙げると、コンスタンツ湖の国境部分にコンクリート製の壁をつけるかどうかという問題について、バーデン州文部省に意見を求めるのは本当に必要なことだったのだろうか。[83]自然保護への共感は戦争中にも強く残っており、突如として暴発的な行動に出ることもあった。一九四三年一月、ウェストファリアの一人の農民が景色のよい生け垣を切り倒したとき、郡の長官は仰天し、怒りを抑えておくべき理由も見つからず、この農夫に向かって、「兵士としてロシアに行くべきときだ。そうすればドイツの郷土というものの真価を理解するようになるだろう」と言った。するとこの農夫はいくらか守勢に出て、自分は前年の秋に東部の前線部隊の兵役から戻ったのだとつぶやいたという。[84]

戦時中の資料を見ていて驚くのは、一般的に言って、自然保護活動の日々の活動の中でナチスのイデオロギーはごく周縁的な役割を果たしているだけという点だ。一九四二年、バイエルン自然保護同盟はクリスマスのメッセージを送って、「ボルシェビキと金権政治家たちの物質主義的な思考」に対抗するものとして自然保護を強調したが、こうした発言はむしろ稀な例だった。[85]面白いことに、一九四二年十一月にシュールハメルが発表したヴータッハについての意見書には、当時はどんな手段でも喜んで用いたに違いないのに、ナチスのイデオロギーは全く含まれていなかった。この事例に限らず、こうした思想的な自制の動機がどこにあったのかを示すことは難しい。しかし、これは全くのところ例外的な話ではなかったのだ。[86]同時にまた、ナチス政権の時代、戦争のために自然保護主義者たちの自信が失われたという様子も見られなかった。「戦争が景観に破壊的な影響を及ぼす力であることを認識すべきだ」とするヴィーティングホフ－リーシュの一九三六年の提案を思い起こした者はいなかったのである。[87] 思想的な原理原則でなく、現実的な活動が自然保護と国家社会主義との協力関係を強める働きを続けていた。

しかし、実際の自然保護活動は戦争中に二重の目的を果たすようになる。自然保護という理想の実現を目指すだけでなく、それによって人員がさらに必要なのだと広く知らせることになったのである。自然主義者たちを兵士として召集する責任はないとまでは言えないが、賢明ではないのだといった印象を、軍当局に与えることになったのである。もちろん、こうした自分勝手な動機のために戦時のあらゆる活動を縮小することがあってはならない。疲れを知らないヴィルヘルム・ミュンカーは、ナチスが戦争末期に招集した国民突撃隊（Volkssturm）の隊員になるには高齢すぎたが、戦時中も落葉樹林保護委員会の活動を継続していた。[88]

しかし、自然保護主義者たちが戦争のさなかに書類仕事に勤しんでいることは、自然保護活動への熱意だけでなく、前線から遠ざかっていたいという希望をも映し出すことになった。たしかに、自然保護主義者たちが通例として徴兵を免れるということはなく、戦争が進行するにつれて、招集される自然保護主義者の数も増えていったのだが、ほかのグループよりややゆっくりとしたスピードで進行した点は興味をひかれる。

東部総合計画

おそらく、帝国自然保護局以上に強い圧力にさらされた機関はほかにはなかっただろう。戦時にあっても自然保護が正当な事業だと考えられていたとしても、クローゼ率いる帝国自然保護局が調整役として、議長役として、自然保護活動の持続のために必要でないことは明らかだった。一九四二年夏に始まった過剰な役人の人員整理作業を担当していた、陸軍中将ヴァルター・フォン・ウンルーが一九四三年三月に、戦争が継続している間、帝国自然保護局を閉鎖してはどうかと提案したのは、単なる偶然ではなかったのだ。[89] そうすると、これで帝国自然保護局が新分野の活動に重点を置き始めたことの説明がつく。新規に占領した東欧だ。一九四〇年二月にはすでにハンス・クローゼがそれまでポーランド領だったポーゼンの町の近郊、ルートヴィヒヘーエ国立公園について報告している。クローゼはこのエリアを普通の景観保護区に格下げしてはどうかと提案している。「この公園が我々の目指す国立公園の理想に適合しないから」だという。[90] しかしながら、クローゼはまもなく自分の権力では、占領地で強制力のある行動をとることが認められていないことを知るのである。記録によると、一九四〇年前半から帝国自然保護法を占領地域でも適用する計画が存在してはいたものの、法律の実際の導入は一九四一年三月十一日までずれ込んだ。[91] 帝国自然保護局は精力的にポーランド占領地区の自然保護区と重要な天然記念物のリストを作成したが、具体的な方策へ動きだすことはできず、単なるリストアップに終わった。[92] 一九四三年二月の文書によると、クローゼは東欧政策を激しく非難し、権限もないのに自然保護問題に関して政令を次々に出している。しかしそれによって、この「信じられない[93]」行為へのクローゼの怒りと同時に、クローゼが無力であることも露見したのである。

振り返ってみると、東欧問題への取り組みが不運な終わり方になったのは、クローゼにとってはおそらく幸運なことだったのではないだろうか。最終的に、クローゼがナチス時代の自然保護に関して最も悪名高い事業に関わることから逃れられたのだから。他方で、自然保護主義者の仲間たちは、結局、虐殺行為の青写真となる計画の構築に関わっていったのである。ポーランドとソ連に対する戦争は、現代の武力衝突の歴史上前例を見ない行動へと進んでいった。東欧世界で問題となっているのは『我が闘争』の中ですでにキーワードとなっていた〈生存圏（Lebensraum）〉であった。「我々が、現在から未来へと目を向けるならば、過剰な人口が定住するための新しい土地の獲得には計り知れない利点がある」とヒトラーは書いている。[94]〈生存圏〉とは単に拡張主義のための青写真ではないと歴史家は強調してきた。『我が闘争』の中で意図されている標的がソヴィエト連邦であったことには驚く。ドイツが一九三九年まで国境を接することがなかった国である。東方への拡大の夢を実現させるためには、ポーランドに対してある種の支配か征服を行うことが必要となるのは明白ではあったが、ヒトラーはポーランドをどうするかについて戦前には明らかな構想を述べることはなかった。この奇妙なあいまいさを指摘しながら、マルティン・ブロスザトは〈生存圏〉追求を「より強大な権力と業務上の自由権を求める継続的な探求というメタファーであり、ユートピア的な限界」と表現した。[95] しかし、〈生存圏〉の概念は結局のところ、とらえどころのないものではあったが、一九三九年と一九四二年の間のナチスドイツによる領土の拡大は、土地の将来的な利用をどうするか、答えを迫ってきた。「ボルガ川を我々のミシシッピ川にしよう」と食事会での長い演説の中でヒトラーは宣言した。また別の機会では、アウトバーン建設によって「クリミアの美」がドイツ本国からも手が届くようにしたいという発言をしている。[96] しかし、ソヴィエトの領土については優れた研究者の助力を得て、さらに綿密な計画を立てていた。これらの専門家の中には自然保護主義者グループに属している者もいた。[97]

最もよく知られた青写真は東部総合計画で、コンラート・マイヤーの指揮のもと、ドイツ民族性強化国家委員会（Reichskommissariat für die festigung des Volkstums）において練られたものだった。たしかに、東方占領地の大臣アルフレッド・ローゼンベルクや占領地ポーランドの総督ハンス・フランクについていた者もいたが、一九四一年以来、ハインリヒ・ヒムラーが指揮を執る国家委員会と親衛隊組織の一部が、最終的には競合するグループを抑えた。[98] 一九〇一年生まれのコンラート・マイヤーは、ウルリッヒ・ヘルベルトが「即物主義世代」（Generation der Sachlichkeit）と表現した世代の代表格で、多くの同時代の人物たち同様、技術主義を崇拝し、急進的で抑圧的な手法を用いることに躊躇しない、人種差別的で反民主主義的なものの考え方をする人物であった。[99] 年齢が若いにもかかわらず、マイヤーは影響力の大きな数々の役職を占めるに至っていた。ベルリンでは農学の教授であり、プロイセン科学アカデミーの会員、また国家土地利用計画委員会委員長（Stabshauptamt für Planung und Boden）も務めていた。[100] マイヤーが自然保護主義者のグループなのかどうかは議論の余地があるが、長い間アルヴィン・ザイフェルトとドイツ景観計画の専門家として覇権争いをしてきたハインリヒ・ヴィープキングー ユルゲンスマンについては疑いようがなかった。特筆すべきは、ザイフェルトでなくヴィープキングーユルゲンスマンを選考するにあたって、国家委員会は思想的な背景の濃くない人物を雇用したことだ。ザイフェルトとは異なり、ヴィープキング－ユルゲンスマンはナチス党には決して加わらなかった。親衛隊の上層部にいたマイヤーとは対照的で、[101]ナチス政権の初期にユダヤ人に対して友好的だと同僚に告発された。[102]しかしながら、東部総合計画が単に政治的急進グループによる産物だったわけでないということは、東部総合計画を一層恐怖に満ちたものにする。そしてヴィープキング－ユルゲンスマンのとった態度は関係した専門家たちの間でも決して例外的なものではなかった。[103]ヴィープキング－ユルゲンスマンにとって、国家委員会内部にあって最も魅力的な仕事は、コンラート・マイヤーがそう呼んだという「改革策定における完璧な自由裁量（volle Planungsfreiheit）」だった。大規模な計画を作るめったにない機会で、地域住民の些細な要求に耳を傾ける必要が全くないのだ。[104]戦前には空港やアウトバーンは大規模な景観創造事業として認められていた。[105]今や、計画者たちは国サイズの活動野を思いのままに計画できるようになったのである。一九四三年版東部総合計画はおよそ六七万五〇〇〇平方キロメートルの土地を扱うものだった。比較の参考として、一九三八年ドイツの面積は五六万二五〇〇平方キロメートルだったことを付記する。[106]

ヴィープキング－ユルゲンスマンの活動の最大の成果は有名な「一般政令 general decree No. 20/VI/42」で、技術的な観点から言って、計画策定者の仕事は芸術の領域に及んでいた。この政令は水と土の保護を扱っており、生け垣の植林を求め、総合的な大気の浄化政策などを盛り込んでいた。[107]この政令を恐ろしいものとしたのは、これが置かれた背景全体だった。一九四一年一月、ソ連にドイツ軍が侵攻する約五カ月前、ハインリヒ・ヒムラーは親衛隊の集会で「三〇〇〇万人のスラブ人の殺害はドイツの東欧政策に必須であり、『ボルシェビキとの回避不可能な戦い』はこの目的のために利用されねばならない」と述べた。[108]こうした方向の理由づけに従うなら、景観計画の設計者の行き過ぎとも思われる目標は、新しく獲得した地域をドイツ人の民族性に適合する土地にすることで、「そうすればゲルマン民族的ドイツ人（der germanisch-deutsche Mensch）が我が家のように感じて定住し、新しい郷土にも心酔し、喜んでその地を防衛するようになるだろう」という。[109] 最初の計画では地域に住む四五〇〇万人のうち、三一〇〇万人を三十年以上にわたってシベリアに移転させることを提案していた。数字や詳細はのちにいくらか変更されたが、驚愕の数字であることは言うまでもない。[110] 実際、非常にショッキングな文書に思われるのは、この事業を表現した言葉が冷静で中立的な表現だったことである。これは熱狂的なファシストによる単発の産物ではなく、高度の専門知識をもって入念に準備されたものだったのである。[111]

東部総合計画を実施するための組織的な攻撃は全く行われず、ルブリンで行われた「試運転」は何千人もの人々の命を犠牲にした挙句、不完全なままで終わった。[112] 実際には、占領地におけるナチスの統治は間もなく、成果の上がらない迷路状態の制度であることが判明し、東部地域は能力がないか、そうでなければ上層部に気に入られない役人たちのゴミ捨て場となった。根絶か搾取か、目標をどちらにするか決定できないまま、占領政策はそのどちらも同時に行おうとし、その結果、行政は混乱し、終わりのない縄張り争いが続いた。[113] 東部総合計画と悪名高い「ユダヤ人問題の最終的解決」との間には直接的な関係はなかったが、仮にナチスが戦争に勝利していたなら、ヨーロッパのユダヤ人殺害は、まず間違いなく東欧における「民族浄化」という巨大事業の前奏曲となっただろう。振り返ってみると、この計画が集団殺戮を暗に示唆していたことは明らかなのだ。チェスワフ・マダイチュックが論じているように、「東部総合計画は中央ヨーロッパ問題の最終的解決」となっていただろう。[114] したがって、計画の不履行をもって、専門家たちの活動が単なる紙の上での計画に過ぎなかったと結論付けることは絶対にできない。専門家たちは自分たちの専門知識が残忍な殺人計画には不可欠だと認識していた、ナチスのリーダーたちのたっての希望の実現に喜々として加担していたのだ。ルッツ・ラファエルによれば、「巨大規模の殺戮と強奪に科学的正当性が認められたプログラムという空気をまとわせたのが、親衛隊メンバーとその専門家たちだったというだけでは終わらなかった」という。[115]

国家委員会の計画策定者たちはその非人道的な行為

に対して責任があるとみなされることはなかった。ハインリヒ・ヴィープキング＝ユルゲンスマンはハノーファー大学の教授となり、コンラート・マイヤーまでが一九五五年に同大に職を得ている[116]。彼らの仕事の真の性質について内部の情報通を経なくても知ることが可能であることを考えると、こうした状況は人目を引く。自然保護の世界で主導的地位にあった雑誌『自然保護』（*Naturschutz*）誌に、一九四二年にルッツ・ヘックが書いた記事を読めば計画策定者たちの目的は十分に理解できることだ。「東欧における政府の景観創造計画」については、「ドイツの町や村を創出することだけでなく、多くのドイツ人に自分たちの新しい『郷土』となるようにするという点に、国家委員会がいかに意を用いていたのか」ヘックは論じた。続いて、ヘックは一九四二年五月に、ドイツ森林局とドイツ民族性強化国家委員会との間の合意を公表した。この合意でヴィープキング＝ユルゲンスマンは両方のメンバーとされた。表面的にしか読まない読者にもはっきりと全体的な意図が伝わるようにと目論んだのか、ヘックは以下の表現で恐ろしいくらい明白に記事を結んだ。「ドイツ人が熱望している定住のための地域として、東方の広域は完全なる変形という手段によって二度目の征服に甘んじなければならない。さびれてよそよそしい風景をドイツの風景に変えることが、至上の目標でなければならない。歴史上初めて、一つの国が自覚的に景観のモデル作成に乗り出しているのである」[117]。結局、秘密主義は必要なかった。植民地化事業は入植者たちに進んで東方の土地へと向かってもらわなければならない。そうなると広報活動は不可欠ということになるからだ。この事業の本来的な狂気を増すかのように、ナチス党はドイツ国内における高い技能を持った農業者の不足を補うために、デンマークやオランダからも入植者を集めようとした[118]。

戦争の進展につれて、景観設計者の仕事はどんどん抑制されていった。ヒムラーはスターリングラードでドイツが敗退すると、東部総合計画への関心を失ってしまい、正式に事業が放棄されることはなかったものの、一九四四年の半ばには計画の遂行は基本的に止まってしまった[119]。スターリングラードでの戦闘は、一九四三年初頭に五人の専門家、そのすべてが男性で、助手に八人の女性スタッフという陣営の帝国自然保護局のターニングポイントでもあった。[120] 帝国自然保護局を完全に閉鎖するというウンルーによる提案は成功しなかったが、政令がいくつか出されて保護局の責任は削減された。ほとんど何の慰めにもならなかったが、これらの政令の一つは、「戦争のために不可欠なレベル」まで活動を縮小するように命じたうえで、自然保護主義者たちに戦時事業計画策定の中で、懸念事項については「精力的に」声を上げることを奨励していた。[121] 一九四四年初めの空襲が相当の被害を出した後、帝国自然保護局はベルリンから避難して、オーデル川沿いのベリンヘンに移転したが、一九四五年に赤軍が接近してくると、再び西へと逃げることとなる。一九四五年三月、帝国自然保護局はついにリューネブルガー・ハイデの村を当座の所在地とした。この村でクローゼとその同僚たちは戦争末期の数カ月を過ごした。[122] バイエルン自然保護局の状況はさらに劣悪だった。一九四四年二月の爆撃で保護局の文書は焼かれ、バイエルン内務省は同年の末まで閉鎖された。バイエルン自然保護同盟は一九三九年には「ヨーロッパ最大の自然保護団体」としてその名をとどろかせていたが、一九四三年にはその活動を事実上停止した。[123] 依然として残っていた活動もいくつかあった。たとえば、一九四四年六月五日、ヴィルヘルム・ミュンカーはカーラー・アステン自然保護区の拡張に関して会議を招集したし、カール・フリードリヒ・コルボウは地区行政のトップとして「プロジェクトの成功を祈って」心のこもった挨拶文を送ったが、振り返って考えると奇妙な出来事のように思われる。連合国によるノルマンディー上陸はこの翌日のことで、その後の事業見通しが少しもよくならなかったのは当然だった。[124] こうした単発的な努力も報われず、結局は戦争末期の数カ月になって、自然保護活動は完全な崩壊に至った。

保護活動のジレンマ

自然保護活動にとって戦争という事態が重苦しい体験だったことは言をまたない。しかし、後になって回想してみれば、帝国自然保護法成立後の平和な数年間は別の印象をまとって見えてくるのである。一九四八年、ハンス・クローゼは一九三六年から三九年の間の「ドイツ自然保護の絶頂期」について論じた。[125] しかし、この表現は平和時の自然保護の活動に対して適切なものだったのだろうか。自然保護主義者たちがこの短期間でかなりの成果を挙げたのは確かだ。しかし、次の章で見えてくるように、このときの成果とは総合的土地改良事業と戦時経済の急速な拡大による相殺を超えた部分だ。ナチスドイツ時代の自然保護活動は、現実よりも紙の上の計画のほうがはるかに立派に見えるのが常だった。延々と続く政令と報告書の嵐は、屋外に広がる刻々と酷くなっていく現実からの逃避だという印象を免れない。特徴的と言えるのが、強制力の欠如について総合的に検証する試みについてはもとより、自然保護事業の現状に関する公の場での議論が全くなかったことだ。自然保護に携わっている人々は官僚的な夢と環境の現実的な状況との間に大きな開きがあることに、あるいは気がついていたかもしれないが、この問題について、それ以上深い考察には至らなかった。それでもクローゼの意見は、一九三〇年代後半の自然保護活動の現状を質の面からでなく、その当時の自然保護活動を突き動かしていた精神について好印象を伝える、目覚ましいものだった。活気と熱意ある仕事の、数々の機関、団体の共同作業の時代であり、言い換えれば、意気揚々とした希望の時代だったのである。これぞ自分たちのアイデンティティの源であると辺境性への認識を深めてきたグループにとって、これは重大な経験だった。[126] 一九三〇年代後半は、おそらく自然保護活動にとって「絶好調の時代」ではなく、自然保護主義者たちが「絶好調」であったのだ。主唱者たちの中には正気を取り戻すのに何十年もかかった者もいた。[127]

もちろん、ナチス時代の自然保護主義者たちも、時に現代社会のある種の流行が自分たちの利益に反しているという事態を認めなければならなかった。しかし、こういった意見は通常、楽観的な色合いを帯びているものだ。文化的な絶望感を嘆くことや、ルドルフとリール［訳註：エルンスト・ルドルフ（一八四〇〜一九一六年）はベルリン王立音楽大学教授で自然保護運動の創始者の一人。郷土保護連盟の発起人。ヴィルヘルム・ハインリヒ・リール（一八二三〜一八九七年）は近代民俗学の祖、作家。歴史と郷土史、民俗学などを結びつけて各時代の民衆の生活を描いた］時代以来の自然保護主義一流の論法がナチス時代になるとすっかり影を潜めていた。一九三六年、ヨルトサント協会は荒蕪地の耕作が環境に与える有害な影響に言及したが、すぐにその地の耕作は「避けては通れない必要」と付け加えている。[128] バイエルン自然保護同盟は一九三六年「自然保護への配慮は今日では経済的な要求に道を譲らなければならないことが多い」と指摘し、より強力な公的努力を求めることをやめなかった。[129] 一九三七年、カール・オーバーキルヒは簡潔な言葉で、自然保護は「その困難な使命を経済的実現可能性の範囲内で実現している」と報告した。[130] バイエルンでは四カ年計画による環境への被害に関して、ハンス・コブラーが「四カ年計画の責任者ゲーリングは非常な熱意をもって自然保護への注目を幾度も要請している」[131]と、ヘルマン・ゲーリングに対する忠誠心を高らかに宣言して懸念を払拭した。ハンス・シュヴェンケルは景観保護に関する自身の有力な著作中に、「流域調整された大小の河川」という「純粋に唯物論的な景観デザインの時代」は終わったのだと、自信をのぞかせている。同時代のエムス川事業の観点からすれば実に驚くべき発言である。[132]「国家社会主義の全体主義政府でさえも、景観に悪影響を与える悪魔を追い払うことができるようになるまでには時間がかかるものなのだ」と、ヴィーティングホフ－リーシュは気休めに過ぎない考えを述べている。[133]

自然保護主義者のグループとナチスとの間の関係をプラス面から見ていくには、ゲーリングの伝記を書いて、これこそ真の自然保護運動だと国家社会主義を褒めちぎっていた、ナチスの心酔者エーリヒ・グリッツバッハを持ち出すまでもない。[134] もちろん数限りない困難を伴った、日々の自然保護活動はナチス時代にも消滅するようなことはなかった。だが一九三五年以降は活動家自身がその必要性を軽視するようになった。それは深い喪失感からくる目立った変化だった。しかし、戦争が長引くにつれて、自然保護主義者たちのナチズムに対する熱狂は次第に腰弱なものになっていった。戦争突入前の出版物からは、自然保護運動はナチス政権の中に自分たちの懸念を真剣に取り上げてくれる政治システムをとうとう見出したのだという印象を受けるが、戦時中の発言、特に一九四一年六月のソ連への侵攻後のものからは、より冷めた面が見られる。ある種の不満が自然保護主義者の著作の中に現れるようになる。シェーニヒェンの一九四二年の著作はそのタイトルの中で自然保護を「民族の」(völkisch) 問題だと呼んでいるが、著作それ自体はイデオロギー的な要素を明らかにそれまでの出版物ほど含んでおらず、実際は自然保護問題を解決するための戦後の国際協力への計画書として読めるものだ。[135]公の場での抵抗は論外だが、少なくとも幾人かの自然保護主義者たちの間に、ゆっくりと幻滅が広がってきていることには気づかざるを得ない。もちろん、公の場の議論がない中で感情の程度を判断するのは容易ではないのだが、ときおり書き物の中に現れてくることがあった。おそらく、最も印象深い文書はヴィルヘルム・リーネンケンパーによるものだろう。

リーネンケンパーについては本書においてもすでに何度も言及され、もうこれ以上の紹介は必要ないだろう。リーネンケンパーがなぜそれほど興味深いかというと、彼がナチス時代を代表する二派、異なった方向性を持つグループの融合を表しているからだ。熱狂的なナチス党員で、ナチスのレトリックに精通している一方で、政治的にはザウアーラントの有能な自然保護受託人だった。シェーニヒェンとクローゼが合わさって一人になったような人物だ。したがって、彼の文書を検討するのはナチス時代に最もエネルギッシュに関わっていた自然保護主義者たちにまで幻滅が広がっていたことのわかりやすいサンプルになる。彼の文書は直截的なものではなかった。相手を断罪するような文章で危険を冒すことなく、アリュージョン（引喩）と批判が許される詩の体裁、言葉遊びの形をとった。実際にはリーネンケンパーは自分では詩を書いておらず、書籍の詳細には北ドイツのライター、ルドルフ・キーナウが著者として掲載されている。しかし、リーネンケンパーが共感を持っていることは、一九四二年九月、彼がこの詩を地域行政の長、ウェストファリア郷土連盟議長のカール・フリードリヒ・コルボウに送っていることから見ても明らかだ。彼を同様の精神の持ち主と見込んでいることは確かだろう。[136]短いお礼のカードが送られていることからも、それは間違いない。[137]

この詩が扱っているのは名もない小さな川で、国家労働奉仕団からはこれまでのところ目をつけられていない。したがって、風景の美しい小川で、流れは曲がりくねっており、豊かな動植物の生活が岸辺に沿って保たれているといった具合だ。しかし、詩はこの田園詩的な場所が危機に直面していることを描いて、秘密を守ることが自然の保全よりも重要だという。詩の中の語り手は女性の友人に、この場所についてのどんな情報も、漏れてしまえば、この素晴らしい景色は最後の時を迎えることになるのだと警告する。

アンネリーゼ、教えておくれ、君はほんとに秘密が守れる?
完璧に? 誰にも絶対知られないようにできる?
僕は君に素晴らしいもの、驚くようなものを見せられるよ
僕は知っているんだ、このすぐ近くの小さな川を

詩は川の美しさを長々と謳う。だが、描写だけで終わるわけではなかった。それは詩の本当に言いたいことの背景に過ぎなかった。国家労働奉仕団が並々ならない熱意を注いでいた河川の流域調整事業に対する容赦のない告発文であり、ナチスの秘密主義への執念をあざける言葉を盛り込んだものだ。しかし、それだけではなかった。この詩は自然保護主義者とナチスとの同盟関係は本当に引き合うのかという疑いを呼び起こした。結局、景観の素晴らしい場所について骨を折ってまで秘密を守る必要があるのなら、ナチスとの同盟関係を喜ぶことなどできるのだろうか。人間として描かれている詩の中の川は、悲劇的な生涯を送る。リーネンケンパーの個人的な感情も、この詩とそれほど異なっていない可能性がある。

時々、彼はほとんど息を止める
輝く鋤のひと振るいひと振るいが恐ろしい
そしてもしも彼が、二人の男たちが歩調をそろえてやってくるのを見たり聞いたりしたら
彼はすぐに流れを止めて、死んだふりをする

大胆にも彼はもう一度さざ波を立て、さらさらと流れ始める
制服姿がすべて視界から消えるのを見届けたら
夜だけは小休止の時
昼間は心配や恐れで平安な時はない

もう少し近づいてきて! かけをしてみよう
私と足並みをそろえてはいけないよ

決してその名前を聞かないで
どうか神さま、国家労働奉仕団が聞きつけませんように

この詩が雄弁にも映し出している心情に、何人の自然保護主義者が同意見なのかを見極めるのは難しい。歴史家にとって、人々の心情を常に見極めるのは難しい。全体主義政権の中では特にそうである。しかし、帝国自然保護法成立後の熱狂の第一波の去った後、特に長引く戦争が自然保護の問題を政治世界の優先順位のはるか下位に押しやったとき、ドイツ自然保護主義者たちのかなりの部分、心の底からではおそらくないにしても、多数派がこの種の心情が理解できるようになったと考えると、筋が通った話のように思われる。結局、自然保護主義者たちがナチス政権に近いところにいることに疑念は抱いていても、反対の態度をとるには至らなかった。狂信的ナチスの幹部グループはごく小さく、ドイツ社会の多くの場所でのその態度がナチスの理想から明らかに異なっていたことが、歴史家の研究で明らかにされて久しい。同時代の日本やイタリアのファシスト政権と比べても、ナチス政権が非常に神経質に一般市民の意見を監視していたという背景もあった。[138] しかしながら、同様に驚くべき点は、大戦の雲行きがドイツにとって目に見えて悪くなっていったにもかかわらず、こうした疑念がナチス政権へのより広い批判に繋がっていかなかったことである。我々の知る限り、ドイツ国内でのナチスへの抵抗運動に対しては自然保護運動の側からはどんな小さな貢献もなかった。帝国自然保護法を成立させたことによってナチス政権が得た信任は、ナチス敗北まで完全に消滅することはなかったのである。

自然保護に携わった人々の間に広く共通したジレンマとは、ナチス時代の多くのドイツ人にもよく知られたものだった。許容と妥協という意味で全体主義政権にどこまでついていけるのかという問題である。しかし、自然保護主義者としてこのような大きな心情の変化に耐えることができたか、あるいは少なくとも外に表したグループはほとんどなかった。一九三三年以前には、彼らは自然愛好家であり、政治にはほとんど関心がなく、政治運動に参加することなど夢にも思わなかった。ところが、ナチスが政権を取ってからは、特

に一九三五年の帝国自然保護法の成立以降は、自然保護団体の仲間たちはヘルマン・ゲーリングとアドルフ・ヒトラーの中核的目標であるとして自然保護を強力に売り込んでいったのだ。自然保護主義者たちがナチスとの友好関係へと入っていったことは、ある意味では、物質的利益を求めて精神的価値を犠牲にしたファウストの取引のようなものだった。ここに取り上げたような詩は、この取引が引き合わないのではないかという疑いをどうしても暴き出すことになるのだった。

第6章　変貌を遂げた景観――ナチスが残したもの

アウトバーン建設

バイエルン放送局のラジオから現在の道路状況が伝えられるとき、イルシェンベルク山の名前を耳にすることがあるかもしれない。イルシェンベルクはミュンヘンとザルツブルクの間のアウトバーンで、ミュンヘンへ向かうドライバーにとっては深い勾配となっている地点だ。アルプスやイタリアから列をなして休暇から帰ってくるときには、イルシェンベルクでの渋滞は必至である。ドライバーの行動は個人の気質や運転時間、同乗者によって大きく変わるのは言うまでもない。しかし、彼らのフラストレーションが、少なくともいくぶんかは、ナチス時代に行われた恣意的な結果であることに気がついている人はほとんどいない。イルシェンベルク山を越える難しいルートを辿ることはフリッツ・トートの個人的な望みだった。そうしたルートでなければアルプスと美しいキームガウの雄大な景色を見ることはできないからだ。[1] 一九四二年にトートが亡くなると、ヒトラーはナチス時代の最高技術者に感謝の記念として、トートのためにイルシェンベルクに壮大な墓を建てることを考えていた。建設は第二次世界大戦に勝利を収めた後に着手されるはずだった。[2]

イルシェンベルク山の例から、ナチス時代の環境史研究は法制度や、組織、人々についてだけ扱っていたのでは不完全なままで終わってしまうことがわかる。ナチス政権もまたドイツの景観に影響を与えており、この影響はイルシェンベルクの迂回路のように意図的に設計したもののほか、ナチスが行ったその他の事業によって、意図していなかった結果が生じた場合もあった。しかしながら、実地の調査をしないでこの種の影響を評価するのはかなり困難である。ナチス時代の環境問題への影響の調査では数々の難問があって、特別の注意が必要だった。最大の難関はそれ以前の調査が欠如していることだろう。土地に対する影響の問題はナチス時代の研究をしている環境史家の間では重視されてこなかった。グレーニングやヴォルシュケ－ブルーマンによる「ナチス時代に行われた自然保護活動は無益だった」という発言は、丁寧な分析というより著者たちのナチスに対する軽侮の念が関係していることは明らかだ。[3] 数年前、ディヴィッド・ブラックボーンはドイツの歴史的文献の中に現実の自然環境への注意関心が広く欠落していることを嘆いている。彼の議論はドイツの歴史家の中に「その場所に対する特別な感覚」を育むことを目標としていた。「真の地勢はどうなのか（少々挑発的な表現をお許しください）」[4]。ナチス時代に関する限り、この問題はまだほとんど手付かずなのだ。

第二の問題はドイツの変化に富んだ地形にある。土地の変化は北海に面した低地とバイエルンアルプスとの間では場所によって大きく異なった意味を持つ。ドイツの河川の中には、マインツとボンの間でその景観美が繰り返し讃えられてきたライン川から、工業化の進んだルール地方を流れる世界で最も汚染のひどい川の一つ、エムシャー川まである。さらに、その土地を改変・修正したことによって何が生じたのか、その地域の状態に大きく依存しているため、大方の傾向を明確にすることには困難が伴う。採石場は、ホーエンシュトッフェルンの場合のように美しい山の破壊を意味する場合もあれば、自然保護の観点から見ても全く注目を引かない、あるいはむしろ利点の多い場合もあるのだ。一九三九年に出た、あるガイドブックによると、廃墟になった採石場は野生の動植物の生息地となれば、「丘の宝石」でもあるし、「自然そのもの」ともなるという。[5] したがって、ナチス時代の環境への影響を総合的に評価することは、数限りないその土地、その土地の物語をジクソーパズルのように組み合わせて、全体に共通する絵画のような物語に仕立てていく必要がある。研究の現状からすると、これは実に困難な企てであり、本研究の対象範囲を超えているものであることは言うまでもない。

細部に分け入ることが必要だというのは、ナチスに

図6－1　ミュンヘン－ザルツブルク間のアウトバーン、75年前の姿。1934年、フリッツ・バイヤーラインによる。 アルヴィン・ザイフェルト著“Im Zeitalter des Lebendigen”(Planegg, 1942) 22頁より。

よってなされた環境への影響を正しく評価するという、もう一つの問題があるためだ。土地利用のうえに恒久的で真に革命的な変化が見られないのである。重要な開発の多くは以前からあった方向性で行われた。たしかにナチスはドイツの景観の中に新しい特色を持ち込んだ。アウトバーン建設である。しかし、一九三九年までに建設された三二八〇キロのアウトバーンは、十九世紀初期の道路建設ブームと比較すると色あせて見える。このときのドイツ道路網は一八二〇年から一八五〇年の間に一万四六〇〇キロから五万二六七二キロへと広がったのだった。[6] ナチスは戦争準備を行う中で工業化に資金援助を行ったが、ドイツの工業化自体は十九世紀まで遡る話である。事実、ナチスの再軍備化政策はドイツのそれまでの工業化の道筋の転換を必要としたわけではなかった。それまでも重工業と化学工業とは常にドイツ工業経済の二本柱だった。経済自立国家を目指して行われた未使用地の開拓は、ナチス時代だけに特有のものではなかった。すでにベルサイユ条約によって、自然保護の観点からは貴重な未開墾地の広大な面積を農業用地へと転換することをドイツ人は余儀なくされていた。一九二二年にはハンス・クローゼがすでにこの点を指摘している。[7] たしかに、ナチスの焦土戦術によって大きなダメージを受けた東ヨーロッパでは状況が違っていた。ダグラス・ウィーナーはロシアの自然保護に関する専攻論文の中で、「ドイツ人が通過してくる自然保護地区（zapovedniki）はどこでも残虐な大破壊行動が行われた」と述べて、ナチスによる殲滅作戦が地域住民ばかりでなくロシアの自然に対しても実行されたことを指摘している。[8] もちろん、第二次世界大戦はドイツ国内の土地に対しても有害な影響を与えはしたが、東ヨーロッパ地域に比べれば、被害は限定的なものだった。戦闘の多くはドイツ国境の外側で行われ、最後の数カ月になって初めて、地上戦が戦争を始めた国へとやってきた。たしかに、ノルマンディー上陸作戦以前からも連合国軍による空爆によってドイツは長い間戦場となってはいたが、爆撃によって自然が受けた被害は、都市部の破壊ほど大きくはなかった。ただ、戦略的に重要な交通の要衝だけは例外で、連合軍によるドイツの国内交通網破壊の目的と、悪名高い爆撃の不正確さとが重なって著しい被害になったところもあった。一例を挙げると、ビーレフェルトの北方、シルデッシェの町に近いところの橋はルール地方とベルリンの間の鉄道交通の要衝で、戦争末期の数カ月の間、繰り返し爆撃作戦の標的になった地点で、周辺一帯は完全に破壊されつくした。[9]

公平な評価を一層難しくしている第四の問題は、ナチス政権の存続期間が短かったことだ。十二年間といえば自然史の標準から言えば短い時間に過ぎず、本書第4章で論じた四つのケースはどれもナチス時代が終わった後まで尾を引いていた。ホーエンシュトッフェルン紛争は第一次世界大戦の少し前に始まり、最終的な結論に至ったのは一九四五年より後、所有者が採掘事業の再開を断念したときだった。ショルフハイデのケースではさらに継続時間が長かった。ゲーリングによる支配はショルフハイデの狩猟場と自然保護区としての長い歴史のうちのほんの一章分に過ぎなかった。ナチス時代のエムス川の治水事業は一九二八年の計画に遡れるものだったし、ヴータッハ峡谷自然保護区をめぐる戦いが一九二六年のシュールハンマーの主導に始まり、円満な結論に至ったのはシュルッフゼー発電所がヴータッハ水域から撤退した一九六〇年のことだった。これらの問題地域でナチス政権が突出した役割を担っていたのは言うまでもない。しかし、同時に、すべてナチス政権の為せる業であるとして最終的な結果を描いたのでは、誤解を招くことになるのではないか。

ナチス効果はあったのか

ナチスが土地に残した影響のことをドイツ人が考えるとき、通常二つの大事業が頭に浮かぶ。アウトバーンの建設と、国家労働奉仕団による水文学的事業だ。しかしながら、どちらのケースにおいても実際の状況は人々の集合的記憶よりもさらに複雑に絡み合ったものだった。広く信じられているところに反して、アウトバーンの建設に携わった人々は景観監督者たちの助言にほとんど関心を示していない。アウトバーン事業について詳細な考察を行ったツェラーは、景観の保全のために用いた費用はアウトバーン建設の総工費のわずか〇・一パーセントにしかならないという。[10] 一九四一年の数字が示しているように、国家労働奉仕団はたしかにドイツの景観に巨大な変革をもたらした。ナチスが政権を取って以来、およそ二六万二八〇〇ヘクタールの農地が労働奉仕団の流域調整の工事のおかげで洪水の被害を免れるようになったし、耕作適地の排水改良でおよそ七二万四四〇〇ヘクタールの生産性が向上している。[11] 都市の景観の中にいまだに当時の変化の跡を見ることができるケースもある。ミュンスターやハノーファーのような都市では、労働奉仕団の活動のおかげで市の管轄域内に、それぞれアーゼー湖、マッシュゼー湖といった湖が造られ、それによって両市民は生活の質が向上したと感じていた。だが、より詳しく見ることは絶対に必要だ。ナチスは労働奉仕団の仕事を、物質的な成果というよりも、国民を精神的覚醒へと導いた点でまずは評価していた。しかし国家労働奉仕団は期待されていたよりもはるかに見劣りのする成果を収めたに過ぎないのだ。[12] さらに言うと、ナチス時代に完了した仕事であっても、それがドイツの景観に対して明らかにナチスのものとわかる刻印を残しているかどうかについては、なお議論の余地がある。

エムス川の河川改良事業はまさに適例で、ナチス時代の工事で川の景観が大きな変貌を遂げたことは確かだ。しかし、実際には工事は一九二八年の計画に従って進行しており、その基本的な理念は伝統的な水文学的方法論であって、ナチズムとは何の関係もなかった。目的は過剰な水を可能な限り急速に排水し、洪水を防止するというものだった。さらに驚いたことに、工事は戦後になっても同様の方向で続けられた。[13] この事業が基づいていた知恵や知識については、一九七〇年代に入ってようやく再考されるようになった。西ドイツ国民の間に環境意識が広がってきたからだった。一九七四年、テルクテの町ではおよそ二〇〇〇人の市民が「エムス川から手を引け」という嘆願書に署名した。従来の考え方が高く評価すべきものであることは変わらなかったものの、エムス川の計画には次第に修正が加えられるようになってきた。一九八〇年代半ばにエムス川を担当していた治水工事担当者に二人の生徒がインタビューを行った際、当時工事が行われたばかりの区間では、その五七パーセントで流れが湾曲するようになっており、直線で流れているところは全体の四三パーセントだけであるという情報を提供して、生徒たちを安堵させようとした。直線か湾曲かという用語で考えること自体が問題の重要な一部かもしれないという意識は、この時点でこの担当者には明らかにまだなかったようだ。[14]

このように、エムス川の流域調整事業がナチスの典型的な事業だったというのは誤解だと言えよう。ナチス時代の工事は流域調整事業の長い歴史のうえの一章分に過ぎないと考えるのがより適切な見方である。つまるところ、エムス川の工事が基づいていた基本的な考え方は、十九世紀初めにヨハン・ゴットフリート・トゥーラが着手した、有名なライン川流域調整事業の基本的思想と酷似するものである。[15] 水文学的見地からすると一九七〇年代の環境主義の台頭が最も重要な転換点なのである。これに対してナチス時代は中継ぎの時代だった。自然保護主義者たちは一九三三年にはすでにエムス川河岸に自然保護区を作ることを求めていたが、ようやく望みが実現したのは一九九二年のEU生息地指令［訳註：一九九二年に採択されたEUの指令。開発行為が規制される「Natura2000」と呼ばれる自然保護区域のネットワークを設定するもの。野生の動植物を生態学的ネットワークで保全することが目的。この指令により、四五〇〇種類の動物と五〇〇種類の植物が貴重な野生種としてその生息地の保全が定められた」による。[16]実際には、ナチスがこの事業の再検討を阻んだのだという議論も可能ではある。一九三四年の意見書の中で、細部の修正でなく、事業の全体的見直しを訴えるために、自然保護主義者たちが発言権を求めると、ナチス側はこれ以上の議論が不可能になるように圧力をかけてきたからだ。

ナチス政権が大気汚染に対してどのような影響を及ぼしたのかという問題についても、同様の議論が可能だ。治水事業と同じく、重大な転換点は、一般国民の間に反対運動が大きくなって、次第に関係当局を動かすようになっていった戦後に起きている。[17]一九三三年以降、大気汚染は悪化したが、これは経済発展による不可避の副産物だった。世界恐慌の一九三二～三三年冬の最悪時、工業生産による大気汚染もまた最小にとどまった。一九三〇年代の大気汚染をその前の十年間とさらに比較検討すると、この点では大きな違いは報告されていない。戦時中の見解に「工業地域の中心部では一世代前と比べて大気の状態は特に改善は見られない」とあり、前の時代からの連続性が高いということがわかる。[18]担当局は大気汚染被害を適度に抑えるように努めていたが、戦時経済が汚染問題に更なる負荷をかけていたのは確かだ。一九三四年、ナチスは軍需工場に対して特別秘密免許手続きを導入し、政令によって一般市民の事業と同様に徹底的に事業計画を役人がチェックして、「労働者、近隣住民、一般国民に対する不利益」が発生しないように方策を講じた。[19]しかし、これは法理論上の話で、実務上は軍需工場に対して強権的に干渉する機会は、特に戦時中は強制力に欠けることとなった。一九四〇年春、ドイツ国内に三カ所しかない施設で、戦争に不可欠だったにもかかわらず、鋳物工場に対してライプチヒのナチス党直轄組織（NSDAP-Kreisleitung）が異議を申し立てたという事例がある。これは煤と汚臭が全く耐えられないものだったからに違いない。[20]

ナチス時代の自然保護活動ブームという視点も入れて、これが果たして環境上の収支バランスに大きな影響を与えたのかどうかを問う必要がある。これまで見てきたように、帝国自然保護法成立後、自然保護区の数は際立って増加した。一九四〇年までに、ハンス・クローゼは保護地区の数を八〇〇カ所と報告していた。[21]

残念なことに帝国自然保護局は戦時中の自然保護区の明細を紛失してしまい、保護区の面積など正確な数字が不明になっているが、国家労働奉仕団の事業で影響を受けた土地の割合がごく少ないということは、問題なく想定できる。保護区の増加はパーセンテージで言えばたしかに人目を引くが、保護に値する地域面積と比較すると、貧弱な数字に過ぎなかった。一九六〇年、ある記事によると、シュレスヴィヒ・ホルシュタイン州の北部地域のヒース（荒野）のわずか〇・一三パーセントと、〇・二パーセントの湿原地が自然保護区としての指定を受けていたという。[22] さらに言えば、自然保護区の指定と言っても、戦争も末期に近づいていた混乱状況の中では、その内容は貧相なものだった。石炭供給が次第に不安定になってくると、木材の利用に頼らざるを得ず、地域の森からの樹木の強奪も横行するようになった。これは自然保護区も例外とはならなかったのである。「ほとんどの場合、戦中戦後の数年が自然保護区に傷跡を残した」と、一九四九年のノルトライン・ヴェストファーレン州教育省の政令に見える。[23] ナチスの森林拡大政策も同様に残念な結果となった。その目標は、一九三三年に一〇〇〇ヘクタールだった森林をさらに九六万ヘクタール増加させるというものだった。しかし、森林監督官の大きな誤算で、この野心的な目標値は一九三三年と一九四五年の間に年間平均で一四八〇ヘクタールの増加にとどまった。[24] そのうえ、再軍備と経済自立政策のために、ナチスが組織的に行った保護区内の森林の過剰利用を入れると、収支のバランスはなお一層マイナスに傾く。これによってドイツの森は樹木の数を激減させている。推計によれば、一九三六年から一九四五年の間にドイツの森から保護林が一四パーセント減少したという。連邦共和国（旧西ドイツ）の領土内では一九三六年から一九五〇年の間に二七パーセントもの減少だった。[25] 樹木はまだ生えてはいたが、数は減り、無残な姿を見せていることが多く、元通りに成長するまでには、何十年とは言わないまでも、多くの場合何年もかかったのだった。

しかし、ナチス時代の統制のかかった自然保護主義者のものの見方はここで乗り越えていくことにしよう。これまで述べてきたように、保護区の明細目録を編集したり、自然遺産を登録したりすることが自然保護活動の中心であるといったような、行政的なものの見方を、この時代の自然保護主義者たちはあまりにもひたむきに貫いていた。そのため、自然保護上のその地域の価値は、行政上の重要性とは別物であるという単純な考え方を次第に見失っていったのである。さらに、ドイツ自然保護の伝統的な見方をすると、思いがけない場所にある自然の宝はつい無視してしまうという結果になったようだ。たとえば、戦間期にはミュンスターの北側の郊外にあった下水処理場は、繰り返し問題の多い場所として記録に残されていた。[26] 自然保護の観点から、その地も実は大きな可能性を秘めているということを認識するには、世代の違う自然保護主義者が見直さなければならなかったのである。この一帯では湿地がどんどん少なくなり、自然物でないものには見向きもしなかった多くの野鳥が下水処理場に集まるようになっていた。この地に原子力発電所を建設する計画が持ち上がったとき、一九七〇年代のこの人工的な環境を守るために自然保護主義者たちは集結した。計画は最終的に中止され、この地域は今日も鳥類愛好家たちをひきつけてやまない。[27] この種の話によって、ナチス時代の総じてマイナスだった環境上の収支バランスが、プラス・マイナス・ゼロかさらにはプラスに転じるといったことは起きないのだ。それはたしかだが、ナチス時代の自然環境が受けた被害を記憶に基づいて断罪する自然保護主義者に対しては、十分に疑ってかかるべきだというリマインダーとしての役割は果たしている。[28]

結論として、ナチス時代の環境に関する収支バランスを査定することは驚くほど困難のように思われる。それ自体がすでに興味深い発見だと言ってよい。結局のところ、戦時の全体主義政権以上に、自分たちの好みどおりの環境を形作ることのできる政権はない。ナチス政権はそのほとんど半分の存続期間が戦争だったのだ。たとえば共産党中国の環境に関する記録は非常に貧相で、ジュディス・シャピロは「毛沢東の自然に対する戦争」と書いているが、「ヒトラーの自然に対する戦争」について記述した歴史家は今までのところ誰もいない。[29] スターリンが一九五一年八月二十九日に発したのと同様の政令に、ヒトラーが署名するといったことは到底彼らしくないだろう。この日が「ソヴィエトの歴史上自然保護にとって最も暗い日の一つ」とダグラス・ウィーナーが呼んだのは故あってのことだ。この命令で最高自然保護区（zapovedniki）の制度はそれまでの十分の一に削減された。[30] これに対して全体主義政権ナチスが環境に与えた影響は明らかに穏健なものだった。組織的な環境政策の結果でなかったことは確かで、ナチス政権内の首尾一貫しない、しばしば論争も起きるような政策の在り方によるものと言ったほうが正しいだろう。ナチス時代、自然保護の要請を無視したり、権力で押さえつけたり、また、自然保護団体等が懸念を持っているにもかかわらず事業を遂行するということは可能だった。エムス川やヴータッハ峡谷をめぐる紛争はその好例を示している。しかし、自然保護が主義として見当はずれだという議論にはならなかった。もちろん、それは貧弱な成果ではあった。現実に何を意味しえたのかということはエムス川の流域調整の際に明らかになった。そこでは、自然保護という大義名分を誇張した言葉で掲げた公約と、農業と雇用に益するために風光明媚な河川を事実上破壊するという現実とが、手に手を取って進行したのだった。経済的自給自足のために、ヒトラーは未利用地の耕作を声を大にして求めた。しかし、共産主義イデオロギーにおける「征服」とか「自然への支配」と同様の概念をナチスのレトリックの中に見出すことはできない。[31] ベルリンを大ドイツの首都として設計しなおすというヒトラーの壮大な計画を、残虐行為の数々の中に跡付けることは可能だ。しかし他方で、ドイツの環境を大きく変貌させるための同様な青写真はなかった。もちろん、東ヨーロッパの環境を大きく変える東部総合計画はあった。しかし、思い出しておかなければならないのは、自然保護の専門家が計画策定過程に加わっていたとしても、東部総合計画の主目的は今日的意味で言うところの、エコロジカル、環境を損なわないという意味ではなかった。目的は東欧地域のドイツ化であり、食糧生産目的の植民地に変えることだったからだ。要するに、自然保護運動にナチスが正式に参入してくるということは、環境への壊滅的な被害をわずか一歩手前で食い止めたというだけだったかもしれないが、それでも多少はプラスの効果があったのではないか。ナチスの時代は環境という視点から見ても、たしかに変化の時代ではあったが、決定的な転換点だったわけではない。

オーバーザルツベルクの顛末

多様な視点から眺めることはさらに重要である。環境史家がナチス時代以後の発展を繰り返し強調しているからだ。戦後の経済急成長とその環境への影響である。クリスチャン・プフィスターやアルネ・アンデルセンのような歴史家は一九五〇年代が自然環境史上で決定的な分水嶺を成したと論じている[32]。安価な化石燃料の供給が増加した結果、生じた相対費用の減少に後押しされて、エネルギー消費量は急速に増加した。続いて、一九五〇年代には何かと論争になるドイツのモータリゼーションによって、道路交通は急激な増加を見た[33]。自動車使用の増加とともに、都市居住者はこぞって郊外に住宅を求めるようになり、戦後の環境史上に郊外化という重要なトレンドを残した。農業分野では、二十世紀が進むにつれて、伝統的な農業から、産業化した農業へとゆっくりと転換し、農業技術の急速な変貌は一九六〇年代にその頂点を迎えた[34]。結論として、大量消費時代の環境が受けた被害はナチス時代よりも大きかったと言ってよいのではないだろうか。

しかし、ナチス時代をその後の時代ではなく、その前の時代、一九二〇年代と比較したらどうなるだろうか。この問題は本章の他の問題よりも答えるのが一層難しい。ドイツの歴史の中でもワイマール共和国時代ほど、環境面から見えるイメージが混乱と誤解を与える時代はほかにない。あいまいさにあふれているからだ。自然保護法を成立させた州もあったのに、プロイセン自然保護法は敗北を喫した。無機化合物を含んだ肥料の使用とトラクターの導入により農業は相当大きな変化を遂げた。だが、それも農業の産業化への初めの数歩に過ぎなかったことは、後になってわかったことだ。一九二〇年代の終わりごろには消費社会の萌芽が見えてきた。だが、こうした兆しも間もなく訪れる大恐慌によって踏みにじられる。自動車が都市環境と人々の居住パターンに変化をもたらし始めるが、アメリカ合衆国に比べると、自動車の利用はまだかなり遅れていた。第一次世界大戦中の石炭不足を受けて、燃費を向上させることに、熱心な努力が続けられた。しかし、一九二〇年代の中盤に石炭の供給過多が起こると、それも意味を失ってしまった。一九二〇年代を環境史的視点から独特な時代であると呼ぶことが、そもそも可能だとすれば、両面性の時代であったのは明らかだ。

例外はいくつかあるものの、ナチス時代の環境への影響はドイツの集合的記憶の中には見つけられない。実際、ナチス時代の環境問題よりも、戦後すぐの時代の差し迫った他の問題のほうが、特に加害者が占領側である場合、今日でもはるかにはっきりと記憶されているように思われる。連合国側によって行われ、当時「フレンチ・カット」（Franzosenhiebe）という言葉を作り出して非難の矛先が向けられた森林の伐採について、ドイツ南西部の人々はいまだに生々しい記憶として思い返すことができる。これとは対照的に、ナチス時代に森林資源が過剰に利用されたことは、ほとんど忘却の彼方に追いやられてしまっている。[35] また、ドイツで加鉛ガソリンの使用を認めたのがナチス政権だったことをいまだに記憶している者はほとんどいない。テトラエチル鉛は燃料添加剤として一九二三年にアメリカ合衆国で導入されたが、ドイツでは科学者も政府担当者もこの傾向に注視はしていたが、非常に懐疑的だった。一九二八年、ドイツ運輸省は一片の皮肉も交えないで、「合衆国で現在進行中の大規模実験」という表現で、有害な効果を入念に監視する必要があると、大西洋の反対側から強調していた。[36] 貿易関係への考慮から公式の禁止には踏み切らなかったが、テトラエチル鉛はワイマール時代のドイツでは使用に至らなかった。ドイツのガソリンはアンチノック性のベンゼンを多く含んでいるため、アンチノック性燃料添加剤の必要性は合衆国内よりも低かった。一九三〇年代にはIGファルベン・インドゥストリーがテトラエチル鉛の生産工場を二カ所建設したが、航空機産業に使用されただけであった。オーストリアの低品質ガソリンに効果的な燃料添加剤が必要となってはじめて一九三九年にドイツの自動車にはテトラエチル鉛の使用が認められたのだった。[37] ドイツの都市部再建に併って消滅してしまったことを残念だと思う者はいないだろうが、戦時中に破壊された町で生長した「瓦礫の山の植生」（Trümmervegetation）のことを記憶している生物学者はいるかもしれない。[38]

ナチスの景観に及ぼした影響について、一般から大きな注目が集まるようになったのは近年のことだ。一九九二年、ブランデンブルクの森林保護区の大気調査が行われたとき、ベルリンからおよそ九六キロ北へ行ったところのツェルニコウの松林の中で、変色したカラマツが鍵十字の形になっている部分のあることが発見された。これにはドイツ人の多くが仰天した。一九三八年、無名の森林監督官が直径ほぼ六〇メートルもあるナチスの鍵十字を植林していたのだ。その形は上空から、しかもカラマツの木の針葉が茶色に変わる秋と冬の間だけしか見ることはできない。ナチス政権の敗北も、共産主義支配の四十年をも生き抜いたのだ。一〇〇本のカラマツのほとんどは一九九五年と二〇〇〇年に伐採され、鍵十字の跡は、名もない狂信者がした、好奇心はそそるけれど、結局意味のないものと多くの人の目には映った。[39] しかし、ナチスが残したドイツの景観への影響を論じるならば、チェーンソーやほんの数時間の仕事の話だけでは済まない。バイエルンの町、ベルヒテスガーデンの住民にとってこの問題があまりに身近な問題なのは、自分たちの町の中にまさに歴史的地雷原を抱えているからだ。それはオーバーザルツベルクのヒトラーが愛した山荘である。

　ヒトラーが初めてオーバーザルツベルクにやってきたのは一九二三年の春のことだった。国家社会主義の同胞でヒトラーが頭角を現したときの重要人物、ディートリヒ・エッカートを秘密裡に訪問する目的だった。このとき、エッカートは裁判所の命令から逃れるためにオーバーザルツベルクに潜伏していた。ヒトラーはすぐさまこの場所が気に入り、その後は定期的に訪れるようになった。一九二三年のクーデターで投獄された後、釈放されると、ヒトラーは『我が闘争』の第二巻を口述するためにベルヒテスガーデンに引きこもった。一九二〇年代の終わりごろ、ヒトラーはオーバーザルツベルクに家を借り、後にそれを買い取り、増築して堂々とした邸宅にした。これがいわゆるベルクホーフで、ヒトラーが所在の場合は事実上の政庁所在地として機能した。ヒトラーにとってオーバーザルツベルクは政府の官僚組織からくる様々な雑事から一時逃れる保養地であり、自分のボヘミア的な生活を間断なくかき乱してくる尊大な官僚たちのいない場所だった。ヒトラーの邸宅に加えて、総統の生活を快適に、また安全にするために数々の建物が建てられたが、地域住民は立ち退きを余儀なくされ、適切な補償もないことが多かった。ヘルマン・ゲーリングやアルベルト・シュペーア、マルティン・ボルマンも総統の近隣に私邸を構えた。マルティン・ボルマンはオーバーザルツベルクの建設事業の背後で強力な推進力を発揮したが、その熱情は間もなく度を越したものとなる。ボルマンは熟練の農業者としてオーバーザルツベルクに農場を開き、将来予想される東ヨーロッパの植民地化のモデルとしようとした。しかし、事業は目も当てられないほどの失敗に終わり、厳しい環境条件のために農場は巨額の負債を抱えてしまった。最も費用のかかった事業はオーバーザルツベルクよりさらに上方、ケールシュタイン山に建設された、標高一八六〇メートルにある山小屋だった。一九三九年四月二十日、ヒトラー五十歳の誕生日に、ボルマンがナチス党からの贈り物としようと考えた、豪華な建物だった。結果はナチスの浪費を象徴するだけだった。高所で起きるめまいのために、ヒトラーはめったにケールシュタインを訪れることもなく、連合国からは疑いの目が向けられたが、建物は軍事目的に使用されることもなかった[40]。主要な政治的動きはオーバーザルツベルクで行われた。たとえば、一九三八年二月、オーストリア首相クルト・シュシュニックはベルクホーフの邸宅を訪れたが、自国の併合を阻止できないで終わった。半年後、英国首相ネヴィル・チェンバレンがヒトラーのこの山荘を訪問し、一九三八年九月のミュンヘン会談にこぎつけた。後に不幸をもたらすチェンバレンの宥和政策である。ヒトラーがドイツ国防軍にポーランド侵攻を指示する原稿を書いたのも、オーバーザルツベルクだった。一九四四年六月六日、連合国軍がノルマンディーに上陸していたときも、ヒトラーはオーバーザルツベルクに泊まっていた。ヒトラーが最後にベルクホーフを離れたのは一九四四年七月十四日だった[41]。

一九四五年四月二十五日、空襲はオーバーザルツベルクのナチス施設を破壊し、ヒトラーのベルクホーフの焼け残っていた部分も一九五二年には完全につぶされた。アメリカ軍はオーバーザルツベルクの跡地にホテル「ジェネラル・ウォーカー」を開業し、ボルマンの農場はゴルフコースに改修された。兵士にレクリエーションを提供するのが主要な目的だったとはいえ、オーバーザルツベルクにアメリカ人が入っているということは、ドイツ政府にとってみれば格好の口実がで

図6－2　1940年夏、オーバーザルツベルクにて散歩中のアドルフ・ヒトラーとマルティン・ボルマン。景観美にあふれる山の大改造の影の立役者、ボルマンはヒトラーのベルクホーフにほど近い場所に私邸を構えていた。写真はウルシュタイン・ビルト社より。

き、この地の文化遺産と関わらないですんだ。しかし実際のところ、アメリカ軍はこの地の悪霊祓いという点ではほとんど何も貢献していない。それどころか、ボルマンがヒトラーのために作ったケールシュタインハウスを「イーグルズ・ネスト」と名付け直したのだが、鷲が伝統的に帝国の力の象徴であったという事実からすると、問題含みの名称である。一九九五年にアメリカ軍がオーバーザルツベルクからの撤退を表明すると、この場所の歴史に正面から向き合うことが極めて重大な問題になった。そして、バイエルン州政府はこの地が非常に扱いにくいことに今さら気づくことになった。軍用地を民間の使用に単純に転換するというのは全く不可能だったのである。ミュンヘンにある著名な現代史研究所に、この場所の歴史とナチスの統治全般に関する資料館の設立が依頼された。オーバーザルツベルク資料展示館は一九九九年十月にオープンすると、初年度だけでおよそ一一万人の入館者を集め、ナチスドイツの歴史への一般大衆の関心がいまだに高いことを見せつけるものとなった。しかし、過去の亡霊はこの地をいまだにうろついている。国際的なホテルグループが二〇〇五年にオーバーザルツベルクに山のリゾートをオープンすると、ドイツ史上最も大きく広告宣伝をしたホテル開業の一つとなり、言うまでもなく大きな物議をかもすものでもあった。ロンドンのテレグラフ紙からシンガポールのザ・ニュー・ストレーツ・タイムズ紙まで、五〇〇〇件以上の記事が発表されて、この事業にコメントを寄せた。この件をさらに印象付けたのは、インターコンチネンタル社がこのホテルの繊細さと入念な努力を高く評価したことだ。ホテルのデザインにはナチスの記念碑建築様式や民族主義的な壮麗さを思わせるものは一切排除し、従業員には二日間の訓練コースを受けることを義務付け、顧客の質問に上品に、かつ適切に答えられるように訓練させた。雇用契約には、ネオナチの活動に参加した従業員の即時解雇が盛り込まれ、ハウスルールとして宿泊客に対しても同様の権利が行使できるとした。しかし、これだけ考え尽くされた準備によってもなお開業への疑念を払拭することはできなかった。あからさまな非難を浴びせられるようなことはなかったが、オーバーザルツベルクが居心地の良いホテルを建てるのに本当に適地なのかと疑問に思う者が多かった。[42]

結局のところ、景観マネージメント研究所の所長、フライブルク大学のヴェルナー・コノルドが近頃の記事で指摘しているように、ある特定の地域は物理的な空間というだけではなく、神話や伝説の所在する場所だということなのだ[43]。ヒトラーはこのことをすでによく感じ取っており、オーバーザルツベルクについてはお気に入りの物語があった。ベルクホーフ邸宅の中心にある窓からはドイツとオーストリアの国境をなす山、ウンテルスベルクの全景を眺めることができた。したがって、この山はヒトラーが一九三八年の併合で成し遂げた両国の統一を象徴していたし、また、戦時中に行った演説の中で、ヒトラーはこの風景に言及し、オーストリアの郷土に対する自らの憧れの気持ちを表明している。しかし、実はもう一つさらに厄介な物語があった。この土地の伝説で、ウンテルスベルクはシャルルマーニュ（フランク王国カール大帝）が眠っている場所で、その勇敢な軍隊と共に目覚めの時を待っているというものだ。時至ればウンテルスベルクから現れ出でて、ゲルマンの国家を再統一するという。第一次世界大戦敗北後に熟してきた、ゲルマンの覚醒にまつわるファンタジーで、その物語が戦間期にどんな連想を喚起したかは決して想像に難くないのみか、ヒトラーがこの話を好んだことにも疑問の余地はない。ウンテルスベルク山の前に暮らしながら、シャルルマーニュの神話的使命を全うすることをヒトラーは自分自身の目標として見ていたのだ[44]。

しかし、この土地にはさらにもう一つの神話が存在した。もしヒトラーがポーチに立って左のほうに目をやれば、ウンテルスベルクよりもさらに堂々とした山並み、ヴァッツマンを見ることになる。ヴァッツマンの神話は巨人たちの時代に起きた。農民や牧夫たちの残忍な敵、ヴァッツマン王があるとき家族を連れて狩りに出かける。獲物を追いかけているうちに、王がたどり着いたのは、自分たちの家畜を穏やかに眺めているある家族の前だった。王の犬たちはこの家族と動物たちに襲いかかり、殺してしまう。その間、王はこの残虐な出来事を猛々しく喜んで眺めている。しかしそのとき、雷が鳴って、血に飢えた犬たちはヴァッツマン王のほうに向きを変えて、今度は王とその家族を切り裂く。彼らの死骸は石になり、今日のヴァッツマンの山並みになったという[45]。この話は明らかに、貴族と農民の間に絶え間なく続いてきた、前近代の狩猟権限を巡る争いを映し出している。しかし、もっと今日的な解釈も可能だ。物語は独裁国家に対する明瞭な告発状を意味しており、独裁者は最後には公正な復讐に遭うという確かな保証がここには語られているのである。ベルヒテスガーデンの市民はこの話をもっと広く語ってもいいのではないだろうか。

第7章　継続と沈黙と――一九四五年以降の自然保護と環境政策

立ち上がるクローゼ

「不確かさ」というのが一九四五年夏のドイツ一般民衆を最も大きく支配していた感情だった。もちろん戦争を生き抜いたことをうれしく思ってもいたのだが、差し迫った日々の暮らしに心から喜ぶことは難しかった。六年間の戦争はいたるところに爪痕を残し、生活は常に困難な状態にあり、時として破滅寸前だった。都市の住人は事実ひどい打撃を受けていた。戦争で都市の住宅は半数以上が破壊され、生き延びた人々もほとんどが飢餓状態にあった。食料の供給はあっても不十分で、一九四五年夏には平均的な都市居住者がミュンヘンでは一日当たりわずか一三〇〇カロリーを摂取できていたに過ぎない。その他、シュトゥットガルトで一〇〇〇カロリー、ルール地方では七〇〇から八〇〇カロリーだった。[1] こうした暗澹たる状況は政治権力が失われたことでさらに悪化した。一九四五年五月八日、ナチス政権は無条件降伏し、国民の不安を代弁してくれる国家の権威というものは、制度上にも精神上にも、もうどこにもなかった。代わって、連合国軍の兵士たちがドイツ国内のいたるところに立っていた。自分たちは世界がこれまで体験したことのない戦争に勝利したのだと、この兵士たちが思い込んでいることを市民は誰しも知っていた。それゆえに、政治に関心を示したドイツ人が一九四五年の時点でほとんどいなかったというのも、驚くにはあたらないだろう。第一次世界大戦でのドイツの敗北が政治的過激化に進んだのとは異なり、イデオロギーのにおいのするものはどんなものに対しても、ドイツ人の大半はもう辟易としていた。未来に目を転じることがあったとしても、その目はごく臆病なままだった。国家の命運がこれまでの敵の手の内にある今、戦勝国はドイツをどうするつもりなのか。しかし、今何をすべきなのかを知っているドイツ人が、少なくとも一人いたのだ。一九四五年六月、ハンス・クローゼは自然保護団体の仲間たちに、戦争への召集にも劣らない回覧状を送った。「自然保護主義者たちよ、戦地へ出よ」と号令の声をあげたのである。戦争が終結した今、自然保護の活動が出合うべき難問の数々を見渡したのち、クローゼは「自然保護活動を最大出力で起動しよう」と呼びかけた。また、決然と職務を全うすることができないと感じている自然保護受託人たちに対しては辞職するように勧めた。「我々の愛する『郷土』の自然のために進んで熱狂的に戦ってきた仲間たちが、今や非ナチ化による処分を恐れている。我々にできるのは仲間たちを可能な限り寛大に取り扱うのみだ」。クローゼにとって、このときこそ、自然保護主義者の集団が力を発揮するときだったのだ。「挑戦すればできるということは時が示してくれる」とクローゼは言う。[2]

クローゼの帝国自然保護局のひどい状況を見れば、新たな戦いへのこの熱烈な呼びかけがいかに驚くべきものであったのかわかるはずだ。ベルリンからハンブルクの南方三二キロのエーゲストルフの町へ敗走した際、局としては行政的な成果の大半を失った。地図のすべては散逸し、役所の図書のわずか五パーセントがリューネブルガー・ハイデに移転できただけであった。とりわけ重大な損失は自然保護区のリストを紛失したことだった。ナチスが特別に国家主義的な調子で「帝国自然保護台帳」(Reichsnaturschutzbuch)と呼んだ書類である。[3]同じく重要なのが自然保護主義者たちのネットワークで、これは戦時中にひどい被害を受け、局の大半のエネルギーが自然保護受託人たちと連絡を取ることと、死亡したり行方不明となったりしていた担当者の代わりを見つけることに注がれていた。クローゼは短期間の間に大きなネットワークの中心人物になることに成功したが、返ってくる反応はクローゼの熱のこもった要求からは著しく次元の異なるものであることが多かった。たとえば、北部の町シュターデのある自然保護受託人からの報告によると、自分は「まずまずの健康体に戻った」とあり、その二日前に「入院中の兵士たちのためにカラー写真を見せた」という。[4]

自然保護受託人が生存しているところでも、自然保護ネットワークにメンバーとして残っていること自体、連合軍の非ナチ化の脅威にさらされていた。非ナチ化政策の目標はナチス党のすべての役人や党員を振るい出して、その後非ナチ化特別委員会（Spruchkammer）の裁定を受けさせるというものだ。その後の処罰には禁固処分から財産の没収、選挙権の剥奪まであった。非ナチ化政策は期待していた目標にまで到達することができなかったというのが、歴史家の大方の見方のようだ。軽い罪で有罪になった党員に焦点を当てた判決が圧倒的に多く、断罪すべき党員の多くは判決を免れるか、より軽い刑で済むことになった。[5]にもかかわらず、非ナチ化の過程は自然保護受託人たちが以前の仕事を再開する前に、必ず通過しなければならない大きなハードルだった。そして、自分たちの活動を禁じなかったナチス党に所属していたことの、論理的根拠を懸命に探したのだった。「フルタイムの仕事を解雇されるか、または告発されるかした者は自然保護受託人としての役職を解かれる必要があるだろう」とハンス・クローゼは一九四五年八月の回覧状で述べている。しかし、クローゼの理由づけは次の発言で、明らかになる。「我々はわずかな人々の辞任を認めるのみである。なぜなら、我々自然保護主義者は、いくつかの例外を除いて、政治活動には参加しなかったからだ」。[6]それに続く数カ月の間、クローゼは一度もナチス党に参加しなかった自身の立場を利用して、自然保護受託人たちが非ナチ化委員会に審問されても希望どおりの判決が勝ち取れるように、報告書や宣誓供述書を書いた。[7]難しいケースでも、この人物はナチス政権には内面では距離を取っていたのだと、仲間の誰かが証明してくれることもあった。評判の良くなかったケースだが、カール・オーバーキルヒはハンス・シュヴエンケルに有利な報告書を書いている。[8]シュヴェンケルが政治には無関心の人物で、一九四三年五月にヒトラーと面会した折、ヒトラーのことを批判的に語っていたというのだ。シュヴェンケルは自身の著作の中でこのごまかしの部分を、後日こっそり修正加筆している。一九五〇年に『自然保護手帳』を再出版するにあたって、一九四一年の版ではヘルマン・リョンスを引用してゲルマン的な自然への愛を讃えた個所を、ゲーテからの気持ちの良い引用で置き換えた。[9]ハンス・シュヴェンケルの記念論文が一九五六年に編まれたとき、彼の全著作リストが付けられたのだが、一九三八年の反ユダヤ主義の論文は編集者の目からなぜか漏れている。[10]

すでにナチスの時代に政治的理由で解雇されていた自然保護受託人たちの場合、非ナチ化は一層困難なものとなった。この種のケースは少数だったが、厄介なものだった。ヘルマン・ライヒリングがミュンスター自然史博物館館長と地域の自然保護受託人のポストからの辞任を余儀なくされた、ウェストファリアのケースがそれにあたる。[11]このケースはとりわけ扱いにくかった。というのも、ライヒリングに対する策謀には何人もの自然保護主義者が関わっていたからである。その一人ヴィルヘルム・リーネンケンパーは「この種の地域自然保護受託人に協力すること」には気が進まないと一九三五年に発言していた。[12]したがって、一九四七年、ハンス・クローゼがリーネンケンパーをザウアーラント地区の自然保護受託人に再指名しようと強く推したとき、自然保護活動の運営は厄介な状況に直面したのだった。[13]クローゼの助言を無視することはどう見ても賢明ではなかったし、リーネンケンパーも情熱的な自然保護主義者であることは間違いなかった。だが、同時にナチス政権下で辛酸を舐めた人物の感情を傷つけたいと思う者もまた、いなかったのである。しかし、ライヒリングはリーネンケンパーと語り合うために、プライベートな会合を提案して、こうした過去の成り行きを超えて行動するつもりがあることを明らかにした。ノース・ライン・ウェストファリア州の自然保護最高幹部、ヨーゼフ・ブスレイが調整して、交換条件で問題は解決した。[14]「男同士の話し合い」が最も困難な問題を解決するという男性的な特性が加わった自然保護主義者たちのコミュニティ・スピリットは、過去の傷よりも強力だったということは確かに言える。

帝国自然保護局の運命

ライヒリングのこういった行動には、ナチス時代が終わった後の自然保護主義者の間で支配的になっていた感情が投影されていた。ドイツ社会のどの部分をとっても同様だ。すなわち、「過去について語り過ぎてはならない」というものだ。驚くべきことに、戦後の政令が多くの場合「今、ここ」に主眼を置くもので、ナチス体験については慎み深く沈黙していたのである[15]。それでもなお、希望とは裏腹に、過去は自然保護主義者たちの前にしばしば立ちはだかった。最も大きな問題は一九三五年の帝国自然保護法を中心とするものだった。終戦直後の数カ月間、この法律の効力の継続を保証することが、何にもまして重要だった。帝国自然保護法はナチスのレトリックを大きく欠いているので、連合軍側の前向きな評価を受けられる可能性はあったし、ヨーゼフ・ブスレイも一九四五年十月にはすでに「帝国自然保護法が無効になるということを恐れる理由はない」と述べていた[16]。それにもかかわらず、張りつめた空気が自然保護主義者たちの間に広がっていた。この一点にあまりにも多くのものが懸っていたからだ。連合国側の決定が一つの優れた法律の運命を左右するというだけではなかった。もしも否定的な決定が下されてしまえば、自然保護主義者全体にナチスとの過去の関係を問う一層徹底的な調査が始まるだろう。こういうわけで、一州、また一州と、連合国軍が自然保護法への嫌疑を晴らしたとの報告があるたび、自然保護主義者たちは安堵と感謝の念に溢れたのだった。

一九四六年四月、クローゼは回覧文書の一つで、この法律のための戦いが勝利に終わったことを宣言した[17]。帝国自然保護法の効力を争い続ける者もいたが、通常個人的な利益を巡るもので、大衆の関心を集めるには至らなかった[18]。

帝国自然保護法のための戦いは守勢で行われたのに対して、ナチスの遺産に関する第二の戦いは熱狂的とはいかないまでも、より攻撃的だった。省庁間の管轄権問題である。戦争終結直後から、自然保護に関する問題の管轄権限を州の教育省に戻すよう、多くの自然保護主義者たちは積極的に働きかけた。そうなればドイツの多くの州で様々な業務が一九三五年以前の状態に戻る[19]。この要求からはっきりと映し出されるのは、帝国森林局内で自然保護が周縁的役割しか果たしていなかった事実である。これが実は、目を背けたい過去を扱う中で現れてきた絶好の機会であることがわからなければ、この議論がなぜこんなにも熱いのか、決して理解することはできないのだ。結局、権限の委譲はヘルマン・ゲーリングの個人的な利益関心の結果に過ぎず、したがって、このテーマはナチスの指導者の恣意的な決定が生み出した無力な犠牲者として自然保護を説明する、またとない機会だったのである。一九四六年カール・オーバーキルヒが「暴力行為」という表現を用いたのは、いかにも彼らしい。[20] 運動は二重の成果を挙げた。多くの州で、教育省が自然保護の担当省となった。また議論を重ねることで、自然保護関係の団体などがナチスと十年にもわたって友好関係を結んできたことに対する不快感を払拭する働きもあった。

最も困難な戦いは帝国自然保護局に関係するもので、その継続を確保するのに七年かかった。厳密に言えば、ドイツ敗戦後、ドイツ帝国はもはや存在しないのだから、帝国自然保護局とは時代錯誤ということになる。連合国側も国家レベルの制度はすべて解消させ、代わりに地方、地域、州レベルに新しい権限の創設を支援した。実際、クローゼもラインラントに一九四五年秋にポストを得ることもできたのだが、エーゲストルフに留まって、局の存続のための運動をすることを選択したのだった。[21] 常に敏腕の主任として、クローゼはハノーファーの地方政府からの資金確保に成功し、帝国自然保護局はハノーファーの地方自然保護受託人としての機能も同時に果たすようになった。ちなみにこの地は間もなく西ドイツのニーダーザクセン州に移ることになる。[22] こののち、局は多忙を極めることとなり、困難な交通事情もあって、ドイツ全土に散らばった自然保護主義者の仲間たちと頻繁に連絡を取り合うことは難しくなったが、クローゼは少なくとも西ドイツ側では自然保護活動の枢要な地位を何とか維持することに成功した。一九四八年十月、ドイツ自然保護受託人たちの第二回大会はクローゼの局の支援を得て、決議を採択した。[23] ニーダーザクセン州からの資金が同年の早い時期に終了していたので、一層事態は差し迫っていたのである。一九四八年四月以降、資金を拠出する州が三カ月ごとに次々に変わるという計画だが、非常に神経を使う交渉を、当然何度も積み重ねなければならなかった。局の存続を当面引き延ばすための一時しのぎの方策だったことは、明白であった。[24] こうして、クローゼは、西ドイツ経済協議会（Wirtschaftsrat）が一九四九年四月から彼の局を支援することを決定したとき、ようやくその肩の荷を下ろすことができたのだった。さらにまた、経済協議会の予算がドイツ連邦共和国の予算に組み込まれることが予定されたときには、一層その心労は和らぐこととなる。「フーゴー・

コンヴェンツの残したものは保存されていくだろう」とハンス・クローゼは一九四九年五月の回覧文書の中で歓喜の宣言をしている。[25] 一九五一年、西ドイツ議会の二院のうちの一つ、連邦参議院がクローゼの局を廃止する決定をしたため、クローゼは再びその地位を危うくすることになるが、翌年その決定は破棄される。[26] 一九五三年、エーゲストルフからボンに移されて、名称も「自然保護・景観保存連邦行政局」と改称され、自然保護の最高権限としての地位を得て、今日に至る。[27] 一九九三年以降は連邦自然保護庁という名称となっている。

クローゼの局を巡る紛争が自然保護それ自体とは何の関係もないという点は、胆に銘じておく必要がある。工業やその他の既得権益の側からも、自然保護の活動をことあるごとに弱体化させようといった動きはなかったし、連合国側が何らかの関心を示したとしても、むしろ積極的な傾向だった。たとえば、一九四七年七月、あるイギリス人将校が鳥類保護連盟の再建に助力したい旨を申し出た例がある。「イギリス占領区域内の多数のイギリス人が鳥類保護活動に参加したがっている」ということだった。[28] クローゼの局を巡る闘争で問題となっていたのは州の権利であった。つまり、連邦機関の強い権限が個々の州内の自然保護の管轄権を脅かしていたのである。歴史的にも州権限を頑固に守ってきたバイエルン州では、一九四七年に、バイエルン州の自然保護担当官がクローゼの局と接触することを禁じる政令を出した。「それぞれの地域で事情は全く異なっているのだから、自然保護の問題を中央集権化する差し迫った必要性はない」とバイエルン州内務省は理由を説明した。[29] しかし、ドイツの自然保護活動体が伝統的に国家レベルでの法律制定を優先してきたことに、クローゼは主張の強力な根拠を見出していた。前述したように、一九三五年の帝国自然保護法が尊重されたのは、これが全ドイツに共通のルールを築いた最初の法であったことが理由の一端であった。自然保護主義者たちは現状を維持するために戦い続けていたのである。ドイツ自然保護主義者の多くが統一の規則や規制を維持することそれ自体を善であると考えており、自然保護受託人たちの大会が一九四八年に自然保護の活動の分裂を警告したということも、ごく当然のことだった。[30] しかしながら、全く同じ法的条件をドイツのあらゆるところで維持するという目標は、西ドイツ政府が一九三五年の帝国自然保護法を、一九五四年に「郷土の自然の保全と保護のための法」(Gezetz zur Erhaltung und Pflege der heimatlichen Natur)に切り替える以前に、すでに達成困難であることが判明していた。[31] 一九五一年にはバーデン州で帝国自然保護法への修正条項が成立したのだった。[32]

自然保護の精神とは

こうした様々な対立は、ドイツ自然保護主義者たちをナチスから受け継いできたものに直面させる結果となった。彼らが、ナチス政権との関係に対処するための何らかの理論的根拠を見つけ出そうと、もがいていたことは明らかだった。ドイツ崩壊直後の数カ月、戦争体験とナチスの恐ろしい犯罪とを考慮したうえで、今こそ自然保護のアプローチを再考すべきときだと感じた自然保護主義者もいた。この感情を最も心を打つ資料集積で示したのは、おそらくバイエルンの自然保護主義者エディット・エーバースで、平和と国際理解のために語気強く誓いの言葉を書いた。これがバイエルン自然保護同盟の戦後初の出版物となった。「我々のコミュニティが壊滅的に崩壊したのは、自然に対する我々の関係にどこか良くないところがあったからだ」とエーバースは書いている。そして、汚れのない自然との密接な関係が「集団心理の異常」に対して、解毒剤ともなるのではないかという。[33] しかし、自然保護を発展させて平和と調和を求める推進力にしようというこうした呼びかけは勢いを失い、もっと自己満足的な見方が自然保護者たちの間で支持を獲得していった。自然保護とナチス政権との間には注目すべき関係はなかったのだから、自然保護の精神を再考する必要などないというわけだ。[34] このような見方の中心的な支持者はハンス・クローゼだった。「ドイツの中に政党間の争いを嫌って政治に無関心の部分が、これまであったとすれば、それは自然保護主義者、徒歩旅行者、登山者、そして歴史家が集まったグループ、すなわち郷土コミュニティである」と、一九四六年、クローゼは言明した。[35] ホーエンシュトッフェルンでの戦いが「ただ自然と郷土への愛だけをめぐるものだ」などという主張は全くの嘘なのだと指摘して、クローゼの主張が誤りであることを示すのはたやすいし、クローゼにしてもそのことはわかっていた。「フィンクは前政権を友好的に支持していた」と同年の書簡の中でクローゼは書いている。[36]にもかかわらず、クローゼは前述の主張を第二回の自然保護受託人集会で繰り返し、彼の小論「ドイツ自然保護が歩んできた道」は、ナチス時代の不快な思いを一掃するかのように、政府の政令で引用される正統的な文章となった。[37]このときから、自然保護と国家社会主義の関係を議論する必要はないというのが、支配的な理論となる。この両運動の間に特別な関係が全くなかったからというわけだ。

要するに、復活ということが、戦後の自然保護主義者間の最も大きな流れだったのである。戦争によって不幸にも中断される以前の活動を再開させることは最も重要な目標で、ナチズムとの浮気な関係がたとえあったとしても、それは大して重要でない歴史上の事故だったのだと考えられたのである。しかし、継続してきた活動だったと言っても、正常な活動だったと言っても真実を曲げていることには違いない。長たらしい議論なしに起きた変化だったけれど、自然保護主義者たちの社会はたしかにナチス体験の結果、変化したのである。自然保護主義者たちは自分たちの勢力の範囲内の意思疎通経路をすぐに再構築したが、より広い社会へと手を広げることには、まだごく消極的だった。ナチス時代が、政治的に自由な立場であるという自然保護の伝統からの逸脱だったという点は、よく思い出しておく必要がある。ナチス時代に初めて、自然保護主義者たちは政治運動と緊密に連携した。そしてその運動こそが何千万人もの命を奪った戦争を引き起こし、歴史に例を見ない大量虐殺を企てたのだ。この視点で見れば、なぜナチス時代が自然保護主義者たちにとってトラウマ的な経験だったのか、そしていかに無害に見えようが政治運動に近付くことは賢明でないという結論を、多くの自然保護主義者が引き出してくるのか、明確に見えてくる。一九五〇年代の自然保護主義者たちが、いかに自然保護活動の超党派性に誇りを持っているかは驚くばかりだ。[38]さらに先まで進む者も多かった。自分自身が信頼に足る良き自然保護主義者であることを証明した一握りの人々だけに、小さく組織を絞り込む必要性を強調した。繰り返すが、ハンス・クローゼはこうした道筋を示し、彼の「ドイツ自然保護が歩んできた道」によって、自然保護主義者の集まりを

「長い間、差別のない腐敗しない統一体を形成してきた」、考えを同じくする人々の小さな集団として描き出したのだった。[39] 戦後、自然保護主義者たちはお互いに緊密に協力し合う関係を維持し、強い仲間意識を持っていたが、社会というものをほとんど信用していなかった。自然保護主義者の仲間たちは社会から手痛い目に遭ったことを知っていたのだ。

社会に対する、特に政治に対するこの不信感が官僚組織の権力への接近と深く繋がっていったのだ。ドイツ自然保護運動は政府と密接な結びつきを持つという国家主義の伝統を引き続き持っていて、実際に以前にもまして、政府の強制力の必要性を強調した。規則や規制をより自由主義的に解釈することが戦後の今求められていると考える者が自然保護主義者の中に現れなかったことは驚きである。一九四六年、大みそかの有名な説教の中で、ケルンの枢機卿ヨゼフ・フリンクス(Frings)は、暖かく過ごす方法がそれ以外にないならば、という条件で石炭泥棒に許しを与えた。これによって必要に迫られてする窃盗に対してfringsen(生きるために法を犯す)という身近な単語が生まれたのである。[40] 自然保護主義者たちの反応はこれに正反対の立場だった。誰しも自然保護の目的などには気にも留めない中で、流行に逆らって強硬な態度をとる自然の守り手を、時代は求めていたのだ。一九四五年以降の自然保護規則の不徹底を指摘して、レーンクラブと称する北部バイエルン州と東部ヘッセン州の自然保護連盟は、一九五二年に「有効な条文の厳格な実行」を求めた。[41] ヴィルヘルム・リーネンケンパーは一九四八年の年次報告書の中で、多くの自然保護主義者と担当役人の「気骨のなさ」を嘆いて、「一般市民の間で人気を失うことに対する恐れが広がっている」ことを非難している。[42] リーネンケンパーの見方は極端なのかもしれない。しかし、自然保護主義者たちが市民に人気があることを強みというより問題だと考えるなら、それは自然保護受託人たちがどの程度、政府の支援を頼みに思っているかを映し出していたのだ。

その結果、ナチス政権崩壊以後、政府が変わったという事実に思い及ぶ者は自然保護主義者の中にはほとんどいなかった。自然保護主義者たちにとって重要なのは政府組織の権限だった。この権限の正当性が総統のカリスマ性にあるのか、議会選挙にあるのかは、結局のところ、現実的な価値としては副次的なものに過ぎなかったのである。政府に対する自然保護主義者たちの友好的な態度の中に潜んでいた戦略的な性質は、一九四七年、ハンス・クローゼが私信の中で、帝国自然保護法を個々の州ごとの法律で置き換えるという新しい計画に対して批判した際に明らかとなった。クローゼの攻撃は彼が忌み嫌っていた自然保護活動の「細分化」に向けられただけでなく、意外にも、「その政策表明がこれまでのところあまり説得力を持たない民主主義」にも関連していた[43]。クローゼの考え方ははっきりしていた。自然保護主義の立場からすると、自然保護の目標の実現に力を貸してくれる限りにおいてのみ、民主主義は価値があるというのだ。戦後の時代になって、多くの自然保護主義者が民主主義を容認した。それは民主主義に対する根本的な確信によるのではなく、単にそれが当時の政治制度であったからに過ぎない。基本的に、自然保護主義者が民主主義を擁護したのも、ナチス政権を擁護したのも、同じ理由からだったのだ。自然のために何かをしようと思えば、時の権力に協力せざるを得なかったのである。

自然保護を平和と民主主義に導くものとして描く計画を提出し続ける自然保護家もいたが、そうした試みから人工的な不自然さが消えることはなかった[44]。自然保護主義者がその活動の正当性を訴えようとするとき、最も主要な典拠としたのは「郷土」であり、地域の自然への愛だった[45]。理論上、郷土への感情は一般市民への架け橋ともなった。なぜなら、郷土という考え方は戦後の社会でより広く受け入れられるようになったからだ。むしろ、ナチス時代よりも一層人々の支持を集めるようになっていた[46]。例を挙げれば、一九四七年から一九六〇年の間に製作されたドイツ映画の五本に一本が郷土に対する感情を描いていた[47]。にもかかわらず、自然保護主義者の社会では一般の民衆を潜在的な協力者と考えることは否定したまま、戦後社会の中で「自然に対する敬意の減少」や、ますます大きくなる「人間と自然環境との離反」を繰り返し嘆いていたのだ[48]。たしかに、戦後に環境が受けた被害は大きかったが、自然保護主義者たちは人間と自然の間の離反だけを考えるのではなく、自分たちと周りの社会との離反についても考えたほうがよかったのだ。一九五一年、シュレスヴィヒ・ホルシュタイン州で行われた自然保護受託人たちの大会で、一人の発言者は遠慮もなくこう言い放った。「基本的に現代人は、我々にとって不可解な存在だ[49]」

東西ドイツの振る舞い

歴史家たちがすでに以前から注目しているように、ナチス時代の職業の多くが連邦共和国の中に引き続いて存在し、自然保護主義者たちも例外ではなかった。[50] するとたしかに、一九五〇年代初めの自然保護主義者たちの社会は一九三〇年代後半と驚くほど似ているように見える。振り返って、自然保護主義者たちが何から縁を切ることができたのかを考えると、酔いも醒めるような気分だ。たとえば、ヒトラー親衛隊のメンバーだったギュンター・ニートハマーは、一九四二年にアウシュビッツにおける鳥類の個体数に関する記事を書いて、その中で、アウシュビッツ強制収容所所長のルドルフ・ヘースへの感謝を述べた。それでなおギュンターは、一九五〇年、ボンのアレクサンダー・ケーニヒ動物学研究博物館の館長に、また一九六七年にはドイツ鳥類学学会（Deutsche Ornithologen-Gesellschaft）の会長にまでなることができたのである。[51] ハインリヒ・ヴィープキング－ユルゲンスマンとコンラート・マイヤーの経歴についてはすでに述べた。ハインリヒ・ヒムラーのドイツ民族性強化国家委員会で働いていたにもかかわらず、両者ともにハノーファー大学にポストを得た。[52] この種の人々がドイツ自然保護主義者の次の世代を教育することを許されていたとは、恥ずかしい話だが、ヴィープキング－ユルゲンスマンやマイヤーが民族差別主義や非人道的考えを学生に吹き込んだと決めてかかるのも注意すべきである。一九三七年から一九四一年までヴィープキング－ユルゲンスマンのもとで学んでいたギュンター・グルツィメクは、今日まで民主主義的ランドスケープ計画の陳列棚のようだと賞されている、一九七二年のミュンヘンオリンピックのための公園をデザインしている。[53]

その差は思ったよりも小さかったが、ドイツ民主共和国（GDR、東ドイツ）の状況はドイツ西部とは異なっていた。[54] ナチス時代に迫害を受けた、ゲオルク・ベラ・プニオヴェルとラインハルト・リンクナーの二人のランドスケープ（景観）設計者が東ドイツでは頭角を現してきた。[55]リンクナーは一九三三年以前から共産党に接近していたのに対して、プニオヴェルはワイマール時代社会民主党の党員で、一九三三年以後は「半ユダヤ人」という理由から、フリーランスのランドスケープ設計の仕事もできなくなった。その高度な専門技術だけでなく、政治的な意味からも、彼らが社会主義政権にとって魅力ある存在であることが明らかになったのは、一九五一年、プニオヴェルが西ベルリンのシャーロッテンブルク工科大学からの招聘を辞退して、東ベルリンのフンボルト大学の教授職を引き受けたときのことである。しかしながら、東ドイツはかつてのナチス党員や、ナチスの事業で働いていたランドスケープ技術者も数多く採用した。ヴェルナー・バウフ、ヘルマン・ゲリッツ、ハインリヒ・マイヤー－ユングクラウセン、オットー・リント、ルドルフ・ウンゲヴィッターが、アルヴィン・ザイフェルトの指導の下、アウトバーン建設事業で景観監督者として働いていたが、東ドイツでも仕事を続けていた。ウンゲヴィッターだけは後に東ドイツから逃れている。結局のところ、ナチスドイツでも社会主義の東ドイツでも、ランドスケープ技術者として働くために、理論的枠組みの変更を必要としなかったということだ。どちらの場合であっても、自由奔放な自由主義経済が残した傷跡を元に戻すことが基本方針だったのだ。[56]

西ドイツが「聞くな、言うな」の方針だったのとは対照的に、東ドイツ政府は、主に戦略的な理由からだったが、自然保護関係者たちにナチスとの過去を洗い出すように迫った。社会主義者の視点から見れば、自然保護団体は単にブルジョア社会の生き残りで、ファシズムと関係づけることは彼らの消滅を早める方便だった。[57]国家権力からの圧力を受けて、ザクセン州の郷土保護連盟は一九三三年から一九四一年までの連盟の出版物から少しでもナチス政権の表現方法の色合いのある記事や引用などをすべて拾い出した、包括的なリストを編集した。こうしたことは西ドイツの団体では取り立てて行われることはなかった。[58]また社会主義の指導者たちは、連盟が「郷土の保護（Heimatschutz）」について何か発言する際に、軍事的な含みがあるのではないかという理由でも、連盟への攻撃の手を緩めなかった。この表現の真の意味を証明するために、必死になったザクセン郷土保護連盟はエルンスト・ルドルフの娘に書簡を送って、「愛するお父上が郷土の保護という言葉を選ばれた際に、何を考えておられたのか、短い説明」を求めた。[59] しかし、こうした方法ではザクセンの自然保護主義者たちの間に徹底的な自己分析を実行したことにはならなかった。むしろその反対だった。必要に迫られた場合だけではあったが、連盟は反ファシズム主義であると主張を始め、無実の犠牲者のふりをした。「私たちが何をしたというのか。犯罪者は誰でも自分がなぜ有罪宣告を受けているのか知っている。しかし、私たちは何も知らないのだ」と、一九四八年、連盟理事は不満を述べている。[60] 連盟はその後まもなく解散し、古くからあったその他の自然保護連盟に関しては、鉄のカーテンの向こう側のこととて、最小限の情報しか得られなくなったが、自然保護の伝統の生き残りの中には、なお社会主義者政権下で生き延びている者もあった。[61]

もちろん、西ドイツと比較すれば、東ドイツでの伝統主義の広がりは色あせてみえた。西ドイツでは一九五〇年代の自然保護運動が二十世紀初めと著しく似通っていた。一九五四年にシェーニヒェンがドイツ自然保護運動の歴史について、運動の創始者たちの意図についての議論をさらに深める一巻を著したことは時機を得たものだったと言える。シェーニヒェンは「敬意をもって自然保護の創始者たちの仕事を完遂するために」読者に訴えかけた。他方では、エルンスト・ルドルフとフーゴー・コンヴェンツの後に起きたことは何もかも沈黙に包まれていた。[62] シェーニヒェン自身はかつて自然保護を典型的なナチスの関心であるとして描こうと試みたことをもちろん忘れてはおらず、一九三三年以前の運動の起源を神聖化することは、特に彼にとっては明らかに、ナチス時代のトラウマを脱して自然保護運動の正当性を示そうとする試みだった。同時に明らかになったことは、非常に伝統的な運動は戦後西ドイツ社会の発展過程には全く似つかわしくなかったということだ。その結果、西ドイツ社会が急速に変貌を遂げたのに対して、自然保護運動が行き詰まってしまったのは非常に対照的だった。一九六〇年代初頭になると、一般大衆の間に自然保護への関心が高まってきた。これは数年後には西ドイツにおいて現代的環境運動の台頭を助けることにもなる現象だったのだが、このとき、自然保護主義者の社会はこの変化にほとんど見向きもせず、自分たちの殻の中に閉じこもったままだった。運動の陣頭に立つよりも陰で運営上の仕事をしているほうがいいと考えていたのだ。[63]一般の人々の感情の中に環境問題への強い機運が隠れているということに気がつくのは、もう一世代後の自然保護主義者たちなのだろうか。

しかし、ドイツ国内各地の自然保護運動を変貌させた、ここが分水嶺なのだと、環境主義の高まりを描いたのでは、誤解を招くことになる。結局は、前時代からの継続性のほうが人員的にも、制度的にも、またその思想という意味からも、はるかに強固だったのだ。ナチスの過去との関係を洗い出すとき、特にそう言える。自然保護と国家社会主義とは特別な関係はなかったのだとする通念は、ナチス時代の自然保護主義者たちが舞台を降りた後長い間、自然保護の社会の中に残存した。このような現象と、西ドイツにおける環境主義の特殊な発展との間に強い関連性を想定することは、もっともなことだろう。ドイツ環境主義運動は他の国々に比べて様々な伝統と思想の集合体から発展してきた。政治的には右派も左派も入ってきていた。緑の党にしても、明らかな左派の党として立ち上がったものが、一九七〇年代の終わりに、ヘルベルト・グルールのような保守派が大きく貢献して設立された。[64]環境主義はアメリカ合衆国では政治的には左派と密接に提携するようになったが、ドイツではより無難な話題のままだった。左派とは到底言えない人物が重要な政治的発議を行うということが一度ならずあった。たとえば、一九七〇年代初めの環境主義政権の第一波はドイツ内務大臣ハンス－ディートリヒ・ゲンシャーの主導した動きの結果だった。ゲンシャーは自由経済を支持する党、自由民主党FDPの党員で、この問題を取り上げたのは、社会民主党との連立政権の中で自分の党に独特な輪郭を与えるというのが理由の一つだった。[65]環境問題に関する市民運動は、ドイツではこのときまだ初期の段階だったため、ゲンシャーの主導した動きは一層注目を引く。これに対して、当時のアメリカ大統領リチャード・ニクソンによる環境主義を奉じる動きは、一九七〇年四月二十二日の伝説的なアースデイの式典に最もよく現れた大衆感情に応えるものだったのである。[66]クラウス・テプファーは一九八七年から一九九四年までドイツ環境大臣を務め、一九九八年には国連環境計画の常任理事に転身したが、彼は保守派のキリスト教民主同盟の重要な党員だった。

異なった政治的な考えや理想を撚り合わせて一つの運動に作り上げていこうとすれば、緊張や相当な反論の応酬は避けられないし、内部抗争は過去三十五年のドイツ環境主義の悪しき伝統だったといってもよい。例を挙げると、一九八〇年代の鳥類保護連盟内部の衝突は一九六〇年代のシエラクラブ内部での論争とかなり類似するものだったが、異なる点もあった。シエラクラブのディヴィド・ブラウアーは伝統を重んじる一般会員たちとの長期間にわたった論争の後、一九六九年にクラブを離れたのに対して、ヨッヘン・フラスバルトは鳥類保護連盟青年部の長として、内部反乱グループのリーダーだった。のちには十年以上会長を務め、連盟を大改造した。再統合の後には名称もNABU（ドイツ自然保護同盟 Naturschutzbund Deutschland）と改称し、ドイツ国内の主要な環境擁護団体の一つとなった。[67] しかし、様々なグループの困難な混成は運動の歴史に関する議論を妨げてきたように見える。特にナチスの過去である。議論を繰り返すことでこの運動の知的エネルギーのかなりの部分が消耗するだけでなく、過去に関して議論をすれば、公然と不和を生じさせてしまう危険性があることに、環境主義者たちは気がついたのだ。内部で行われた議論にナチス時代に関する言及が著しく少ないことには驚かされる。知識不足ということも原因の一部だったのだろう。環境主義運動は語る値打ちのある歴史を持たないといった広く普及した印象を助長するのに、「環境革命」という概念が一役買ったのだ。しかしながら、ナチスの問題を取り上げることは「核の選択肢」に触れるのと同等の意味になるからという理由で、環境主義者たちは過去の問題に触れることをあるいは避けたのかもしれない。メンバーの誰かがナチスに同調していたと主張することは、ドイツの政治全体に対する究極の侮辱を意味し、これですべての議論が終了になるからだ。左派の多くは環境主義運動の中の保守主義のメンバーと反目しあってはいたが、ナチズムと同じほどには嫌悪していなかったのだ。同じドイツ人であるということから、続行中の議論にナチズムを引き合いに出すようなことはしなかった。

要するに、たとえ環境主義者たちが自身の歴史の存在を認めるとしても、語り出さないほうが望ましい重荷として見ていたのである。このように、ナチスの過去とは、何か厄介な影のような存在、いっせいに空気中に拡散してしまう、語ることが不可能なテーマとなった。だが、自然保護の社会だけを非難することは間違いだろう。もし一般大衆が自然保護主義者の過去に十分な関心を示していたら、沈黙を守り続けることは不可能だっただろう。しかしながら、国家社会主義に関する公の議論は異なった問題に焦点をあてていた。それは理由があってのことだ。熱心な環境主義の歴史家でさえ、司法組織内部の職員が前時代から連続しているということのほうが、自然保護主義者の社会でナチス時代からの連続性が見られることよりもはるかに問題だと認めざるを得ない。結果として、自然保護主義者にナチスとの過去を洗い出せと求める者はほとんどいないし、ナチズムに反対の立場の記者たちでさえ、事態をもっと丁寧に見るべき理由にほとんど気づいていない。マックス・ホルクハイマーは一九四七年の小論、『自然の反逆』の中で、一般に広がった「自然に対する現代の無感覚」という表現を用いて、良くも悪くもナチズムと何ら変わるところがないと論じた。「たしかに国家社会主義は動物保護を自画自賛していた。だが、それは単なる自然として扱っていた『劣等人種』をさらに深く侮辱するためだったのだ[68]」という。フランクフルト学派の重鎮、マックス・ホルクハイマーでさえもこの問題が研究に値するとは考えなかったのだろうか。だとすれば、ナチス政権内に関わっていたことを問題にしなければならないとして、自然保護の社会に対してかかってくる圧力が低いままだった理由も理解できる。数多くの組織や会社が、一九八〇年代、一九九〇年代と、ナチスとの過去に目を向け始めたが、環境主義者たちはナチスの残したものについて問題にすることは、自分たちの重大事なんかではないといった態度をとっていた。

忘却という伝統は二〇〇二年にようやく終わりを迎えた。この年、ドイツ環境大臣ユルゲン・トリッテンがナチスドイツにおける自然保護に関するベルリン会議を開会したのである。著者も個人的にこの会議の組織に関わっていたが、この会議の功績について評価をする立場にないことは言うまでもない。しかし、ドイツ環境大臣主催のもとでこうした会議が開催されること自体、ナチスと環境についての議論のうえで一つの分水嶺を成したということは強調しておこう。この問題に関する学術的研究は一九七〇年代に遡ることができるが、現在の環境政策という文脈における位置づけは今一つはっきりしないままだった。史的研究は現在進行中の議論にとって歓迎される貢献なのか。はたまた重荷なのか。立派な目的に対して泥を投げるような悪意の行為なのか。緑の党の指導的立場のメンバーが大会を開会し、この疑問に対してようやく研究する価値があるという結論に達した。たとえ苦痛なことであろうとも、自分の過去に正面から目を向けることは基本的なことだ。大会の多くの結果は「自然保護の友人にとっては居心地の悪いものだろう。しかし、それは歴史的真実なのだ」と、ユルゲン・トリッテンは声を大にした。[69] 環境主義運動にとって、今後この発言から退却する道は、もはやないのである。

第8章　教訓——ナチス時代から学ぶ

環境史家が自然保護の歴史から一章を物語るときには、好意的な雰囲気で語ることが多いものだ。だが、もしもその一章がナチスドイツの自然保護の歴史だということになると、状況は一変する。本書の読者諸氏の中に、ナチス時代の自然保護の活動家たちに対して好意を抱きながら読んでくださる方はほとんどいないだろう。その理由は説明の必要もないことだ。ナチス支配の残忍さと、それによって人々が受けた計り知れない苦しみによって、ヒトラーの死後七十年以上が経過してもなお、その政権について論じることは、人々の心をかき乱す論題であり続けている。心から大切にしたい理想がそんな政権と手を組んでいるのを目にすることは苦痛だ。また本書を「二度と再びあってはならぬ」という気持ちを抱きながら、読んでくださった方も多いのではないだろうか。しかし、この気持ちがいかに理解できるものであろうと、次のような点について詳細に論じることが必要なことも明らかなのだ。この物語の繰り返しを阻むために、いったい具体的に何がなされるべきなのだろう。現在の環境主義の運動やそのほかの社会運動は、ナチス時代の体験から何を教訓として学ぶべきなのだろうか。

もちろん、この疑問は新しいものでも何でもない。数多くの研究がすでに答えを出している。アンナ・ブラムウェルが最初に歴史的議論と政治的議論を結びつけた。ブラムウェルはナチスドイツには、ナチスの食糧農業大臣で全国農民指導者（Reichsbauernführer）だったリヒャルト・ヴァルター・ダレがその中心にいた、「緑の党」というグループが存在したと論じた。[1] しかしながら彼女の議論はじきにその他の研究者たちから大きな批判を浴びた。「ダレから自然保護主義者的なメッセージを導き出すには、彼が執筆した大量の文章を無視しなければできない」と、一九八七年、レイモンド・ドミニクは書いている。[2] それにもかかわらず、ブラムウェルは四年後に二番目の著作の中で同じ議論を繰り返した。その中で、ダレが「シュタイナー〔訳註：人智学の創始者ルドルフ・シュタイナー（一八六一〜一九二五年）を、ヒトラーは共産主義者やユダヤ人以上に危険視していた〕関連」の重要な人物だったと論じている。しかし、この議論は信用に足る証拠を欠いていたうえ、彼女の初めの論文と矛盾を生じていた。ダレとザイフェルトの間の衝突を最初の本では大きく論じていたのに対して、今度は二人の意見の相違については軽く扱って、その代わりに両者ともに人智学への言及があることを強調している。[3] また「ナチスドイツは自然保護区を設立したヨーロッパで最初の国だった」と断言する。[4] ブラムウェルのはなはだしい誤謬を、本書は指摘した。さらに詳しい研究によると、ダレは自然または景観保護の活動にはどのような関わりにしろ、加わっていなかったうえ、ダレの有機農業への関心も一九四五年まで目立つようなことはなかった。これはニュルンベルク裁判における彼の被告人弁論にある。[5] ブラムウェルの議論は緩いパラレリズムに基づいており、さらにこの対比研究は非常に疑わしい実証に基づいていた。[6] そして最後に、その一般的なアプローチについても彼女の議論は誤っていた。ナチスドイツには論理的に筋の通った「グリーンな派閥」はなく、異なったグループや関係者が一派を成していて、彼らに特徴的なことはおびただしい回数の内部抗争を繰り返していたことだ。ナチスの指導者たちはその間ずっと自然保護問題に対して、散発的に関心を示したにとどまる。ブラムウェルの議論は右派のグループの間ではいくらか通用し続けているが、そうしたグループは今日の環境主義者を中傷するためにあるような場所で、彼らの著作を表面的に読むのがせいぜいのところで、環境主義について言うべき意見も持たない。[7]

ナチスの体験からの教訓として、第二に挙げられるのが、原生でない種の問題である。たびたび引用された小論の中で、ゲルト・グレーニングとヨアヒム・ヴォルシュケ－ブルーマンが論じているのが、原生でない植物への非難が主題も視点もナチス時代と同じままで今日も続いているというものだ。「ドイツ各地で、外国人の特定のグループに対する敵意が高まってきている。いわゆる原生植物に対する熱狂とは自然哲学の構築の裏返しなのかもしれない」と、グレーニングとヴォルシュケ－ブルーマンは分析する。[8]その後の業績で、二人は非原生植物に対する立場は「国家社会主義時代の国家理念の重要な一部になった」と論じた。[9]しかし、この問題へのアプローチとしては、よりバランスが取れているうえ、理由づけもしっかりしている研究がほかにもある。[10]このテーマが学際的なアプローチを必要としていることは明らかだ。イデオロギーに関する問題は、もちろんこうした議論をする余地があるのだが、生物学的、農学的視点も同様だ。しかし、歴史的議論としても、この著者たちの記事は彼らが選んで読んだ資料の内容からは少々逸脱しているところが見られる。たとえば、記事の中で詳細に引用されたアルヴィン・ザイフェルトは、非原生植物に対して常に頑強な批判者だったというわけではない。トーマス・ツェラーが指摘したように、ザイフェルトはアウトバーン建設をめぐる景観に関する基本理念について、はじめ二種類の草案をフリッツ・トートに提出した。そのうちの一方が原生植物を重要視するものだったのである。[11]さらに、原生植物の優位についてもナチスドイツでは必ずしも絶対的なものではなく、自然保護主義者たちもほとんどが実用主義的なアプローチを好んでいた。一九三七年、帝国自然保護局は外国原産の樹木がほとんどという地域の自然保護区指定を許可し、その事業に補助金まで承認している。[12]一九三八年ミュンスターで開催された自然保護家の集まりでは、「外来種の樹木」が自然保護を求める政令によって保護されるに足るかどうかが話し合われた。そしてそこでの結論として提言された「常に歴史的重要性に注目すること」という点から見て、この問題が特別なイデオロギーが満ち溢れた分野ではよくある教条主義的な態度を抜きにして話し合われたことがはっきりと分かる。[13]ハンス・シュヴェンケルでさえ、折々には非原生植物について肯定的に言及することもあった。生け垣の保護に関するヒトラーの政令に引き続いて作られたパンフレットで、ドイツの生け垣を作っている種は「南方種の子孫」だと、シュヴェンケルは記している。[14]事実、一九四一年に、ある著者は「原生植物に対する熱狂」なるものに対して本格的な攻撃にも劣らない批判を行っている。「外国種」であるとされた植物をすべて禁止すれば、「我々はほんの数種の野生の花だけで行き止まりだ」という主張だ。[15]

また別の著者によると、ナチスの体験から地方主義の理念である「郷土」再考の必要が浮上するという。簡単に言えば、「郷土」という語は過去から現在まで、国家社会主義のイデオロギーが非常に深く吹き込まれているため、この語の使用は危険を孕んでいるというものである。[16] 第三帝国の言語に対するヴィクトル・クレンペラーの有名な告発文のこだまが、この議論の中にはっきりと響いている。「ナチス言語の多くの単語は合同墓地に長期間埋葬しておくべきである。あるものは永遠に」。[17] しかし、繰り返すが、冷静な目で歴史的資料を見れば、それよりもはるかに公正な景色が見えてくる。ナチスは決して「郷土」を宣伝活動の主要な一部としていなかった。なぜなら「郷土」はナチス国家の中央集権とも、政権の領土拡張論者の目的とも、明らかに対立するものだったからだ。[18]「郷土」の概念が戦後の時代に非常に人気があったことは単なる偶然ではない。これがナチス時代よりもはるか前からあった概念だというだけでなく、ドイツ人としての共通のアイデンティティーを確認できる、敗戦後も比較的品位を保っていた数少ない言葉の一つだと、人々は感じ取ったのだ。多くの場合、ドイツ人が「郷土」という言葉を使うようになるのは一九四五年より後のことで、それ以前には「国家nation」と言っていた。アメリカ人研究者の中には、セリア・アップルゲートのように、ナチスドイツにおける「郷土」の重要性を低く見積もったり、ウィリアム・ロリンズのように郷土保護運動(Heimatschutz)に対して称賛の言葉を書いていたりする。[19] さらに、このようなアプローチはラインハルト・ピホツキやシュテファン・ケルナーのような研究者のグループから最近注目されているが、原理的な面から言って疑わしい。結局、こうした議論は、その語の歴史上での使用を考慮に入れて再定義を行うというよりは、一個の単語の禁止を目的としているのだ。そのような禁止を実際に行うことについての疑問はともかくとして、「郷土」がそうした禁止をするに値するのか疑わしい。結局ナチスは、自分たちの中心的理念とは異なるような、だが、政権の人気を高めるような言葉や概念を利用することに、非常に長けていた。「血と土」という悪名高いナチスのスローガンの中の重要語であるという理由で、ドイツ語の「土」という言葉を使うことを止めるべきだろうか。実際、束の間現れたものまで含めて、ナチスの使った単語をすべて使用禁止にすれば、ドイツの政治用語辞典のほとんどの単語が使用禁止ということになるだろう。

以上三通りのアプローチは、どれもおかしなことにナチス支配の一枚岩的な像に基づいている。ナチスの時代に特定の理念がまさに存在していたということが、告発に十分だと考えられている。意外なことだが、引用された文献のどれ一つとして、国家社会主義にどこまで与していたものかについて、出典の重要性や特徴について、また相反する傾向をどの程度まで含んでいたか、全く議論されていない。本質的には、記事は非常に簡単な三段論法に従っている。ナチスの時代にはある傾向があった。同様の傾向が今日にもある。したがって後者は前者によって汚染させられている。多少の論争はあるだろうが、これを自然保護史の感染学派と呼んでもよかろう。今日の自然保護活動の中にあって、ナチス時代の理念や実践に少しでも似ていると何でも、信条を疑われ、命にかかわるウィルスが拡散する危険があるかのように言うのだ。しかし、このようなアプローチが愚かであることは、感染学派のアプローチでいくと有罪宣告をしなければならない関係先がさらに出てくることを考えれば、すぐにはっきりする。もしもヒムラーがホーエンシュトッフェルン山の保護に立ち上がったからといって、我々はこの山を破壊すべきだろうか。ナチスが全粒粉のパンの消費を増やす政策をとっていたからといって、我々は伝統的な白いパンに戻るべきだろうか。[20] ナチスは四車線のアクセス制限された高速道路を建設したが、これを法的に禁止すべきだろうか。喫煙と肺がんの関係が最初に発見されたのはナチスドイツの時代だった。そして当時の政権は、特定形式の広告禁止と多くの公共施設での喫煙規制を盛り込んだ、積極的な禁煙運動を展開した。[21] さて、それならばと、たばこ、誰か吸いますか？

こうしたアプローチによる史料編纂の落とし穴は明らかだ。過去と現在の間の並行論を突き止めることはせいぜい第一歩に過ぎない。しかし、ここには疑う理由を提供してくる道徳の落とし穴もある。感染主義者のアプローチはあらゆる接触を一律に悪であるとする。

非原生種の植物であろうと、環境主義であろうと、あるいはまた「郷土」の概念であろうと、世界史上最悪の政権の重要な一部であるとして、議論半ばの問題を断罪する。そうして、議論は始めるべき地点で終わってしまうのだ。それによって自分がアドルフ・ヒトラーの協力者になってしまうとしたら、誰が非原生種を援護するだろうか。しかしながら、ナチスによる犯罪があまりにも非道だったので道徳的な判定においては微妙なニュアンスが必要なことは理解に難くない。こうして全く異なったタイプの行動に対して、等しく画一的な告発が行われる結果となるのだ。ナチスのレトリックを採用した自然保護主義者たちが頑強で明快至極な批判を受けることになるのは当然だが、ヴィープキング・ユルゲンスマンがドイツ民族性強化国家委員会で行った活動に対するものとは異なったものになるはずだ。ハンス・クローゼが一九四三年にハインリヒ・ヒムラーから好意的な介入を受けることを望んでいたことには、失望させられる。しかしそれでもなお、違いがあるべきなのだ。クローゼの行動とアウシュヴィッツでの殺人者の行動との間には、はっきりとした評価の違いがあるべきなのである。

教訓を求めるに際して、もちろん明々白々な点も見落とすべきではない。ナチスの体験が示したのは、環境主義の理念が人種差別主義や反ユダヤ的な常套句と共存しうることだ。したがって、自然保護の倫理的な動機に関する議論の中では、そういったものから潔白であることが重要だということなのだ。結局、この潔白さこそ、ワイマール時代の議論に欠けていたものだ。たとえ人種差別主義と反民主主義の考えが、一九二〇年代に自然保護主義者たちのレトリックの中に入り込んだからといって、すべての自然保護主義者がこうした点に合意したからではなく、強く反論する者がほとんどいなかったというだけだ。このような議論の筋道では、右派の感情について激しく討論するということにはなりにくかった。イデオロギー的価値を帯びたこうした問題について論争することは、自然保護の重要な目標達成には有害だと考えられたためである。過去の問題として振り返ってみれば、この議論の誤りは明らかで、自然保護主義者たちがワイマール時代の終わりに政治的無関心に陥ったのは、こうした多数派の考え方が直接結果となって現れたのである。自然保護主義者たちだけがワイマール共和国を救えたと考えることはもちろん単純すぎるが、民主主義的精神が不十分な状態がドイツ社会の各地で同様に広がっていたことを考えれば、自然保護主義者たちの態度はより一般的な問題だったということが見えてくる。民主主義と人権を擁護することは社会全員の課題であり、政治家や法律家、政党の党員だけの問題ではないのである。

ただ、イデオロギー問題ばかりに注目していては、近視眼的な捉え方になるだろう。第2章で見てきたように、自然保護主義者たちの社会とナチスの間のイデオロギー上の友好関係は不完全なものにとどまっていた。自然保護主義者は、しばしばナチスのレトリックを借用するようになったが、両者の考え方が継ぎ目なしに一体となることは実現しなかった。そのうえ、イデオロギー上で自然保護主義者社会のメンバーがナチスに与することは、非常に変則的だった。ヴァルター・シェーニヒェンとハンス・シュヴェンケルの他、国粋主義のルートヴィヒ・フィンクのような理論家はいた。しかし、また、ハンス・クローゼやヘルマン・シュールハメルのような穏健な人物もいた。歴史家の中には、後者のグループを無視してきた者もいた。彼らが描こうとした熱心なナチスというステレオタイプにはまらないからだった。しかし、ナチス時代の自然保護主義者たちの社会には、ナチスについて不熱心な人々も含まれていたことは、よく理解しておかなければならない。異論のあるところではあるが、これこそが、最も重要な教訓へと繋がっていくからである。ナチスと協力関係を築くためには、イデオロギーのうえで狂信者である必要はなかったのである。実際、ナチスとの親しい関係を保つためには、人種差別的なレトリックも反ユダヤ主義の常套句をも身につける必要は全くなかったのだ。ナチス党に入ることなく、ドイツの最高位の自然保護受託人となったハンス・クローゼはその好例だ。ナチス時代に自然保護主義の社会に参加するために必要だったのは、ナチスの権威に対して喜んで協力する態度と、言うまでもないことだが、意見の相違する点についてはいつでも口をつぐむ準備ができていることだ。当時のドイツ自然保護主義者たちは、進んでこの対価を支払った者が大多数だった。

この戦略的な友好関係の中にこそ、ナチス体験の重要性が現れてくるのである。大切なのは自然保護主義の思想的土台を検証することなのである。特に、ドイツでは近年、極右の党が環境保護を資格に掲げて政治的な主流になろうと試みているからだ。[22] しかし、同時にこの点では、真に緊急の必要性を認めることは難しいだろう。結局、このアプローチの戦略的な性格は残念ながら明白で、環境保護を理由にナチズムに改宗した者はおろか関心を持った者もほとんどいなかった。最近の出版物ではドイツにおける右派の環境主義グループのことは「危険というよりうるさい」と言及されている。[23] しかし、自然保護主義と国家社会主義の間の戦略的同盟関係のことを思い出すことは、国際的自然保護問題に取り組んでいるすべての人にとって重要なのだ。独裁主義の政権は、地球上の至るところで不幸な存在であり続けているからである。即ち、独裁主義の国で単に自然保護の活動を止めるというのは間違いかもしれない。しかし、同様に間違いと言えるのは、ナチス時代の自然保護主義者たちのように振る舞うことである。独裁主義政権が提供する機会を単に利用するだけで、それ以外のことには目をつぶるという態度だ。ナチスドイツの自然保護の歴史から、時の権力と結んだ無邪気な協力関係が、恐ろしい間違いとなる場合があることを肝に銘じなければならない。

一九三七年、シェーニヒェンは自然保護に関する国際大会を、国際自然保護展示会と同時に一九三九年九月にベルリンで開催することを計画した。[24] 第二次世界大戦前夜の国際関係悪化のために、大会はとうとう開催されなかった。しかし、他国の自然保護主義者がナチスドイツの成果についてどう評価しただろうかと、推測してみることも有益である。多くの国が、帝国自然保護法と自然保護受託人の幅広いネットワーク、さらに一九三五年から続く全国的な自然保護活動ブームなどに深く感銘を受けることは大いに予想される。結局、ドイツはおそらく一九三〇年代に大きなブームを経験したヨーロッパで唯一の国だったのだ。さらに有益なのは、自分自身に聞いてみることだ。自分なら何と言っただろうか。自分なら帝国自然保護法の成立の陰にあった政治権力について尋ねてみただろうか。どうやって二、三年の間に何十もの自然保護区の指定が可能になったのか、自分なら不思議に思っただろうか。帝国自然保護法第二四条について、これが自然保護上価値のある私有財産を没収する選択肢で、結局日々の自然保護活動の中で、この法律が行きつくところは露骨な私有財産権の侵害であったことに、自分なら気がついただろうか。多くの、ともかく非常に多くの環境主義者たちが、ちょうどドイツの自然保護主義者たちがかつてそうしたのと同じくらい軽率に行動したのではないだろうか。自然保護のためにはあらゆる強硬な手段も辞さないこと。そして、好機には素早く反応してそれを利用すること。彼らにとって、指導的役割を果たす思想は、あるいはこうしたものになっていたかもしれない。ナチスの過去から学ぶということは、多くの自然保護主義者たちがこれまで考えてきたよりも、さらに困難で、痛みを伴うものなのではないだろうか。

附録　参考文献について

ナチス時代の自然保護の歴史については、ドイツ環境史の中では比較的よく研究の進んだ分野で、約二十五年の研究によって様々なテーマの重要な書籍や論文など、かなりの数の業績が上がっている。[1] 以下に述べる内容については、文献の扱っている領域について完璧な解説を加えようという意図でもなければ、主要文献の綿密な説明を行うつもりでもない。著者が二〇〇二年に書いた広範囲にわたる概観は三五頁にのぼった。[2] この附録は、最も重要な書籍や記事についてごく簡単に概略をまとめて、さらに読んでみたいと思われる読者のための手引きとなることを目的としており、二〇〇二年の概観よりも控えめなものになった。同時に、自然保護史に関して今後どう研究を進めていくか、全体としての方向性について、より明確な考え方をお伝えするものである。[3]

文献の大多数がドイツ語で出版されていることは驚くにはあたらないが、英語で書かれた重要な業績も数多い。最も新しい研究論文としては、トーマス・レーカンの『*Imagining the Nation in Nature*』（自然の中に国家イメージを見る）がある。この著作によってレーカンは、一八〇〇年代から一九四五年までのラインラントでの自然保護活動に関する研究に焦点を当てた。アロン・コンフィーノとセリア・アップルゲートは、ドイツの地域主義に異なる観点から重要な考察を行った。レイモンド・ドミニクはドイツの自然保護運動を評価する中でナチス時代について幅広く論じた。一九九六年にはジョン・アレクサンダー・ウィリアムズが中央ヨーロッパ史における自然保護思想について、主要業績『*Central European History*』（中央ヨーロッパ史）を上梓した。これはカール・ディットの二〇〇〇年の論文と並行して読むのがよい。二〇〇五年にはフランツ－ヨーゼフ・ブリュゲマイヤーとマーク・チョック、トーマス・ツェラーが異なる切り口の九本の論文を発表した。ここには帝国自然保護法と東部総合計画からナチスの森林政策と大気汚染規制までの研究テーマのリストが添付されている。

著者がヨアヒム・ラートカウの協力を得て編集した『*Naturschutz und Nationalsozialismus*』（自然保護と国家社会主義）は、扱う領域を絞って自然保護主義に、より綿密に焦点を当てた。これはドイツ環境大臣ユルゲン・トリッテンの後援で、二〇〇二年にベルリンで開催された会議の報告書である。自画自賛のそしりを顧みずに言わせていただけば、この分野の概観としては、活字になっていて現在入手可能なもののうち、最も総合的なものではないかと思う。このベルリン会議は多くの重要な出版と時を同じくした。トーマス・ツェラーの『*Straße, Bahn, Panorama*』（道路・鉄道・景観）はアウトバーン建設と、その際のアルヴィン・ザイフェルトの業績を詳細に論じた。ウェストファリア、リッペ、チューリンゲンにおける郷土運動という、より広い視点から自然保護活動を考察した、ヴィリー・オーバークローメは二十世紀初頭から一九六〇年までの議論とその政治的関係を丹念にたどっている。ミヒャエル・ハルテンシュタインの博士論文は、併合されたポーランドについてのナチスの計画を扱ったものである。さらに多くの研究者の中で傑出しているのが、ヨスト・ヘルマンド、クラウス＝ゲオルク・ヴェイ、ロルフ・ペーター・ズィーフェルレ、ジェフリー・ハーフで、ナチスドイツにおける自然保護をテーマとした幅広い視点からの専攻論文がある。近年では戦後史にますます注目が集まるようになり、主な著作としては、イェンス・イヴォ・エンゲルス、ウーテ・ハーゼンオール、モニカ・ベルクマイヤー、アンドレアス・ディクス、ベルベル・ヘッカーのほか、著者自身のものがある。数年前、カルステン・ルンゲがランドスケープ・プランニングの起源を概観する啓発的な著作を発表した。ドイツの森林と森林管理の歴史に関しては信頼できる研究論文が俟たれるところだ。ハインリヒ・ループナー、ヴィルヘルム・ボーデ、マルティン・フォン・ホーンホルストも貴重な情報を提供しているが、この分野はまだ研究し尽くしたとは言えない。顧みられていないもう一つのテーマは、ナチスの動物の権利に関する政策である。ミリアム・ツェーバーとハインツ・マイヤーの論文があるが、まだ表面的なところをかすったに過ぎない。ナチスが政権の座に就く前の自然保護の考え方を歴史的に論じたものには、フリードマン・シュモルの『*Erinnerung an die Natur*』（自然の記憶）とトーマス・ロークレーマーの『*Eine ander Moderne?*』（もう一つの現代性か？）がある。また、アンドレアス・クナウトの『*Zurkück zur Natur*』（自然への回帰）のほか、アルネ・アンデルセン、エーデルトラウド・クリューティンクの論文もお勧めしたい。

個々の自然保護団体の歴史に注目した出版物も数多い。その中のいくつかが、団体からの奨励を受けて書かれたことは喜ばしいことだ。ドイツアルプス連盟（Deutscher Alpen Verein）は、非常に反ユダヤ主義的だった連盟の立場に注目した内容の出版を認めた。ドルレ・グリブレはミュンヘンに本拠を置くイザールタール連盟（Isartalverein）について研究論文を発表し、スザンネ・ファルクはザウアーラント山岳連盟（Sauerländischer Gebirgsverein）の研究を行った。リナ・ヘーンレが設立した鳥類保護連盟から発展したドイツ自然保護同盟（NABU）の歴史研究事業については、学術論文の出版には至らなかったが、事業のパンフレットは団体の過去について非常に率直な議論が行われている点で評価できる。郷土保護運動はエーデルトラウド・クリューティンクやその他の研究者の研究が示したように、歴史上問題のあったことを早くから認めている。バイエルン自然保護同盟についてはリヒャルト・ヘルツェルとエルンスト・ホプティチェクが論じている。左派とオルタナティヴ運動はヨッヘン・ツィマーとウルリヒ・リンゼの書籍がテーマとして取り上げている。

この分野の記事は、ごく簡単に概観するにしても非常に数が多い。ミヒャエル・ヴェッテンゲルの一九九三年の小論は、ドイツ自然保護の制度史への最も簡略な手引きとなっている。カール・ディットやキラン・パテル、ブルクハルト・リーヒャースの概説記事と共に読めば一層よい。クラウス・フェーンは東ヨーロッパのランドスケープ・プランニングについて数々の重要な小論を発表した。ディートマー・クランケはアウトバーン建設事業についてこの分野の研究を刺激する記事を発表したし、シャルロッテ・ライトザムはアルヴィン・ザイフェルトの業績のイデオロギー関連の問題を論じた。ヘルムート・マイヤーは発電事業において自然保護問題が驚くほど大きな存在感を示していたことを論じた。ラインハルト・ピホッキはゲーリングの国立自然保護区を批判的に考察し、ヴィリー・オーバークローメは二度の世界大戦におけるドイツ自然保護を論じた。

この分野でのもっと早い時期の業績と言えば、ゲルト・グレーニングとヨアヒム・ヴォルシュケ-ブルーマンの著作が注目に値する。グレーニングとヴォルシュケ－ブルーマンの研究には数々の新発見の事実が盛り込まれたが、その先駆的な役割は時に過大評価されたものだ。たとえば、第二次世界大戦中の景観計画担当者たちの恥ずべき業績について、初めて論じたのはヴァルター・ムラスで一九七〇年のことであり、グレーニングとヴォルシュケ－ブルーマンの著作が出版されるよりも十年以上も早かった。グレーニングとヴォルシュケ－ブルーマンの解釈はいくつもの観点から批判を受けている。この出版物は数カ所について修正せざるを得ないもので、したがって、彼らの著作はかなりの疑いの目を持って読むことをお勧めする。二人は著者を含めた研究者に対し非難の声を上げたが、それに対して研究者社会の内外から批判が集まっている。[4] さらに注意が必要なのがアンナ・ブラムウェルの著作を扱うときである。彼女が書いたリヒャルト・ヴァルター・ダレの伝記は一九八〇年代に混乱を巻き起こした。ナチスドイツに「緑の党」のようなグループが存在したと断言したからだ。レイモンド・ドミニクやグスターヴォ・コルニ、ゲズィーネ・ゲルハルトといった様々な研究者がブラムウェルの解釈を批判し、その結果、ブラムウェルのダレに関する記述は、ナチスドイツ時代に「緑の党」が存在したという見解と共に、信用できないものであると断定される結果となった。[5]

活発な研究活動にもかかわらず、まだ手が付けられていない課題や切り口が多数ある。ぜひとも研究を進めてほしいテーマはいくつかすでに述べた。動物の権利の歴史について、そして自然保護と森林政策の繋がりについて、まだ業績が不足している。自然保護と農業の関係についても、本書が触れることができた以上の徹底的な研究が俟たれるところだ。ナチスの農業政策によって、農民たちが自然保護の観点からの要求に対して、いくらか受容力を持つようになったことを示す証拠はいくつかある。また、歴史家ならナチスドイツを国際関係の中でもっと体系的に観察するかもしれない。一九〇〇年前後のヨーロッパでは、多くの国で政治課題として自然保護が浮上し、国家のスタイルに明らかな違いが出てきていたので、理想を言えば、このテーマは比較研究に向いている。たとえば、非原生種についてのドイツでの議論と、「感情が外来種を称賛する」と研究者たちがぼやくような国々での議論と比較するとどのように見えるだろうか。[6] 個別に具体的な対象を取り上げて、その歴史に関する研究もさらに必要だ。採石場、湿地、樹木、森林、河川、景観などである。こうした研究がドイツの集合的記憶に与えうる貢献に加えて、自然保護の歴史上でも、景観の歴史上でも、ナチス時代の重要な意味にもっと光を当てることになるだろう。ナチス時代の我が町の歴史についてもっと学びたいと考えている地域の歴史家たちから、ナチス時代の研究は常に多くの成果を得てきた。個々の土地に関する研究を深めれば、戦時経済が生態系にどう作用したのか、さらに詳細なイメージができるだろう。これも残念ながらひどく研究が不足している領域だ。著者の個人的な希望だが、ドイツ自然保護関係者全員の履歴の集積を最優先で期待したい。自然保護関係の集団の一員としての自然保護主義者を定義するものは何か。そして、ドイツ自然保護主義者の中に異なる世代があるのか。最後に、著者は研究者諸氏に公文書館の集成資料のさらなる活用をひろく推奨したいと思う。この研究を進める中で気づいたのだが、州や国の公文書館には歴史家がまだ一度も手を触れていない資料が山のようにあるのだ。

この領域で公文書の調査を計画する場合、理解しておくべき点は、ドイツ自然保護は二層構造になっているということだ。決定をする権限は政府内にあり、担当役人たちは郡や地域、地方、州のレベルで自然保護受託人たちと協議する。自然保護受託人たちは政府のヒエラルキーの外側にいたために、資料などを国や州の公文書館に提出できていないことが多く、専門領域の資料の多くが失われているようである。自然保護受託人からの資料が保存されているのは特別な場合だけなのだ。例を挙げれば、ウェストファリア地方の自然保護受託人の資料が取り置かれていたのは、ミュンスター自然史博物館とこの地の公文書館が合併されたからだった。皮肉なことに、国レベルでは状況は反対である。顧問機関である帝国自然保護局はかなりの量の資料をドイツ連邦公文書館に保管ファイルB245としてどうにか保存していた。一方、ナチスドイツの自然保護最高機関である、帝国森林局の残存ファイル（保管ファイルR3701）は自然保護問題に関する資料を含んでいないのである。一九三三年、帝国森林局が自然保護の責任機関となったとき、プロイセン教育省は自然保護資料ファイルをゲーリングの部下に渡した。その後、戦時中に資料は行方不明となる。

資料が不完全な点は、ナチス時代を研究する歴史家の共通の悩みだ。ドイツの都市の多くが空爆に遭っているし、戦争末期の数カ月の間には、意図的に文書が破棄されることもあった。したがって、郡レベルの機関の文書を探すというのは、実に賢明だ。そこには地域や地方レベルの記録が豊富に残っているからだ。自然保護受託人の中には、個人の保管資料を引き継いでいる者もいる。法的関係を記録した印刷物で保存作業の準備に入っているものに、いくつか当たってみるという方法もお勧めできる。帝国自然保護法に関する現代の解説書には、ヴァルター・シェーニヒェンとヴェルナー・ヴェーバーによる『*Das Reichsnaturschutzgesetz vom 26. Juni 1935*』（一九三五年六月二十六日付帝国自然保護法）のほか、グスタフ・ミチュケの同名の著作、それとカール・コルネリウスの法学博士論文が入っている。一九四五年以後の立法上の変遷については、アルベルト・ロルツやユルゲン・グローテを参照するとよいだろう。一九三七年からは、より広範な政令が *Reichsministerialblatt der Forstverwaltung*（森林行政に関する帝国国務省公報誌）の中で公表されている。主要な自然保護関係の専門誌としては『*Naturschutz*』が、プロイセン天然記念物保全局によって一九三五年まで、その後は帝国自然保全局によって編集された。各種団体ではそれぞれに雑誌編集を続けていたが、その質についてはばらつきが大きかった。非学術的な定期刊行物もあったが、中には、バイエルン自然保護同盟が出版していた『*Blätter für Naturschutz und Naturpflege*』（自然保護と自然保全のための広報誌）のように、非常に意欲的なものも見られた。

謝辞

二〇〇二年にこの問題に取り組むことになったとき、私を含め誰もがジェットコースターに乗るようなものだと思ったが、それをはるかに超える知的な旅路の産物が本書である。当時のドイツ環境大臣ユルゲン・トリッテンはこのテーマで検討委員会を開くようにと強く要望した。これはナチス以後の環境保護に関して大衆の関心がゼロに等しかった状況に一石を投じるものだった。この検討会議の開催はビーレフェルト大学の歴史学者、ヨアヒム・ラートカウに委託された。そしてその助手としてちょうど博士論文を仕上げたばかりだった私が駆り出されることになった次第である。こうしてシンポジウム「ナチスドイツにおける環境保護」は、二〇〇二年七月、ベルリンで開催されたのである。この種の最初の会議としては驚くほど多数の参加者を集め、メディアにも非常に手厚く取り上げられた。それはこの問題が学術的なトピックにとどまらないことを明らかに示していた。これほどの大成功をもたらしてくれたベルリン会議の発表者の方々に、私は深く感謝している。同時に会議資料をまとめたことで、この分野の研究が置かれている現状や一般的なアプローチについて熟考する良い機会となった。本書は多くの点で会議資料とは異なっており、新しい領域に足を踏み入れることをも射程に入れているが、一七人の敬服すべき大学人による研究なくしては、このような形式での書物にならなかったことは明らかだ。

本書の執筆にあたって、私は多くの方々の励ましと支援を受けた。ここに記すことができるのはほんの一部の方々である。ドナルド・ウースター氏には、叢書編者であるジョン・マクネイル氏と共に、本書の着想をいただき、完結まで相談に乗っていただいた。お二人のコメントは、匿名で意見を述べてくださった三人目の評者の方同様、原稿の修正の際、大いに助けられた。ケンブリッジ大学出版のアメリカ支部でフランク・スミス氏とエリック・クラハン氏と仕事ができたことは光栄の至りであった。公文書の閲覧の際には、ベルリン、コブレンツ、フライブルクのドイツ連邦公文書館や、ベルリン国立機密公文書館（Geheimes Staatsarchiv）、マールバッハ文書館、ダルムスタット、ドレスデン、デュッセルドルフ、フライブルク、カールスルーエ、ニュルンベルク、シュレスヴィッヒ、シュトゥットガルト、ヴュルツブルクの各国立・州立・市立公文書館、ミュンスターのウェストファリア公文書庁（Archivamt）、ヴァーレンドルフおよびアルテーナの各地方公文書館、ビーレフェルト、ライプチヒ、ロートリンゲン、およびテルクテの各市立公文書館のスタッフの方々から、お力添えをいただいたことに感謝している。ボン・バート・ゴーデスベルクにある連邦自然保護庁（Bundesamt für Naturschutz）図書室では来館者として利用させていただき、また、ビーレフェルト大学の図書館相互間貸借担当課では書籍や記事などをてきぱきと用意していただいた。

ヨアヒム・ラートカウ氏には励ましと批評との絶妙なバランスでこのプロジェクトにご一緒していただいた。ビーレフェルト大学における氏のゼミナールは、ヴェルナール・アーベルスハウザー氏が共同提案者となって、異なる段階で様々な着想を用意してくださった。サンドラ・チェイニー氏、ウーテ・ハーゼノール氏、ハインリヒ・スパニエル氏は原稿を一部または全体を読んでくださって、貴重なコメントをしてくださった。ヨータム・パルゾンス氏は完璧な校正をしてくださった。

ところで、第一稿の準備中に私の妻のジモーナはミュンヘンで職を得た。その結果、皮肉にも、プラハ市で最初の着想を得た本書は、ナチス党のかつての司令部のあった場所から徒歩圏内で完成されようとしている。本書に至るまでの曲がりくねった道はおそらくこれ以外の終着地点はふさわしくないということなのだろう。

二〇〇五年九月　ミュンヘンにて

フランク・ユケッター

Wey, Klaus-Georg. *Umweltpolitik in Deutschland. Kurze Geschichte des Umweltschutzes in Deutschland seit 1900*. Opladen, 1982.

Williams, John Alexander. "'The Chords of the German Soul Are Tuned to Nature.' The Movement to Preserve the Natural Heimat from the Kaiserreich to the Third Reich." *Central European History* 29 (1996): 339–84.

Zebhauser, Helmuth. *Alpinismus im Hitlerstaat. Gedanken, Erinnerungen, Dokumente*. Munich, 1998.

Zeller, Thomas. "'The Landscape's Crown.' Landscape, Perceptions, and Modernizing Effects of the German Autobahn System, 1934 to 1941." In David E. Nye (ed.), *Technologies of Landscape. From Reaping to Recycling*. Amherst, Mass., 1999. 218–38.

Zeller, Thomas. *Straße, Bahn, Panorama. Verkehrswege und Landschaftsveränderung in Deutschland von 1930 bis 1990*. Frankfurt and New York, 2002.

Zerbel, Miriam. "Tierschutz und Antivivisektion." In Diethart Kerbs and Jürgen Reulecke (eds.), *Handbuch der deutschen Reformbewegungen 1880–1933*. Wuppertal, 1998. 35–46.

Zimmer, Jochen (ed.). *Mit uns zieht die neue Zeit. Die Naturfreunde. Zur Geschichte eines alternativen Verbandes in der Arbeiterkulturbewegung*. Cologne, 1984.

Maier, Helmut. "'Unter Wasser und unter die Erde.' Die süddeutschen und alpinen Wasserkraftprojekte des Rheinisch-Westfälischen Elektrizitätswerks (RWE) und der Natur- und Landschaftsschutz während des 'Dritten Reiches.'" In Günter Bayerl and Torsten Meyer (eds.), *Die Veränderung der Kulturlandschaft. Nutzungen – Sichtweisen – Planungen*. Münster, 2003. 139–75.

May, Helge. *NABU. 100 Jahre NABU – ein historischer Abriß 1899–1999*. Bonn, n.d.

Meyer, Heinz. "19./20. Jahrhundert." In Peter Dinzelbacher (ed.), *Mensch und Tier in der Geschichte Europas*. Stuttgart, 2000. 404–568.

Mitzschke, Gustav. *Das Reichsnaturschutzgesetz vom 26. Juni 1935 nebst Durchführungsverordnung vom 31. Oktober 1935 und Naturschutzverordnung vom 18. März 1936 sowie ergänzenden Bestimmungen*. Berlin, 1936.

Mrass, Walter. *Die Organisation des staatlichen Naturschutzes und der Landschaftspflege im Deutschen Reich und in der Bundesrepublik Deutschland seit 1935, gemessen an der Aufgabenstellung in einer modernen Industriegesellschaft*. Beiheft 1 of *Landschaft + Stadt*. Stuttgart, 1970.

Oberkrome, Willi. "Suffert und Koch. Zum Tätigkeitsprofil deutscher Naturschutzbeauftragter im politischen Systemwechsel der 1920er bis 1950er Jahre." *Westfälische Forschungen* 51 (2001): 443–62.

Oberkrome, Willi. "'Kerntruppen' in 'Kampfzeiten.' Entwicklungstendenzen des deutschen Naturschutzes im Ersten und Zweiten Weltkrieg." *Archiv für Sozialgeschichte* 43 (2003): 225–40.

Oberkrome, Willi. *"Deutsche Heimat." Nationale Konzeption und regionale Praxis von Naturschutz, Landschaftsgestaltung und Kulturpolitik in Westfalen- Lippe und Thüringen (1900–1960)*. Paderborn, 2004.

Patel, Kiran Klaus. "Neuerfindung des Westens – Aufbruch nach Osten. Naturschutz und Landschaftsgestaltung in den Vereinigten Staaten von Amerika und in Deutschland, 1900–1945." *Archiv für Sozialgeschichte* 43 (2003): 191–223.

Piechocki, Reinhard. "'Reichsnaturschutzgebiete' – Vorläufer der Nationalparke?" *Nationalpark* 107 (2000): 28–33.

Radkau, Joachim, and Frank Uekötter (eds.). *Naturschutz und Nationalsozialismus*. Frankfurt and New York, 2003.

Reitsam, Charlotte. "Das Konzept der 'bodenständigen Gartenkunst' Alwin Seiferts. Ein völkisch-konservatives Leitbild von Ästhetik in der Landschaftsarchitektur und seine fachliche Rezeption bis heute." *Die Gartenkunst* 13 (2001): 275–303.

Riechers, Burkhardt. "Nature Protection during National Socialism." *Historical Social Research* 29, 3 (1996): 34–56.

Rohkrämer, Thomas. *Eine andere Moderne? Zivilisationskritik, Natur und Technik in Deutschland 1880–1933*. Paderborn, 1999.

Rubner, Heinrich. *Deutsche Forstgeschichte 1933–1945. Forstwirtschaft, Jagd und Umwelt im NS-Staat*. St. Katharinen, 1985.

Runge, Karsten. *Entwicklungstendenzen der Landschaftsplanung. Vom frühen Naturschutz bis zur ökologisch nachhaltigen Flächennutzung*. Berlin, 1998.

Schmoll, Friedemann. *Erinnerung an die Natur. Die Geschichte des Naturschutzes im deutschen Kaiserreich*. Frankfurt and New York, 2004.

Schoenichen, Walther, and Werner Weber. *Das Reichsnaturschutzgesetz vom 26. Juni 1935 und die Verordnung zur Durchführung des Reichsnaturschutzgesetzes vom 31. Oktober 1935 nebst ergänzenden Bestimmungen und ausführlichen Erläuterungen*. Berlin-Lichterfelde, 1936.

Sieferle, Rolf Peter. *Fortschrittsfeinde? Opposition gegen Technik und Industrie von der Romantik bis zur Gegenwart*. Munich, 1984.

Uekötter, Frank. *Naturschutz im Aufbruch. Eine Geschichte des Naturschutzes in Nordrhein-Westfalen 1945–1980*. Frankfurt and New York, 2004a.

Uekoetter, Frank. "The Old Conservation History – and the New. An Argument for Fresh Perspectives on an Established Topic." *Historical Social Research* 29, 3 (2004b): 171–91.

Uekötter, Frank. "Naturschutz und Demokratie. Plädoyer für eine reflexive Naturschutzbewegung." *Natur und Landschaft* 80 (2005): 137–40.

Wettengel, Michael. "Staat und Naturschutz 1906–1945. Zur Geschichte der Staatlichen Stelle für Naturdenkmalpflege in Preußen und der Reichsstelle für Naturschutz." *Historische Zeitschrift* 257 (1993): 355–99.

Fehn, Klaus. "'Artgemäße deutsche Kulturlandschaft.' Das nationalsozialistische Projekt einer Neugestaltung Ostmitteleuropas." In Kunst- und Ausstellungshalle der Bundesrepublik Deutschland (ed.), *Erde*. Bonn, 2002. 559–75.

Gribl, Dorle. *"Für das Isartal." Chronik des Isartalvereins*. Munich, 2002.

Gröning, Gert, and Joachim Wolschke. "Naturschutz und Ökologie im Nationalsozialismus." *Die alte Stadt* 10 (1983): 1–17.

Gröning, Gert, and Joachim Wolschke-Bulmahn. *Die Liebe zur Landschaft. Teil III: Der Drang nach Osten. Zur Entwicklung der Landespflege im Nationalsozialismus und während des Zweiten Weltkrieges in den "eingegliederten Ostgebieten."* Arbeiten zur sozialwissenschaftlich orientierten Freiraumplanung 9. Munich, 1987.

Gröning, Gert, and Joachim Wolschke-Bulmahn. *Die Liebe zur Landschaft. Teil I: Natur in Bewegung. Zur Bedeutung natur- und freiraumorientierter Bewegungen der ersten Hälfte des 20. Jahrhunderts für die Entwicklung der Freiraumplanung*. Arbeiten zur sozialwissenschaftlich orientierten Freiraumplanung 7. Munich, 1986. 2nd edition. Münster, 1995.

Gröning, Gert, and Joachim Wolschke-Bulmahn. "Landschafts- und Naturschutz." In Diethart Kerbs and Jürgen Reulecke (eds.), *Handbuch der deutschen Reformbewegungen 1880–1933*. Wuppertal, 1998. 23–34.

Grote, Jürgen. *Möglichkeiten und Grenzen des Landschaftsschutzes nach dem Reichsnaturschutzgesetz*. Juridical Dissertation, Cologne University, 1971.

Häcker, Bärbel. *50 Jahre Naturschutzgeschichte in Baden-Württemberg. Zeitzeugen berichten*. Stuttgart, 2004.

Hartenstein, Michael A. *"Neue Dorflandschaften." Nationalsozialistische Siedlungsplanung in den "eingegliederten Ostgebieten" 1939 bis 1944 unter besonderer Berücksichtigung der Dorfplanung*. Wissenschaftliche Schriftenreihe Geschichte 6. Berlin, 1998.

Hartung, Werner. *Konservative Zivilisationskritik und regionale Identität. Am Beispiel der niedersächsischen Heimatbewegung 1895 bis 1919*. Hannover, 1991.

Hasenöhrl, Ute. *Zivilgesellschaft und Protest. Zur Geschichte der Umweltbewegung in der Bundesrepublik Deutschland zwischen 1945 und 1980 am Beispiel Bayerns*. WZB Discussion Paper No. SP IV 2003–506. Berlin, 2003.

Herf, Jeffrey. *Reactionary Modernism. Technology, Culture, and Politics in Weimar and the Third Reich*. Cambridge, 1984.

Hermand, Jost. *Grüne Utopien in Deutschland. Zur Geschichte des ökologischen Bewußtseins*. Frankfurt, 1991.

Hölzl, Richard. *Naturschutz in Bayern von 1905–1933 zwischen privater und staatlicher Initiative. Der Landesausschuß für Naturpflege und der Bund Naturschutz*. M.A. thesis, University of Regensburg, 2003.

Hoplitschek, Ernst. *Der Bund Naturschutz in Bayern. Traditioneller Naturschutzverband oder Teil der neuen sozialen Bewegungen?* Berlin, 1984.

Klenke, Dietmar. "Autobahnbau und Naturschutz in Deutschland. Eine Liaison von Nationalpolitik, Landschaftspflege und Motorisierungsvision bis zur ökologischen Wende der siebziger Jahre." In Matthias Frese and Michael Prinz (eds.), *Politische Zäsuren und gesellschaftlicher Wandel im 20. Jahrhundert. Regionale und vergleichende Perspektiven*. Paderborn, 1996. 465–98.

Klueting, Edeltraud. "Heimatschutz." In Diethart Kerbs and Jürgen Reulecke (eds.), *Handbuch der deutschen Reformbewegungen 1880–1933*. Wuppertal, 1998. 47–57.

Knaut, Andreas. *Zurück zur Natur! Die Wurzeln der Ökologiebewegung*. Supplement 1 (1993) of *Jahrbuch für Naturschutz und Landschaftspflege*. Greven, 1993.

Lekan, Thomas. *Imagining the Nation in Nature. Landscape Preservation and German Identity, 1885–1945*. Cambridge, Mass., 2003.

Linse, Ulrich. *Ökopax und Anarchie. Eine Geschichte der ökologischen Bewegungen in Deutschland*. Munich, 1986.

Lorz, Albert. *Naturschutz-, Tierschutz- und Jagdrecht*. 2nd edition. Munich, 1967.

Maier, Helmut. "Kippenlandschaft, 'Wasserkrafttaumel' und Kahlschlag. Anspruch und Wirklichkeit nationalsozialistischer Naturschutz- und Energiepolitik." In Günter Bayerl, Norman Fuchsloch, and Torsten Meyer (eds.), *Umweltgeschichte – Methoden, Themen, Potentiale. Tagung des Hamburger Arbeitskreises für Umweltgeschichte, Hamburg 1994*. Cottbuser Studien zur Geschichte von Technik, Arbeit und Umwelt 1. Münster and New York, 1996. 247–66.

参考文献

Amstädter, Rainer. *Der Alpinismus. Kultur – Organisation – Politik*. Wien, 1996.

Andersen, Arne. "Heimatschutz. Die bürgerliche Naturschutzbewegung." In Franz-Josef Brüggemeier and Thomas Rommelspacher (eds.), *Besiegte Natur. Geschichte der Umwelt im 19. und 20. Jahrhundert*. 2nd edition. Munich, 1989. 143–57.

Applegate, Celia. *A Nation of Provincials. The German Idea of Heimat*. Berkeley and Los Angeles, 1990.

Bergmeier, Monika. *Umweltgeschichte der Boomjahre 1949–1973. Das Beispiel Bayern*. Münster, 2002.

Bode, Wilhelm, and Martin von Hohnhorst. *Waldwende. Vom Försterwald zum Naturwald*, 4th edition. Munich, 2000.

Bramwell, Anna. *Blood and Soil. Walther Darré and Hitler's Green Party*. Abbotsbrook, 1985.

Bramwell, Anna. *Ecology in the 20th Century. A History*. New Haven and London, 1989.

Brüggemeier, Franz-Josef, Mark Cioc, and Thomas Zeller (eds.). *How Green Were the Nazis? Nature, Environment, and Nation in the Third Reich*. Athens, Ohio, 2005.

Brüggemeier, Franz-Josef, and Jens Ivo Engels (eds.). *Natur- und Umweltschutz nach 1945. Konzepte, Konflikte, Kompetenzen*. Frankfurt and New York, 2005.

Confino, Alon. *The Nation as a Local Metaphor. Württemberg, Imperial Germany, and National Memory, 1871–1918*. Chapel Hill, N.C., 1997.

Confino, Alon. "'This lovely country you will never forget.' Kriegserinnerungen und Heimatkonzepte in der westdeutschen Nachkriegszeit." In Habbo Knoch (ed.), *Das Erbe der Provinz. Heimatkultur und Geschichtspolitik nach 1945*. Göttingen, 2001. 235–51.

Cornelius, Karl. *Das Reichsnaturschutzgesetz*. Bochum-Langendreer, 1936.

Ditt, Karl. *Raum und Volkstum. Die Kulturpolitik des Provinzialverbandes Westfalen 1923–1945*. Münster, 1988.

Ditt, Karl. "Naturschutz zwischen Zivilisationskritik, Tourismusförderung und Umweltschutz. USA, England und Deutschland 1860–1970." In Matthias Frese and Michael Prinz (eds.), *Politische Zäsuren und gesellschaftlicher Wandel im 20. Jahrhundert. Regionale und vergleichende Perspektiven*. Paderborn, 1996. 499–533.

Ditt, Karl. "The Perception and Conservation of Nature in the Third Reich." *Planning Perspectives* 15 (2000): 161–87.

Dix, Andreas. *"Freies Land." Siedlungsplanung im ländlichen Raum der SBZ und frühen DDR 1945–1955*. Cologne, 2002.

Dominick, Raymond H. III. *The Environmental Movement in Germany. Prophets and Pioneers 1871–1971*. Bloomington, Ind., 1992.

Engels, Jens Ivo. *Ideenwelt und politische Verhaltensstile von Naturschutz und Umweltbewegung in der Bundesrepublik 1950–1980*. Habilitationsschrift, Freiburg University, 2004.

Falk, Susanne. *Der Sauerländische Gebirgsverein. "Vielleicht sind wir die Modernen von übermorgen."* Bonn, 1990.

Falk, Susanne. "'Eine Notwendigkeit, uns innerlich umzustellen, liege nicht vor.' Kontinuität und Diskontinuität in der Auseinandersetzung des Sauerländischen Gebirgsvereins mit Heimat und Moderne 1918–1960." In Matthias Frese and Michael Prinz (eds.), *Politische Zäsuren und gesellschaftlicher Wandel im 20. Jahrhundert. Regionale und vergleichende Perspektiven*. Paderborn, 1996. 401–17.

Fehn, Klaus. "Die Auswirkungen der Veränderungen der Ostgrenze des Deutschen Reiches auf das Raumordnungskonzept des NS-Regimes (1938–1942)." *Siedlungsforschung. Archäologie – Geschichte – Geographie* 9 (1991): 199–227.

Fehn, Klaus. "Rückblick auf die 'nationalsozialistische Kulturlandschaft.' Unter besonderer Berücksichtigung des völkisch-rassistischen Mißbrauchs von Kulturlandschaftspflege." *Informationen zur Raumentwicklung* (1999): 279–90.

6. Ernest H. Wilson, *Aristocrats of the Trees* (Boston, 1930), xx.

Gartenschönheit 22, 6 (1941): 128.

16. Reinhard Piechocki et al., "Vilmer Thesen zu 'Heimat' und Naturschutz," *Natur und Landschaft* 78 (2003): 241–4; and Stefan Körner, "Naturschutz und Heimat im Dritten Reich," *Natur und Landschaft* 78 (2003): 394–400. この語の「汚染」について以下の文献でも想定している。Michael Neumeyer, *Heimat. Zu Geschichte und Begriff eines Phänomens* (Kiel, 1992), 123; Wolfgang Lipp, "Heimatbewegung, Regionalismus. Pfade aus der Moderne?," *Kölner Zeitschrift für Soziologie und Sozialpsychologie* Sonderheft 27 (1986): 336. さらに以下の文献にも批判が見られる。Frank Uekötter, "Heimat, Heimat, ohne alles? Warum die Vilmer Thesen zu kurz greifen," *Heimat Thüringen* 11, 4 (2004): 8–11.
17. Klemperer, *LTI*, 27.
18. 本書p. 51–52
19. Applegate, *Nation*; and Rollins, *Greener Vision*. 以下の文献中のニュアンスの付いた解釈を見よ。Boa and Palfreyman, *Heimat*, and Peter Blickle, *Heimat. A Critical Theory of the German Idea of Homeland* (Rochester and Suffolk, 2002).
20. Uwe Siekermann, "Vollkornbrot in Deutschland. Regionalisierende und nationalisierende Deutungen und Praktiken während der NS-Zeit," *Comparativ* 11, 1 (2001): 27–50, and Jörg Melzer, *Vollwerternährung. Diätetik, Naturheilkunde, Nationalsozialismus, sozialer Anspruch* (Stuttgart, 2003), 206.
21. Robert N. Proctor, *The Nazi War on Cancer* (Princeton, 2000), 174n.
22. Oliver Geden, *Rechte Ökologie. Umweltschutz zwischen Emanzipation und Faschismus* (Berlin, 1999); Thomas Jahn and Peter Wehling, *Ökologie von rechts. Nationalismus und Umweltschutz bei der Neuen Rechten und den "Republikanern"* (Frankfurt and New York, 1991); and Jonathan Olsen, *Nature and Nationalism: Right-Wing Ecology and the Politics of Identity in Contemporary Germany* (Houndmills and London, 1999).
23. Franz-Josef Brüggemeier, Mark Cioc, and Thomas Zeller, "Introduction," in Brüggemeier, Cioc, and Zeller, *How Green*, 1.
24. WAA LWL Best. 702 no. 195, Der Direktor der Reichsstelle für Naturschutz to the Vorsitzende der Naturschutzstellen der Länder, der preußischen Provinzen und des Ruhrsiedlungsbezirks, December 27, 1937; BArch B 245/196 pp. 382–3, 392–3.

附録

1. 以下に述べる文献は、この附録の終わりの参考文献一覧にアルファベット順にリストしてある。
2. Frank Uekötter, "Natur- und Landschaftsschutz im Dritten Reich. Ein Literaturbericht," in Radkau and Uekötter, *Naturschutz und Nationalsozialismus*, 447–81.
3. 自然保護史研究の方法論に関してさらに踏み込んだ議論は、以下を参照。Uekoetter, "Old Conservation History."
4. Joachim Wolschke-Bulmahn, "The Search for 'Ecological Goodness' among Garden Historians," in Michel Conan (ed.), *Perspectives on Garden Historie* (Dumbarton Oaks, 1999), 161–80; and Joachim Wolschke-Bulmahn, "Zu Verdrängungs- und Verschleierungstendenzen in der Geschichtsschreibung des Naturschutzes in Deutschland," in Uwe Schneider and Joachim Wolschke-Bulmahn (eds.), *Gegen den Strom. Gert Gröning zum 60. Geburtstag* (Hannover, 2004), 313–34.
5. 本書210–211頁を参照。

65. Cf. Kai F. Hünemörder, *Die Frühgeschichte der globalen Umweltkrise und die Formierung der deutschen Umweltpolitik* (*1950–1973*) (Stuttgart, 2004), 154n.
66. Cf. J. Brooks Flippen, *Nixon and the Environment* (Albuquerque, 2000).
67. Cf. Michael P. Cohen, *The History of the Sierra Club 1892–1970* (San Francisco, 1988), and May, *NABU*.
68. Max Horkheimer, *Eclipse of Reason* (New York, 1947), 104, 105.
69. Jürgen Trittin, "Naturschutz und Nationalsozialismus – Erblast für den Naturschutz im demokratischen Rechtsstaat?," in Radkau and Uekötter, *Naturschutz und Nationalsozialismus*, 38.

第8章

1. Anna Bramwell, *Blood and Soil: Walther Darré and Hitler's Green Party* (Abbotsbrook, 1985).
2. Dominick, "Nazis," 522.
3. Anna Bramwell, *Ecology in the 20th Century: A History* (New Haven and London, 1989), 198. ブラムウェルの著作への徹底的な批判は、以下の文献を参照。Piers H. G. Stephens, "Blood, Not Soil: Anna Bramwell and the Myth of 'Hitler's Green Party,'" *Organization & Environment* 14 (2001): 173–87.
4. Bramwell, *Ecology*, 199.
5. ブラムウェルの最初の著作に対する批判的評価についてはGerhard, "Richard Walther Darré." *Neue Politische Literatur* 31 (1986): 501–4.
6. ロバート・ポイスも緩いパラレリズムに基づいたに過ぎない同様の議論を出している。Robert A. Pois, *National Socialism and the Religion of Nature* (London and Sydney, 1986), esp. pp. 3, 38, 58.
7. E.g., Thomas R. DeGregori, *Agriculture and Modern Technology: A Defense* (Ames, Iowa, 2001), Chapter 7. 何かの理由があって、ダレが有機農業の支持者だという伝説は左派の出版物にも見える。たとえば、以下の文献がある。Peter Staudenmaier, "Fascist Ideology: The 'Green Wing' of the Nazi Party and Its Historical Antecedents," in Janet Biehl and Peter Staudenmaier (eds.), *Ecofascism. Lessons from the German Experience* (Edinburgh, 1995), 13.
8. Gert Groening and Joachim Wolschke-Bulmahn, "Some Notes on the Mania for Native Plants in Germany," *Landscape Journal* 11 (1992): 125.
9. Gert Gröning and Joachim Wolschke-Bulmahn, "The Native Plant Enthusiasm: Ecological Panacea or Xenophobia," Landscape Research 28 (2003): 79.
10. 最も卓越した研究としては、以下を参照。Uta Eser, *Der Naturschutz und das Fremde. Ökologische und normative Grundlagen der Umweltethik* (Frankfurt and New York, 1999).
11. Zeller, "Ganz Deutschland," 276. p. 78n.
12. BArch B 245/101 p. 101. Compare Schoenichen and Weber, *Reichsnaturschutzgesetz*, 10.
13. WAA LWL Best 702 no. 184b vol. 2, Gemeinsame Arbeitstagung der Westfälischen Naturschutzbeauftragten und der Fachstelle Naturkunde und Naturschutz im Westfälischen Heimabund on February 12–13, 1938, p. 9.
14. GLAK Abt. 235 no. 47680, Der Führer hält seine schützende Hand über unsere Hecken. Hans Schwenkel, Reichsbund für Vogelschutz, p. 3. シュヴェンケルの以下の文献と比較せよ。*Grundzüge*, 95.
15. Karl Foerster, "Bodenständige Pflanzen. Schlichtende Gedanken zu diesem Begriff," *Die*

schichte in Wissenschaft und Unterricht 44 (1993): 308–21; and Elizabeth Boa and Rachel Palfreyman, *Heimat. A German Dream. Regional Loyalties and National Identity in German Culture 1890–1990* (Oxford, 2000), 10.

48. WAA LWL Best. 702 no. 184b vol. 2, Tätigkeitsbericht des Bezirksbeauftragten für Naturschutz und Landschaftspflege im Reg.Bez. Arnsberg und des Landschaftsbeauftragten für Naturschutz in den Kreisen Altena und Lüdenscheid für das Jahr 1948/49, p. 3; Raabe, "Problematik," 175.
49. BArch B 245/64 p. 383r.
50. Norbert Frei, *Karrieren im Zwielicht. Hitlers Eliten nach 1945* (Frankfurt and New York, 2001).
51. Günther Niethammer, "Beobachtungen über die Vogelwelt von Auschwitz (Ost- Oberschlesien)," *Annalen des Naturhistorischen Museums in Wien* 52 (1942): 164–99. ニートハマーの経歴については以下を参照。Ernst Klee, *Das Personenlexikon zum Dritten Reich. Wer war was vor und nach 1945* (Frankfurt, 2003), 436.
52. p. 166.
53. Mader, *Gartenkunst*, 158.
54. Oberkrome, *Deutsche Heimat*, 314.
55. ザイフェルトの野生種に対する嗜好を痛烈に批判する文章を1952年に発表したプニオヴェルもまた例外的だった。以下を参照。Charlotte Reitsam, *Das Konzept der "bodenständigen Gartenkunst" Alwin Seiferts. Fachliche Hintergründe und Rezeption bis in die Nachkriegszeit* (Frankfurt, 2001), 222n.
56. Andreas Dix, "Nach dem Ende der 'Tausend Jahre.' Landschaftsplanung in der Sowjetischen Besatzungszone und frühen DDR," in Radkau and Uekötter, *Naturschutz und Nationalsozialismus*, 343–50; and Hermann Behrens, *Von der Landesplanung zur Territorialplanung*. Umweltgeschichte und Umweltzukunft 5 (Marburg, 1997), 44n, 148. Andreas Dix, *"Freies Land." Siedlungsplanung im ländlichen Raum der SBZ und frühen DDR 1945–1955* (Cologne, 2002); and Oberkrome, *Deutsche Heimat*, 398–400.
57. Oberkrome, *Deutsche Heimat*, 281.
58. HStADd Best. 12513 no. 68, Verzeichnis der in den Heimatschutzmitteilungen enthaltenen nicht tragbaren Aufsätze und Redewendungen (undated).
59. HStADd Best. 12513 no. 77, Sächsischer Heimatschutz to Elisabeth Rudorff, April 21, 1947.
60. HStADd Best. 12513 no. 360, Sächsischer Heimatschutz to Paul Bernhardt, June 10, 1948.
61. Oberkrome, *Deutsche Heimat*, 526; Willi Oberkrome, "Suffert und Koch. Zum Tätigkeitsprofil deutscher Naturschutzbeauftragter im politischen Systemwechsel der 1920er bis 1950er Jahre," *Westfälische Forschungen* 51 (2001): 446; and Hermann Behrens, "Naturschutz und Landeskultur in der Sowjetischen Besatzungszone und in der DDR. Ein historischer Überblick," in Bayerl and Meyer, *Veränderung*, 221.
62. Cf. Schoenichen, *Naturschutz, Heimatschutz*. Quotation p. ix.
63. この点に関してはさらに、以下の文献を参照。Uekötter, *Naturschutz im Aufbruch*.
64. Cf. Markus Klein and Jürgen W. Falter, *Der lange Weg der Grünen. Eine Partei zwischen Protest und Regierung* (Munich, 2003), and E. Gene Frankland, "Germany: The Rise, Fall and Recovery of *Die Grünen*," in Dick Richardson and Chris Rootes (eds.), *The Green Challenge: The Development of Green Parties in Europe* (London and New York, 1995), 23–44.

31. Hugo Weinitschke, *Naturschutz gestern, heute, morgen* (Leipzig, 1980), 44; Runge, *Entwicklungstendenzen*, 63; and Oberkrome, *Deutsche Heimat*, 284.

32. Häcker, *50 Jahre*, 16.

33. Edith Ebers, *Neue Aufgaben der Naturschutzbewegung*. Naturschutz-Hefte 1 (Munich, 1947), 3.

34. それにもかかわらず、環境史家の中には、自然保護は戦後の社会ではナチスとの距離の近さのせいで評判が良くなかったと論じている者もいる。中でも最も目立っていたのが、アルネ・アンデルセンだ。しかし、この議論はブルクハルト・リーヒャースによって1996年に否定された。アルネ・アンデルセンとブルクハルト・リーヒャースの以下の文献を比較せよ。"Heimatschutz. Die bürgerliche Naturschutzbewegung," in Franz-Josef Brüggemeier and Thomas Rommelspacher (eds.), *Besiegte Natur. Geschichte der Umwelt im 19. und 20. Jahrhundert*, 2nd edition (Munich, 1989), 157; and Burkhardt Riechers, "Nature Protection during National Socialism," *Historical Social Research* 29, 3 (1996): 52. Thomas Adam, "Parallele Wege. Geschichtsvereine und Naturschutzbewegung in Deutschland," *Geschichte in Wissenschaft und Unterricht* 48 (1997): 425.

35. BArch B 245/3 p. 54.

36. BArch B 245/3 p. 54, B 245/7 p. 60.

37. Klose, "Weg." *Amtsblatt des Kultusministeriums, Land Nordrhein-Westfalen* 2, 1 (October 1, 1949): 6; and Lienenkämper, *Schützt*, 4.

38. Jens Ivo Engels, *Ideenwelt und politische Verhaltensstile von Naturschutz und Umweltbewegung in der Bundesrepublik 1950–1980* (Habilitationsschrift, Freiburg University, 2004), 39.

39. Klose, "Weg," 30.

40. Gerhard Brunn, Jürgen Reulecke, *Kleine Geschichte von Nordrhein-Westfalen 1946– 1996* (Cologne, 1996), 25.

41. StAW Landratsamt Bad Kissingen no. 1233, letter of the Rhönklub e.V. Fulda, April 1952, p. 1. Similarly, WAA Best. 717 file "Reichsstelle (Bundesstelle) für Naturschutz (und Landschaftspflege)," Der Direktor der Reichsstelle für Naturschutz, Denkblätter der Reichsstelle für Naturschutz über die künftige Wahrnehmung von Naturschutz und Landschaftspflege. Teil F: Zur Frage der zeitgebotenen Propaganda, July 22, 1945, p. 3; LASH Abt. 320 Eiderstedt no. 1807, circular no. 2/46 of Verein Jordsand zur Begründung von Vogelfreistätten an den deutschen Küsten, August 18, 1946; and Runge, *Entwicklungstendenzen*, 53.

42. HStAD NW 60 no. 711 p. 35r.

43. BArch B 245/11 p. 34r.

44. Engels, "Hohe Zeit," 367–74.

45. Klose and Ecke, *Verhandlungen*, 27; and WAA Best. 717 file "Oberste Naturschutzbeh. Land NRW Kultusministerium," Der Provinzialbeauftragte für Naturschutz und Landschaftspflege to the Kultusministerium des Landes Nordrhein- Westfalen, October 3, 1950.

46. Alon Confino, "'This lovely country you will never forget.' Kriegserinnerungen und Heimatkonzepte in der westdeutschen Nachkriegszeit," in Habbo Knoch (ed.), *Das Erbe der Provinz. Heimatkultur und Geschichtspolitik nach 1945* (Göttingen, 2001), 235–51; Oberkrome, *Deutsche Heimat*, 34, 437n; and Applegate, *Nation*, 242.

47. Willi Höfig, *Der deutsche Heimatfilm 1947–1960* (Stuttgart, 1973); Margit Szöllösi- Janze, "'Aussuchen und abschließen' – der Heimatfilm der fünfziger Jahre als historische Quelle," *Ge-*

schaftspflege Baden-Württemberg und der württembergischen Bezirksstelle in Stuttgart und Tübingen 24 (Ludwigsburg, 1956), 52–5. シュヴェンケルの以下の著作と比較せよ。"Vom Wesen."

11. ライヒリングの解任事件については以下の文献を参照。Ditt, *Raum*, 327–9.

12. WAA LWL Best. 702 no. 184b vol. 1, Sauerländischer Gebirgsverein, Heimat- und Naturschutzausschuss to the Oberpräsident Münster, May 22, 1935.

13. HStAD NW 60 no. 712 p. 3.

14. WAA Best. 717 file "Oberste Naturschutzbeh. Land NRW Kultusministerium," Hermann Reichling to Ministerialrat Josef Busley, January 28, 1947; HStAD NW 60 no. 712 pp. 13, 15. 意外にも交換の正確な様相については公にならなかった。

15. E.g., StAW Landratsamt Bad Kissingen no. 1233, Regierungspräsident Würzburg to the untere Naturschutzbehörden, October 22, 1945, and Bund Naturschutz in Bayern to the Leiter der Orts- und Kreisgruppen, October 24, 1945.

16. HStAD NW 72 no. 528 p. 3. Similarly, Burkhardt Riechers, *Naturschutzgedanke und Naturschutzpolitik im Nationalsozialismus* (M.A. thesis, Berlin Free University, 1993), 88.

17. LASH Abt. 320 Eiderstedt no. 1845, Der Oberpräsident der Provinz Schleswig-Holstein to the Landräte and Oberbürgermeister, December 11, 1945; HStADd Best. 12513 no. 360, Der Präsident der Deutschen Verwaltung der Land- und Forstwirtschaft in der sowjetischen Besatzungszone to the Präsidenten der Provinzial- und Landesverwaltungen in Potsdam, Schwerin, Halle, Dresden und Weimar, August, 9, 1946; HStAD NW 60 no. 633 p. 7; NW 60 no. 623 p. 140.

18. E.g., HStAD NW 60 no. 694 p. 37. The legal brief in Albert Lorz, *Naturschutz-, Tierschutz- und Jagdrecht*, 2nd edition (Munich, 1967), 4.

19. WAA Best. 717 file "Reichsstelle (Bundesstelle) für Naturschutz (und Landschaftspflege)," Der Direktor der Reichsstelle für Naturschutz to the Beauftragten bei den besonderen und höheren Stellen für Naturschutz, July 1945, p. 2; BArch B 245/166 p. 107.

20. HStAD NW 60 no. 623 p. 95. 同様な文献として、*ibid.* p. 171; B 245/166 pp. 106, 108.

21. HStAD NW 72 no. 528 p. 4.

22. WAA Best. 717 file "Reichsstelle (Bundesstelle) für Naturschutz (und Landschaftspflege)," Der Direktor der Reichsstelle für Naturschutz to the Beauftragten bei den besonderen und höheren Stellen für Naturschutz, July 1945, p. 2n.

23. HStAD NW 60 no. 623 p. 140; and Klose, Ecke, *Verhandlungen*, 9.

24. Klose, Ecke, *Verhandlungen*, 8.

25. WAA Best. 717 file "Reichsstelle (Bundesstelle) für Naturschutz (und Landschaftspflege)," Zentralstelle für Naturschutz und Landschaftspflege, Rundschreiben B 41, May 13, 1949.

26. Engels, "Hohe Zeit," 378; Hans Klose, *Fünfzig Jahre Staatlicher Naturschutz. Ein Rückblick auf den Weg der deutschen Naturschutzbewegung* (Giessen, 1957), 45–7.

27. Klose, *Fünfzig Jahre*, 47, 55.

28. WAA Best. 717 file "Reichsstelle (Bundesstelle) für Naturschutz (und Landschaftspflege)," letter of the Reichsstelle für Naturschutz of July 18, 1947.

29. StAN Rep. $212/17^{IV}$ no. 101, Regierung von Ober- und Mittelfranken als Höhere Naturschutzbehörde to the Stadträte der kreisfreien Städte and the Landratsämter, November 11, 1947.

30. Klose, Ecke, *Verhandlungen*, 9, 14n. Schoenichen, *Natur als Volksgut*, 39.

43. Werner Konold, "Stein und Wasser im Bild der Heimat," *Schriftenreihe des Deutschen Rates für Landespflege* 77 (2005): 33–7.
44. これと、後続の物語については以下を参照。Hanisch, *Obersalzberg*, 8n. Yvonne Weber-Fleischer, "Die Überlieferung von den Herrschern im Berg – Dargestellt am Beispiel der Untersbergsage," Ulrike Kammerhof-Aggermann (ed.), *Sagenhafter Untersberg. Die Untersbergsage in Entwicklung und Rezeption* (Salzburg, 1991/1992), esp. pp. 72n, 86n.
45. Manfred von Ribbentrop, *Um den Untersberg. Sagen aus Adolf Hitlers Wahlheimat* (Frankfurt, 1937), 6–8. Höfler and Zembsch, *Watzmann*, 17n, provide an abridged and slightly different account.

第7章

1. Manfred Görtemaker, *Geschichte der Bundesrepublik Deutschland. Von der Gründung bis zur Gegenwart* (Munich, 1999), 28n.
2. WAA Best. 717 file "Reichsstelle (Bundesstelle) für Naturschutz (und Landschaftspflege)," Der Direktor der Reichsstelle für Naturschutz, Denkblätter der Reichsstelle für Naturschutz über die künftige Wahrnehmung von Naturschutz und Landschaftspflege. Teil D: Ueber die Dringlichkeit stärksten Naturschutzeinsatzes, June 26, 1945, p. 4n.
3. *Ibid.*, Der Direktor der Reichsstelle für Naturschutz to the Beauftragte bei den besonderen und höheren Stellen für Naturschutz, July 1945, p. 3. 帝国自然保護台帳（Reichsnaturschutzbuch）プロジェクトの国家主義的な含みに関しては以下を参照。BArch R 2/4730 p. 77.
4. WAA Best. 717 file "Reichsstelle (Bundesstelle) für Naturschutz (und Landschaftspflege)," Der Direktor der Reichsstelle für Naturschutz to the Beauftragte bei den besonderen und höheren Stellen für Naturschutz, July 1945, p. 6.
5. Lutz Niethammer, *Die Mitläuferfabrik. Die Entnazifizierung am Beispiel Bayerns* (Berlin and Bonn, 1982), and Clemens Vollnhals (ed.), *Entnazifizierung. Politische Säuberung und Rehabilitierung in den vier Besatzungszonen 1945–1949* (Munich, 1991).
6. WAA Best. 717 file "Reichsstelle (Bundesstelle) für Naturschutz (und Landschaftspflege)," Der Direktor der Reichsstelle für Naturschutz to the Beauftragten bei den besonderen und höheren Stellen für Naturschutz, early August, 1945.
7. BArch B 245/11 p. 39; B 245/57 pp. 217–17r; B 245/94 p. 61; B 245/249 pp. 104–5, 354;B 245/251 pp. 167–67r, 448–48r; B 245/253 pp. 14–14r, 140–40r; 355–55r; B 245/255 pp. 433, 438–38r; and WAA Best. 717 file "Oberste Naturschutzbeh. Land NRW Kultusministerium," Ministerialrat Dr. Josef Busley to Museumsdirektor Reichling, January 17, 1947. ブスレイへの書簡でクローゼは「我々の裁判制度のあのおかしな部分、いわゆる非ナチ化」という表現で言及している。(BArch B 245/249 p. 218.)
8. HStAD NW 60 No. 622 pp. 137–8.
9. Schwenkel, *Taschenbuch*, 9; Hans Schwenkel, *Taschenbuch des Naturschutzes. Ein Ratgeber für Wanderer und Naturfreunde*, 2nd edition (Salach/Württemberg, 1950), 9. 第二章の修正部分も見よ。ここでシュヴェンケルは1950年の自然保護の理想に重点を置いた。同じ箇所で、1941年の版では自然保護と国家社会主義の近似性に焦点を当てている。Schwenkel, *Taschenbuch* (*1941*), 9–16 and Schwenkel, *Taschenbuch* (*1950*), 12–23.
10. Konrad Buchwald, Oswald Rathfelder, and Walter Zimmermann (eds.), *Festschrift für Hans Schwenkel zum 70. Geburtstag*, Veröffentlichungen der Landesstelle für Naturschutz und Land-

28. Klose, "Weg," 38.

29. Judith Shapiro, *Mao's War Against Nature. Politics and the Environment in Revolutionary China* (Cambridge, 2001).

30. Weiner, *Little Corner*, 129. パウル・ヨゼフソンとトーマス・ツェラーはヒトラーとスターリンのもとでの自然の変貌を比較して、ともに同様の結論に至った。「ナチスドイツでは、工業の民間所有と官民共同の資産所有が、自然を大きく変える事業の規模を政権が世論の賛同を得られるところまでと制限する働きをした」という。(Josephson and Zeller, "Transformation," 125.)

31. Bolotova, "Colonization," 109–15.

32. Christian Pfister (ed.), *Das 1950er Syndrom. Der Weg in die Konsumgesellschaft* (Bern, 1995); Arne Andersen, *Der Traum vom guten Leben. Alltags- und Konsumgeschichte vom Wirtschaftswunder bis heute* (Frankfurt and New York, 1997); Arne Andersen, "Das 50er-Jahre-Syndrom – Umweltfragen in der Demokratisierung des Technikkonsums," *Technikgeschichte* 65 (1998): 329–44; and Jörn Sieglerschmidt (ed.), *Der Aufbruch ins Schlaraffenland. Stellen die Fünfziger Jahre eine Epochenschwelle im Mensch-Umwelt-Verhältnis dar?* Environmental History Newsletter Special Issue 2 (Mannheim, 1995).

33. Dietmar Klenke, *Bundesdeutsche Verkehrspolitik und Motorisierung. Konfliktträchtige Weichenstellungen in den Jahren des Wiederaufstiegs* (Stuttgart, 1993).

34. Kluge, *Agrarwirtschaft*; and Daniela Münkel (ed.), *Der lange Abschied vom Agrarland. Agrarpolitik, Landwirtschaft und ländliche Gesellschaft zwischen Weimar und Bonn* (Göttingen, 2000).

35. Küster, *Geschichte des Waldes*, 220n, and Zundel and Schwartz, *50 Jahre Forstpolitik*, 34n. Erich Hornsmann, "Von unseren Anfängen," *Unser Wald. Zeitschrift der Schutzgemeinschaft Deutscher Wald* no. 3 (June, 1997): 71.

36. BArch R 86 no. 2368 vol. 1, Reichsverkehrsminister to the Reichsminister des Innern, July 23, 1928.

37. この点に関するさらに詳しい議論は以下を参照。Frank Uekoetter, "The Merits of the Precautionary Principle. Controlling Automobile Exhausts in Germany and the United States before 1945," in E. Melanie DuPuis (ed.), *Smoke and Mirrors: The Politics and Culture of Air Pollution* (New York and London, 2004), 119–53.

38. Hansjörg Küster, *Geschichte der Landschaft in Mitteleuropa. Von der Eiszeit bis zur Gegenwart* (Munich, 1995), 344.

39. *Berliner Zeitung* of December 5, 2000, p. 27. 鍵十字のマークを以下の表紙に見ることができる。Brüggemeier, Cioc, and Zeller, *How Green*. The information *ibid.*, p. iv.

40. ベルヒテスガーデン地域では今日も「ヒトラーの山の要塞とされている」と説明している英語の出版物が手に入る。

41. オーバーザルツベルクに関連する議論は以下の文献に基づく。Chaussy, *Nachbar Hitler*; Hilmar Schmundt, "Am Berghof, Obersalzberg," in Porombka and Schmundt, *Böse Orte*, 30– 57; Florian M. Beierl, *Hitlers Berg. Geschichte des Obersalzbergs und seiner geheimen Bunkeranlagen* (Berchtesgaden, 2004); and Ernst Hanisch, *Der Obersalzberg. Das Kehlsteinhaus und Adolf Hitler* (Berchtesgaden, 1995).

42. 新聞や雑誌の報道に関する概観については *Süddeutsche Zeitung* no. 45 (February 24, 2005), p. 15, and no. 57 (March 10, 2005), p. 38; *Der Spiegel* no. 51 (2004): 144–6; and *Die Zeit* no. 10 (March 3, 2005), p. 73, no. 18 (April 28, 2005), p. 51.

4. Blackbourn, *Sense of Place*, 15n. 文献中でもこのように強調されている。
5. Rolf Dircksen, *Landschaftsführer des Westfälischen Heimatbundes. vol. 2: Weser- und Wiehengebirge* (Münster, 1939), 27. Werner Konold, "Nutzungsgeschichte und Identifikation mit der Kulturlandschaft," in Ulrich Hampicke, Birgit Litterski, and Wendelin Wichtmann (eds.), *Ackerlandschaften. Nachhaltigkeit und Naturschutz auf ertragsschwachen Standorten* (Berlin, 2005), 14.
6. Hans-Ulrich Wehler, *Deutsche Gesellschaftsgeschichte vol. 2. Von der Reformära bis zur industriellen und politischen "Deutschen Doppelrevolution" 1815–1845/49* (Munich, 1989), 120.
7. Hans Klose, "Über die Lage der Naturdenkmalpflege bei Conwentz' Tod," *Beiträge zur Naturdenkmalpflege* 9 (1922): 466.
8. Weiner, *Little Corner*, 58.
9. Jürgen Büschenfeld, Wolfgang Klee, and Rüdiger Uffmann, *Bahnen in Bielefeld* (Nordhorn, 1997), 29.
10. Zeller, *Straße, Bahn, Panorama*, 198; and Thomas Zeller, "'The Landscape's Crown.' Landscape, Perceptions, and Modernizing Effects of the German Autobahn System, 1934 to 1941," in David E. Nye (ed.), *Technologies of Landscape. From Reaping to Recycling* (Amherst, Mass., 1999), 230. pp. 79–80.
11. Will Decker, *Der deutsche Arbeitsdienst. Ziele, Leistungen und Organisation des Reichsarbeitsdienstes*, 3rd edition (Berlin, 1941), 16.
12. Patel, *Soldaten*, 408.
13. Kaiser, *Geschichte*, 116–21.
14. Kaatz and Schulze-Dieckhoff, *Wenn die Ems*, 104, 112.
15. Mark Cioc, *The Rhine. An Eco-Biography, 1815–2000* (Seattle and London, 2002), Chapter 3.
16. WAA LWL Best. 305 no. 54, Freie Künstlergemeinschaft Schanze to Landeshauptmann Kolbow, November 27, 1933. Bianca Knoche, "Ich hab' die Mutter Ems in ihrem Bett geseh'n . . . Veränderungen des Flusses," in Alfred Hendricks (ed.), *Alles im Fluss? Die Ems – Lebensader für Mensch und Natur* (Münster, 2004), 118, 120.
17. Uekötter, *Rauchplage*, Chapters 16–18.
18. BArch R 154/39, Reichsanstalt für Wasser- und Luftgüte to H. B. Rüder, January 14, 1944.
19. HStAD Regierung Aachen no. 12974, Der Reichswirtschaftsminister und Preussische Minister für Wirtschaft und Arbeit to the Regierungspräsidenten, October 30, 1934. この点に関してさらに詳しくは、以下を参照。Uekoetter, "Polycentrism."
20. StAL Stadtgesundheitsamt no. 234 p. 57.
21. Wettengel, "Staat und Naturschutz," 389.
22. Ernst-Wilhelm Raabe, "Zur Problematik des Naturschutzes in Schleswig-Holstein," *Die Heimat* 67 (1960): 105. Similarly, Siekmann, *Eigenartige Senne*, 351.
23. *Amtsblatt des Kultusministeriums, Land Nordrhein-Westfalen* 2, 1 (October 1, 1949): 9.
24. Imort, "Eternal Forest," 60.
25. Steinsiek and Rozsnyay, *Grundzüge*, 278.
26. 以下の議事録を参照。BArch B 245/23.
27. Michael Harengerd and Christoph Sudfeldt, "Rieselfelder Münster," *LÖBF- Mitteilungen* 20.2 (1995): 74–6.

120. BArch RW 42/36 pp. 166–8.

121. *Reichsministerialblatt der Forstverwaltung* 7 (1943): 151. Wettengel, "Staat und Naturschutz," 390n; and Klose, "Von unserer Arbeit," 3.

122. BArch R 2/4731 p. 59r; Wettengel, "Staat und Naturschutz," 396.

123. StAW Landratsamt Obernburg no. 210, letter of the Bayerische Landesstelle für Naturschutz of February 18, 1944, and Der Landesbeauftragte für Naturschutz in Bayern to the höhere und untere Naturschutzbehörden, November 8, 1944; StAN Rep. 212/19[VII] no. 2542, Bund Naturschutz in Bayern to the Gruppenführer and Vertrauensmänner, January 10, 1939; StAW Landratsamt Bad Kissingen no. 1237.

124. WAA LWL Best. 702 no. 191, Wilhelm Münker, Reisebericht, Erweiterung des Naturschutzgebietes am Asten, 1944年6月5日の交渉。

125. Klose, "Weg," 43. Klose, "Von unserer Arbeit," 2.

126. Wolfgang Erz, "Naturschutz und Landschaftspflege im Rückblick auf ein Vierteljahrhundert Deutscher Naturschutztage und heute," *Jahrbuch für Naturschutz und Landschaftspflege* 33 (1983): 19.

127. Hans Klose, "Fünf Jahre Reichsnaturschutzgesetz," *Naturschutz* 21 (1940): 85.

128. LASH Abt. 320 Eiderstedt no. 1806. ヨルトサント協会の広報用小冊子で、1936年10月29日にアイデルシュテット郡の行政部に送付された。

129. StAW Landratsamt Bad Kissingen no. 1237, Bund Naturschutz in Bayern to the Gruppenführer and Vertrauensmänner, April 28, 1937.

130. HStAD RW 24 no. 961, Naturdenkmalpflege und Naturschutz im Gebiete des Siedlungsverbandes Ruhrkohlenbezirk. Tätigkeitsbericht des Bezirksbeauftragten für Naturschutz in Essen für die Geschäftsjahre 1935/1936 und 1936/1937, p.15.

131. StAW Landratsamt Bad Kissingen no. 1237, Hans Kobler, Vortrag, gehalten bei der Bezirksversammlung der Gendarmerie in Garmisch-Partenkirchen on November 7, 1938, p. 6n.

132. Schwenkel, *Grundzüge*, 195.

133. Vietinghoff-Riesch, *Naturschutz*, 5.

134. Gritzbach, *Hermann Göring*, 95.

135. Schoenichen, *Naturschutz als völkische und internationale Kulturaufgabe*.

136. WAA LWL Best. 702 no. 184, Landschaftsstelle für Naturschutz Altena-Lüdenscheid to Landeshauptmann Kolbow, September 27, 1942.

137. *Ibid.*, response of September 29, 1942. For what follows, see the attachment to Lienenkämper's letter.

138. Cf. Wolfgang Schieder, "Kriegsregime des 20. Jahrhunderts. Deutschland, Italien und Japan im Vergleich," in Christoph Cornelißen, Lutz Klinkhammer, and Wolfgang Schwentker (eds.), *Erinnerungskulturen. Deutschland, Italien und Japan seit 1945* (Frankfurt, 2003), 34.

第6章

1. Zeller, *Straße, Bahn, Panorama*, 159n.

2. Franz W. Seidler, *Fritz Todt. Baumeister des Dritten Reiches* (Munich, 1986), 392.

3. Gröning and Wolschke-Bulmahn, *Liebe zur Landschaft Teil 1*, 196. 以下も同様。Thomas Adam, "Die Verteidigung des Vertrauten. Zur Geschichte der Natur- und Umweltschutzbewegung in Deutschland seit dem Ende des 19. Jahrhunderts," *Zeitschrift für Politik* 45 (1998): 25.

20. Jahrhunderts (Stuttgart, 2002), 363; Robert L. Koehl, *RKFDV. German Resettlement and Population Policy 1939–1945. A History of the Reich Commission for the Strengthening of Germandom* (Cambridge, 1957), 71; Hartenstein, *Neue Dorflandschaften*, 454; and Raphael, "Radikales Ordnungsdenken," 15.

104. Czesław Madajczyk, "Einleitung," to Czesław Madajczyk (ed.), *Vom Generalplan Ost zum Generalsiedlungsplan. Dokumente* (Munich, 1994), xvii. Hartenstein, *Neue Dorflandschaften*, 78–81.

105. Schoenichen, "Wie lässt sich," 277.

106. Madajczyk, "Einleitung," xi.

107. BArch B 245/88 pp. 4–8; and Oberkrome, *Deutsche Heimat*, 1–14. ミヒャエル・ハルテンシュタインが指摘したが、計画が具体的な段階に達すると、「血と土」のロマンティシズムや永遠の農夫の神秘的な賛美から明らかに離れていた。(Hartenstein, *Neue Dorflandschaften*, 460.)

108. Koehl, *RKFDV*, 146n.

109. BArch B 245/88 p. 4.

110. Madajczyk, "Einleitung," vii.

111. Rössler and Schleiermacher, "Generalplan Ost," 7.

112. Götz Aly and Susanne Heim, *Vordenker der Vernichtung. Auschwitz und die deutschen Pläne für eine neue europäische Ordnung* (Hamburg, 1991), 432–8; and Bruno Wasser, "Die 'Germanisierung' im Distrikt Lublin als Generalprobe und erste Realisierungsphase des 'Generalplans Ost,'" in Rössler and Schleiermacher, *Generalplan Ost*, 271–93. *Himmlers Raumplanung im Osten* and Isabel Heinemann, "Wissenschaft und Homogenisierungsplanungen für Osteuropa. Konrad Meyer, der "Generalplan Ost" und die Deutsche Forschungsgemeinschaft," Isabel Heinemann and Patrick Wagner (eds.), Wissenschaft – Planung – Vertreibung. Neuordnungskonzepte und Umsiedlungspolitik im 20. Jahrhundert (Stuttgart, 2006), 52. *Der Generalplan Ost in Polen 1940–1944* (Basel, 1993).……マイヤーは後にニュルンベルク国際軍事裁判の再審理の際、自身を弁護するために、この時の計画の不履行を持ち出して、自分の仕事は単に平時の計画を実行することで、東欧での虐殺には関係していないと主張した。専門家たちの仕事を何十年にもわたって歴史の範囲外に押しやる重大な過ちだった。(Isabel Heinemann, *"Rasse, Siedlung, deutsches Blut." Das Rasse- und Siedlungshauptamt der SS und die rassenpolitische Neuordnung Europas* [Göttingen, 2003], 574.)

113. Rebentisch, *Führerstaat*, 310, 317, 325.

114. Madajczyk, "Einleitung," xvi. Aly and Heim, *Vordenker*, 439n.

115. Raphael, "Radikales Ordnungsdenken," 38. Ulrich Herbert, "Vernichtungspolitik. Neue Antworten und Fragen zur Geschichte des 'Holocaust,'" in Herbert, *Natio- nalsozialistische Vernichtungspolitik 1939–1945. Neue Forschungen und Kontroversen* (Frankfurt, 1998), 24n.

116. Kellner, Wiepking, 280–7, and Gert Gröning and Joachim Wolschke-Bulmahn, "'Ganz Deutschland ein großer Garten.' Landespflege und Stadtplanung im Nationalsozialismus," *Kursbuch* 112 (1993): 31.

117. Heck, "Behördliche Landschaftsgestaltung," 61n. Birgit Karrasch, "Die 'Gartenkunst' im Dritten Reich," *Garten und Landschaft* 100, 6 (1990): 54.

118. Koos Bosma, "Verbindungen zwischen Ost- und Westkolonisation," in Rössler and Schleiermacher, *Generalplan Ost*, 201.

119. Madajczyk, "Einleitung," xi; Koehl, *RKFDV*, 159.

84. WAA LWL Best. 702 no. 184, Landrat Sümmermann to the Oberpräsident der Provinz Westfalen, January 25, 1943.
85. StAW Landratsamt Bad Kissingen no. 1237, Bund Naturschutz in Bayern to the Obleute unserer Kreisgruppen, Christmas 1942.
86. GLAK Abt. 235 no. 48295, Hermann Schurhammer, Das Wutachtal als Naturschutzgebiet und das Schluchseewerk. Gutachten der Landesnaturschutzstelle Baden, Kolmar, November 30, 1942. BArch B 245/11 p. 47n.
87. Vietinghoff-Riesch, *Naturschutz*, 37.
88. ミュンカーは委員会活動の最後の認可を1945年1月に受けている。(HStAD NW 60 no. 1603 p. 2.)
89. BArch RW 42/36 p. 244. ウンルーの業績は以下を参照。Rebentisch, *Führerstaat*, 470–9.
90. BArch B 245/137 p. 150.
91. BArch B 245/88 p. 235; B 245/137 pp. 8, 160; R 22/2119 p. 239.
92. BArch B 245/88. See also B 245/137 pp. 23, 29.
93. BArch B 245/137 p. 14.
94. ヒトラーの世界観Weltanschauungの中心的存在として国家の生活圏Lebensraumを理解するには、以下を参照。Jäckel, *Hitlers Weltanschauung*.
95. Martin Broszat, "Soziale Motivation und Führer-Bindung des Nationalsozialismus," *Vierteljahreshefte für Zeitgeschichte* 18 (1970): 407.
96. Kershaw, *Hitler 1889–1936*, 526, 584.
97. ドイツ民族性強化国家委員会は一般的に様々なバックグラウンドを持った人々の中から専門家を徴募しようとした。ナチスの計画性について幅広い議論はHartenstein, *Neue Dorflandschaften*を参照。
98. Mechtild Rössler and Sabine Schleiermacher, "Der 'Generalplan Ost' und die 'Modernität' der Großraumordnung. Eine Einführung," Rössler and Schleiermacher (eds.), *Der "Generalplan Ost." Hauptlinien der nationalsozialistischen Planungs- und Vernichtungspolitik* (Berlin, 1993), 9; Marcel Herzberg, *Raumordnung im nationalsozialistischen Deutschland* (Dortmund, 1997), 108–11.
99. Ulrich Herbert, "'Generation der Sachlichkeit.' Die völkische Studentenbewegung der frühen zwanziger Jahre," in Ulrich Herbert, *Arbeit, Volkstum, Weltanschauung. Über Fremde und Deutsche im 20. Jahrhundert* (Frankfurt, 1995), 31–58. 世代間の違いに注目する手法を適用した興味深い研究として、以下参照。Michael Wildt, *Generation des Unbedingten. Das Führungskorps des Reichssicherheitshauptamtes* (Hamburg, 2002).
100. Rössler and Schleiermacher, "Generalplan Ost," 8.
101. Ute Deichmann, *Biologists under Hitler* (Cambridge, Mass., and London, 1996), 123.
102. Zeller, "Ich habe"; and Gröning and Wolschke-Bulmahn, *Grüne Biographien*, 18. ヴィープキング－ユルゲンスマンが国家委員会ヒエラルキーの内部でどのような立場にいたかについては以下を参照。Mechthild Rössler, *"Wissenschaft und Lebensraum." Geographische Ostforschung im Nationalsozialismus. Ein Beitrag zur Disziplingeschichte der Geographie*. Hamburger Beiträge zur Wissenschaftsgeschichte 8 (Berlin and Hamburg, 1990), 167.
103. Ingo Haar, "Der 'Generalplan Ost' als Forschungsproblem. Wissenslücken und Perspektiven," in Rüdiger vom Bruch and Brigitte Kaderas (eds.), *Wissenschaften und Wissenschaftspolitik. Bestandsaufnahmen zu Formationen, Brüchen und Kontinuitäten im Deutschland des*

stellen in Unterfranken as of March 20, 1937; Häcker, *50 Jahre*, 22; *Reichsministerialblatt der Forstverwaltung* 1 (1937): 10n.

65. HStAD NW 60 no. 623 p. 95.

66. Wettengel, "Staat und Naturschutz," 390; and Klueting, "Regelungen," 97.

67. *Reichsministerialblatt der Forstverwaltung* 2 (1938): 43.

68. BArch B 245/23 p. 29n.

69. WAA LWL Best. 702 no. 184b vol. 1, Wilhelm Lienenkämper, Die Arbeit der Naturschutzbeauftragten. Planvolles Schaffen oder Armeleutebetrieb? (ca. 1937); and WAA LWL Best. 702 no. 184b vol. 2, Gemeinsame Arbeitstagung der westfälischen Naturschutzbeauftragten und der Fachstelle Naturkunde und Naturschutz im Westfälischen Heimatbund on February 12–13, 1938, p. 6.

70. StAD G 15 Gross-Gerau B 66, memorandum of November 3, 1936, p. 2.

71. LWL Best. 717 file "Vogelberingung," esp. Vogelwarte Helgoland to Bernhard Rensch as Direktor des Landesmuseums für Naturkunde, August 16, 1939; StAN Rep. 212/19^{VII} no. 2542, Der Bayerische Landessachverständige für Vogelschutz to the Bezirksamt Weissenburg, April 25, 1938; BArch R 22/2119 p. 22; StAB MBV 502, file "Vogelschutz Vogelberingung"; and LASH Abt. 320 Eiderstedt no. 1847.

72. StAD G 38 Eudorf no. 47, Der Direktor der Reichsstelle für Naturschutz to the Stabsämter der Gaujägermeister, September 10, 1937.

73. KAW Landratsamt Warendorf C 303, Der Direktor der Reichsstelle für Naturschutz to the Beauftragten für Naturschutz, February 25, 1937.

74. HStAD BR 1011 no. 43 p. 185.

75. GLAK Abt. 235 no. 6550, Der Direktor der Reichsstelle für Naturschutz to the Vorsitzenden der höheren Naturschutzstellen, February 7, 1938.

76. Hans Klose, "Der Ruf der Heimat schweigt nie!," *Naturschutz* 21 (1941): 4; Luitpold Rueß, "Naturschutz im Krieg," *Blätter für Naturschutz* 23 (1940): 30n; StAN Rep. 212/19^{VII} no. 2542, Bund Naturschutz in Bayern to the Gruppenführer and Vertrauensmänner, November 15, 1939; and LASH Abt. 320 Eiderstedt no. 1807, letter of the Verein Jordsand zur Begründung von Vogelfreistätten an den deutschen Küsten, January 14, 1942.

77. HStAD NW 72 no. 531 p. 118.

78. HStADd Best. 10747 No. 2251, memorandum of the Regierungspräsident zu Dresden- Bautzen on the meeting on June 26, 1941; BArch B 245/19 p. 40; LASH Abt. 320 Eiderstedt no. 1807, letter of the Verein Jordsand zur Begründung von Vogelfreistätten an den deutschen Küsten, April 1, 1941. Ditt, *Raum*, 344–8.

79. BArch B 245/19 p. 233; WAA LWL Best. 702 no. 192, memorandum of the Oberpräsident der Provinz Westfalen, September 25, 1941. StAW Landratsamt Bad Kissingen no. 1233, Heeresstandortverwaltung Bad Kissingen to the Landrat Bad Kissingen, November 26, 1940.

80. Georg Fahrbach, "Zum Geleit," in Hans Schwenkel, *Taschenbuch des Naturschutzes* (Salach/Württemberg, 1941), 6.

81. Maier, "Unter Wasser," 164.

82. 以下の議事録を参照。StAN Rep. 212/19^{VII} no. 2539.

83. GLAK Abt. 235 no. 16203, Der Minister des Kultus und Unterrichts to Ursel Küppers, December 22, 1941.

49. HStADd Best. 10747 no. 2255, Der Reichsstatthalter in Sachsen, Landesforstverwaltung to the Kreishauptmann zu Dresden-Bautzen, January 14, 1938.
50. HStAD RW 24 no. 961, Naturdenkmalpflege und Naturschutz im Gebiete des Siedlungsverbandes Ruhrkohlenbezirk. Tätigkeitsbericht des Bezirksbeauftragten für Naturschutz in Essen für die Geschäftsjahre 1935/1936 und 1936/1937, p. 14.
51. HStAD BR 1005 no. 156, Der Provinzjägermeister für die Rheinprovinz to the Oberpräsident der Rheinprovinz, July 2, 1934.
52. StAD G 15 Friedberg B 101, decree of the Reichsminister für Wissenschaft, Erziehung und Volksbildung, July 4, 1938.
53. StAW Landratsamt Bad Kissingen no. 1237, Bund Naturschutz in Bayern to the Grupenführer and Vertrauensmänner, October 22, 1938.
54. WAA LWL Best. 702 no. 191, Landesbauernschaft Westfalen, Der Landesbauernführer to the chair of the Heimat- und Naturschutz-Ausschuss des Sauerländischen Gebirgsvereins, December 17, 1936. 同様に GLAK Abt. 235 no. 47680, decree of November 20, 1937. 1937年11月20日付政令。
55. HStAD BR 1011 no. 43, decree of the Reichs- und Preußischer Wirtschaftsminister, May 12, 1936. 同様に BArch R 22/2119 p. 113.
56. Stefan Berkholz, *Goebbels' Waldhof am Bogensee. Vom Liebesnest zur DDR- Propagandastätte* (Berlin, 2004), 35–40.
57. StAD G 15 Friedberg B 101, Niederschrift über die Arbeitsbesprechung und Bereisung am 19. und 20. Juni in Frankfurt a.M. und Umgebung, p. 12.
58. StAN Rep. 212/19^{VII} no. 2547, Bund Naturschutz in Bayern, Das Naturschutzgebiet am Königssee in den Berchtesgadener Alpen (1921), p. 17.
59. StAD G 15 Friedberg B 101, Der Beauftragte für Naturschutz im Bereiche des Landes Hessen to the Beauftragte bei den Kreisstellen für Naturschutz, February 24, 1940; Kersten, "Naturschutz"; Oberkrome, *Deutsche Heimat*, 95, 517. Wolfhard Buchholz, *Die Nationalsozialistische Gemeinschaft "Kraft durch Freude." Freizeitgestaltung und Arbeiterschaft im Dritten Reich* (Ph.D. 'dissertation, University of Munich, 1976); and Hermann Weiß, "Ideologie der Freizeit im Dritten Reich. Die NS- Gemeinschaft 'Kraft durch Freude,'" *Archiv für Sozialgeschichte* 33 (1993): 289–303.
60. BArch B 245/6 p. 234.
61. StAN Rep. 212/19^{VII} no. 2535, Staatsministerium des Innern to the Bezirksamt Weißenburg, October 2, 1937, および、1937年10月15日付、1938年1月6日付パッペンハイム市の市長の書簡を見よ。
62. Schoenichen, *Naturschutz als völkische und internationale Kulturaufgabe*, 55. したがって、ナチスドイツに「自然の国有化」という目的があったと分析することに意味があるのかどうか疑わしい。Richard White, "The Nationalization of Nature," *Journal of American History* 86 (1999): 976–86, and Sara B. Pritchard, "Reconstructing the Rhône. The Cultural Politics of Nature and Nation in Contemporary France, 1945– 1997," *French Historical Studies* 27 (2004): 765–99.
63. *Nachrichtenblatt für Naturdenkmalpflege* 11 (1934): 65.
64. HStAD NW 60 no. 623 p. 97r. For information on other areas, see StAW Landratsamt Bad Kissingen no. 1233, Verzeichnis der Mitglieder der höheren Naturschutzstelle bei der Regierung von Unterfranken und Aschaffenburg und der Beauftragten bei den unteren Naturschutz-

24. Wettengel, "Staat und Naturschutz," 389; and Klueting, "Regelungen," 100.
25. HStAD RW 24 no. 961, Naturdenkmalpflege und Naturschutz im Gebiete des Siedlungsverbandes Ruhrkohlenbezirk. Tätigkeitsbericht des Bezirksbeauftragten für Naturschutz in Essen für die Geschäftsjahre 1935/1936 und 1936/1937, p. 5.
26. Emeis, "Stand," 142–5.
27. WAA LWL Best. 702 no. 184b vol. 2, Tätigkeitsbericht des Bezirksbeauftragten für Naturschutz im Regierungsbezirk Arnsberg für die Geschäftsjahre 1936/1937 und 1937/1938, p. 4.
28. Häcker, *50 Jahre*, 28.
29. *Ibid.*, 58.
30. Frank Uekötter, "Einleitung," in Radkau and Uekötter, *Naturschutz und Nationalsozialismus*, 27–9.
31. StAW Landratsamt Bad Kissingen no. 1234, Schutz der Bachläufe und ihrer Uferbäume und Gebüsche. Hans Stadler to all Bürgermeister des Gaues Mainfranken, p. 2.
32. Schubert, "Zur Entwicklung," 522.
33. Schoenichen and Weber, *Reichsnaturschutzgesetz*, 114. Schubert, "Zur Entwick- lung," 498.
34. Cornelius, *Reichsnaturschutzgesetz*, 45.
35. BArch B 245/19 p. 18n; BArch B 245/23 pp. 20, 24; StAN Rep. 212/19^{VII} no. 2535, Der Gauheimatpfleger der NSDAP im Gaubereich Franken to the Bezirksamt Weißenburg, December 10, 1935; and WAA LWL Best. 702 no. 191.
36. WAA LWL Best. 702 no. 185, Landrat Recklinghausen to the Oberpräsident Münster, July 8, 1936.
37. *Ibid.*, Landrat Recklinghausen to the Oberpräsident Münster, December 9, 1936.
38. *Ibid.*, contract of March 6, 1937.
39. HStAD RW 24 no. 961, Naturdenkmalpflege und Naturschutz im Gebiete des Siedlungsverbandes Ruhrkohlenbezirk. Tätigkeitsbericht des Bezirksbeauftragten für Naturschutz in Essen für die Geschäftsjahre 1935/1936 und 1936/1937, p. 8.
40. WAA LWL Best. 702 no. 191, Wilhelm Münker, Heimat- und Naturschutz-Ausschuß des Sauerländischen Gebirgsvereins to Landeshauptmann Kolbow, June 15, 1937.
41. WAA LWL Best. 702 no. 192, memorandum of July 15, 1936.
42. StAN Rep. 212/19^{VII} no. 2535, memorandum of the Geschäftsführer der Naturschutzstelle Weißenburg, January 30, 1936, p. 1; HStADd Best. 10747 no. 2255, Kreishauptmann Dresden to the Amtshauptmann Löbau, June 24, 1938.
43. GLAK Abt. 237 no. 49495, Badischer Finanz- und Wirtschaftsminister, Forstabteilung to the Finanz- und Wirtschaftsminister, January 28, 1936, p. 2.
44. Stolleis, *Gemeinwohlformen*, 126. During the Nazi era, the Administrative Court of Prussia had jurisdiction for all of Germany.
45. Schoenichen and Weber, *Reichsnaturschutzgesetz*, 44.
46. StAD G 15 Gross-Gerau B 66, memorandum of November 3, 1936, p. 2; StAW Landratsamt Bad Kissingen no. 1234, Bayerische Landesstelle für Naturschutz to the bayerische Naturschutzbehörden and Naturschutzbeauftragten, December 18, 1936; StAN Rep. 212/19^{VII} no. 2542; and HStADd Best. 10747 no. 2251.
47. BArch R 2/4730 pp. 145, 147, 151.
48. HStADd Best. 10702 no. 1426, *Berliner Börsenzeitung* no. 304 of July 2, 1935.

für die Geschäftsjahre 1935/1936 und 1936/1937, p. 15; StAN Rep. 212/19^{VII} no. 2546, Bezirksamt Weissenburg to the Bürgermeister Suffersheim, December 17, 1938.

9. StAN Rep. 212/19^{VII} no. 2535, Regierung von Oberfranken und Mittelfranken to the Bezirksverwaltungsbehörden, December 10, 1938; StAD G 38 Eudorf no. 47, Der Reichsstatthalter in Hessen to the Forstämter, July 1, 1937.
10. StAW Landratsamt Obernburg no. 210, Regierung von Unterfranken und Aschaffenburg to the untere Naturschutzbehörden, January 11, 1938.
11. LASH Abt. 320 Eiderstedt no. 1846, Lamprecht and Wolf, Aufgaben des Natur- und Heimatschutzes im Kreise Husum (1935), p. 1n.
12. StAW Landratsamt Ebern no. 1336, Der Regierungs-Beauftragte der NSDAP für Naturschutz in Unterfranken to Hauptlehrer Hoch in Ebern, March 11, 1935. Similarly, WAA LWL Best. 702 no. 184b vol. 2, Gemeinsame Arbeitstagung der westfälischen Naturschutzbeauftragten und der Fachstelle Naturkunde und Naturschutz im Westfälischen Heimatbund on February 12–13, 1938, p. 4.
13. WAA LWL Best. 702 no. 184, Wilhelm Lienenkämper, Der Deutsche und seine Landschaft. Vom gegenwärtigen Stand der Naturschutzbewegung. Easter edition of the conservation supplement of the Lüdenscheider Generalanzeiger, March 31, 1934.
14. HStADd Best. 10747 no. 2251, Der Regierungspräsident zu Dresden-Bautzen to the Landesbauernschaft Sachsen, July 4, 1939; StAD G 38 Eudorf no. 47, Forstamt Homberg to Forstamt Eudorf, October 12, 1938; and Kersten, “Naturschutz,” 3602.
15. WAA LWL Best. 702 no. 184b vol. 2, Tätigkeitsbericht des Bezirksbeauftragten für Naturschutz im Regierungsbezirk Arnsberg für die Geschäftsjahre 1936/1937 und 1937/1938, p. 3.
16. BArch B 245/101 p. 101; StAW Landratsamt Obernburg no. 210, Regierung von Unterfranken und Aschaffenburg to the Bezirksverwaltungsbehörden, February 17, 1936; StAW Landratsamt Ebern no. 1336, Der Gauheimatpfleger und Beauftragte für Naturschutz der NSDAP Mainfranken to the Bürgermeister, November 1, 1937. Karsten Runge, *Entwicklungstendenzen der Landschaftsplanung. Vom frühen Naturschutz bis zur ökologisch nachhaltigen Flächennutzung* (Berlin, 1998), 20.
17. Wettengel, “Staat und Naturschutz,” 396.
18. Oberkrome, *Deutsche Heimat*, 14.
19. 以下に本文中に引用した発言がある。Lekan, “It Shall,” 73.
20. HStAD BR 1011 no. 43 p. 181; Konrad Buchwald, “Geschichtliche Entwicklung von Landschaftspflege und Naturschutz in Deutschland während des Industriezeitalters,” in Konrad Buchwald and Wolfgang Engelhardt (eds.), *Handbuch für Landschaftspflege und Naturschutz. Schutz, Pflege und Entwicklung unserer Wirtschafts- und Erholungslandschaften auf ökologischer Grundlage* (Munich, 1968), 107.
21. Lekan, *Imagining*, 186–8.
22. Oberkrome, *Deutsche Heimat*, 259. ハンス・シュヴェンケルがどのようにして景観保全（*Landschaftspflege*）を自然保護の一部として定義したのかを見ることは意義深い。(Hans Schwenkel, *Grundzüge der Landschaftspflege*. Landschaftsschutz und Landschaftspflege 2 [Neudamm and Berlin, 1938], 9–14. Hans Klose, “Von unserer Arbeit während des Krieges und über Nachkriegsaufgaben,” *Naturschutz* 25 [1944]: 4.)
23. Schoenichen, *Naturschutz als völkische und internationale Kulturaufgabe*, 30, 33.

226. GLAK Abt. 235 no. 47677, Schluchseewerk Aktiengesellschaft to the Ministerium des Kultus und Unterrichts, July 22, 1944. 同様の趣旨の記事が以下にも見られる。Hans Klose, "Große Gedanken der Schöpfung," *Naturschutz* 24 (1943): 77n.
227. BArch B 245/6 p. 179.
228. BArch B 245/6 p. 182r.
229. GLAK Abt. 235 no. 48295, Ludwig Finckh to Burkhart Schomburg, April 20, 1943.
230. BArch B 245/6 p. 182r.
231. GLAK Abt. 235 no. 48275, Der höhere SS- und Polizeiführer bei den Reichsstatthaltern in Württemberg und Baden im Landkreis V und beim Chef der Zivilverwaltung im Elsaß to Ludwig Finckh, August 25, 1943.
232. *Ibid.*
233. GLAK Abt. 235 no. 48295, Aus einem Brief des Bürgermeisters der Stadt Waldshut an Dr. Ludwig Finckh, January 18, 1944.
234. GLAK Abt. 235 no. 47677, Badische Landesnaturschutzstelle to the Minister des Kultus und Unterrichts, September 5, 1944.
235. NSDAP Membership no. 5146461, from May 1, 1937.
236. Chaney, *Visions*, 189–228.
237. Schluchseewerk AG, *Ein halbes Jahrhundert mit Wasserkraft dabei. Schluchseewerk AG Freiburg 1928–1978* (Freiburg, 1978), 29; and StAF F 30/6 no. 142, Niederschrift über die Besprechung verschiedener Fragen, die das Schluchseewerk berühren, bei der Baudirektion Freiburg on December 18, 1951, p. 8.

第5章

1. HStAD NW 60 no. 1603 p. 299; WAA LWL Best. 702 no. 184b vol. 2, Wilhelm Lienenkämper, Das Naturschutz-ABC, p. 16; LASH Abt. 320 Eiderstedt no. 1846, Lamprecht and Wolf, Aufgaben des Natur- und Heimatschutzes im Kreise Husum (undated), p. 5; G. Löhr, "Der gegenwärtige Stand und die Aufgaben des Naturschutzes in der Rheinpfalz," *Blätter für Naturschutz und Naturpflege* 18 (1935): 108.
2. Walther Schoenichen, *Der Umgang mit Mutter Grün. Ein Sünden- und Sittenbuch für jedermann* (Berlin-Lichterfelde, 1929).
3. Schwenkel, *Taschenbuch*, 16; Emeis, "Stand," 173.
4. StAW Landratsamt Bad Kissingen no. 1233, Regierung von Unterfranken und Aschaffenburg to the Bezirksämter and Oberbürgermeister der Stadtkreise, March 20, 1937, p. 12.
5. WAA LWL Best. 702 no. 192a; HStAD BR 1011 no. 45 vol. 2; HStAD Landratsamt Siegkreis no. 434; StAW Landratsamt Ebern no. 1336; HStADd Best. 10747 no. 2255 and 2256; and StAD G 15 Friedberg B 100.
6. HStAD NW 72 no. 531 p. 15; StAB MBV 502, Amtsblatt der Regierung in Minden of September 24, 1938.
7. BArch B 245/25 pp. 1–5; HStAD NW 72 no. 531 p. 14; and StAN Rep. 212/19^{VII} no. 2923, Staatlich anerkannter Ausschuß für Vogelschutz, Organisations- und Propagandaleiter Garmisch-Partenkirchen, February 7, 1938.
8. HStAD RW 24 no. 961, Naturdenkmalpflege und Naturschutz im Gebiete des Siedlungsverbandes Ruhrkohlenbezirk. Tätigkeitsbericht des Bezirksbeauftragten für Naturschutz in Essen

210. Wettengel, "Staat und Naturschutz," 390. Klueting, "Regelungen," 97.

211. StAF C 30/1 no. 1268, memorandum of the Badische Naturschutzstelle, March 20, 1942, p. 5, and Badische Naturschutzstelle to the Finanz- und Wirtschaftsstelle, May 20, 1942, p. 4.

212. HStAS EA 3/102 no. 29, Der Minister des Kultus und Unterrichts als Höhere Naturschutzbehörde to the Finanz- und Wirtschaftsminister, June 19, 1942.

213. GLAK Abt. 235 no. 47677, Schluchseewerk-Aktiengesellschaft to the Ministerium des Kultus und Unterrichts, October 27, 1942, p. 2, and Der Reichsstatthalter in Baden, Planungsbehörde to the Minister für Kultus und Unterricht, October 20, 1942; HStAS EA 3/102 no. 29, Schluchseewerk-Aktiengesellschaft to the Generalinspektor für Wasser und Energie, September 9, 1942.

214. StAF C 30/1 no. 1268, Der Minister des Innern to the Finanz- und Wirtschaftsminister, December 23, 1942.

215. StAF C 30/1 no. 1268, 以下に関する1942年7月3日付手書きメモ。Der Minister des Kultus und Unterrichts als Höhere Naturschutzbehörde to the Finanz- und Wirtschaftsminister, June 19, 1942.

216. HStAS EA 3/102 no. 29, Der Reichsstatthalter in Baden to Generalforstmeister Alpers, Reichsforstamt, December 23, 1942, p. 2

217. GLAK Abt. 235 no. 48295, Hermann Schurhammer, Das Wutachtal als Naturschutzgebiet und das Schluchseewerk. Gutachten der Landesnaturschutzstelle Baden, Kolmar, November 30, 1942.

218. GLAK Abt. 235 no. 47677, letter of Georg Wagner, September 9, 1942; BArch B 245/6 pp. 38–40, 197; HStAS EA 3/102 no. 29, memorandum of Der Reichsstatthalter in Baden, Planungsbehörde, October 9, 1942, p. 2.

219. GLAK Abt. 235 no. 47677, Reichslandschaftsanwalt Alwin Seifert to the Generalinspektor für Wasser und Energie, January 9, 1943. GLAK Abt. 237 no. 50599, Reichslandschaftsanwalt Alwin Seifert to the Generalinspektor für Wasser und Energie, September 7, 1942.

220. GLAK Abt. 235 no. 47677, Schluchseewerk-Aktiengesellschaft to the Ministerium des Kultus und Unterrichts, October 27, 1942, p. 6; HStAS EA 3/102 no. 29, Schluchseewerk AG, Die Wutach im Rahmen der Ausnützung der Wasserkräfte des Schluchseewerks, Freiburg, February 12, 1943.

221. GLAK Abt. 235 no. 47677, memorandum of the Badisches Ministerium des Kultus und Unterrichts, April 12, 1943, and HStAS EA 3/102 no. 29, memorandum of the Badisches Finanz- und Wirtschaftsministerium, March 1943. HStAS EA 3/102 no. 29, Professor Asal to the Regierungspräsidium Südbaden, April 11, 1956.

222. StAF C 30/1 no. 1268, Der Reichsforstmeister als Oberste Naturschutzbehörde to the Generalinspektor für Wasser und Energie, March 9, 1943.

223. BArch B 245/6 p. 169. Bärbel Häcker, *50 Jahre Naturschutzgeschichte in Baden- Württemberg. Zeitzeugen berichten* (Stuttgart, 2004), 16.

224. HStAS EA 3/102 no. 29, Badische Naturschutzstelle to the Finanz- und Wirtschaftsminister, January 26, 1942.

225. GLAK Abt. 235 no. 47677, Der Reichsstatthalter in Baden to the Minister des Kultus und Unterrichts, March 6, 1943, and HStAS EA 3/102 no. 29, memorandum of the Badisches Finanz- und Wirtschaftsministerium, March 1943.

188. HStAS EA 3/102 no. 29, resolution of January 1927.

189. GLAK Abt. 237 no. 49495, Badischer Landtag, 64th session of September 13, 1928, p. 2915.

190. Hans Allmendinger, *Die elektrizitätswirtschaftliche Erschliessung des Schluchseegebietes und ihre allgemeinen Zusammenhänge* (Ph.D. dissertation, University of Cologne, 1934), esp. pp. 12, 36n, 53n.

191. GLAK Abt. 235 no. 48254, Der Minister des Kultus und Unterrichts to the Minister der Finanzen, April 19, 1928; GLAK Abt. 235 no. 48295, Badischer Landesverein für Naturkunde und Naturschutz to the Ministerium des Kultus und Unterrichts, April 24, 1928.

192. Badischer Landtag, Sitzungsperiode 1927/28, Drucksache no. 92b.

193. GLAK Abt. 235 no. 48295, Ministerium der Finanzen, Forstabteilung to the Minister des Kultus und Unterrichts, January 7, 1927, esp. p. 6 (quotation).

194. GLAK Abt. 237 no. 49495, Der Bürgermeister Neustadt to the Landtagsabgeordnete Duffner, Maier and Martzloff, November 8, 1928, p. 3.

195. GLAK Abt. 235 no. 48254, Forst- und Domänendirektion Karlsruhe to the Ministerium des Kultus und Unterrichts, May 18, 1914.

196. GLAK Abt. 237 no. 49495, memorandum of the Forstabteilung des Finanzministeriums, June 21, 1932, p. 2.

197. *Ibid.*, Der Minister des Kultus und Unterrichts to the Geschäftsführer der Bezirksnaturschutzstelle für den Amtsbezirk Neustadt, March 6, 1936.

198. GLAK Abt. 235 no. 48295, Badischer Finanz- und Wirtschaftsminister to the Minister des Kultus und Unterrichts, February 5, 1936, p. 1; GLAK Abt. 237 no. 49495, Badischer Finanz- und Wirtschaftsminister, Forstabteilung to the Finanz- und Wirtschaftsminister, January 28, 1936.

199. GLAK Abt. 235 no. 48295, Minister des Kultus und Unterrichts to the Reichsforstmeister, August 25, 1938; BArch B 245/6 p. 224.

200. GLAK Abt. 235 no. 48295, Amtsblatt of August 12, 1939, pp. 180–1.

201. Sandra Lynn Chaney, *Visions and Revisions of Nature. From the Protection of Nature to the Invention of the Environment in the Federal Republic of Germany, 1945–1975* (Ph.D. dissertation, University of North Carolina at Chapel Hill, 1996), 186.

202. StAF E 34/1 no. 4, Schluchseewerk to the Bezirksamt Waldshut, June 30, 1938.

203. GLAK Abt. 237 no. 50599, 1938年11月8日付のカールスルーエでの交渉記録。p. 2.

204. GLAK Abt. 237 no. 48408, Entschließung des Bezirksamts Neustadt of March 30, 1938.

205. GLAK Abt. 237 no. 50599, Baurat Henninger to Oberbaurat Köbler, April 1941.

206. 以下の議事録を参照。GLAK Abt. 237 no. 50599, esp. Finanz- und Wirtschaftsminister to the Abteilung für Landwirtschaft und Domänen, April 27, 1942.

207. HStAS EA 3/102 no. 29, Minister des Kultus und Unterrichts als Höhere Naturschutzbehörde to the Finanz- und Wirtschaftsminister, Abteilung für Landwirtschaft und Domänen, July 4, 1941.

208. *Ibid.*, Der Generalinspektor für Wasser und Energie to the Schluchseewerk, September 30, 1941.

209. *Ibid.*, Landesnaturschutzstelle Baden to the Wasserwirtschaftsamt Waldshut, January 21, 1942.

165. Köster, *Emstal*, 85–90.
166. Ansgar Kaiser, *Zur Geschichte der Ems. Natur und Ausbau* (Rheda-Wiedenbrück, 1993), 110.
167. WAA LWL Best. 305 no. 55, Angabe an das Arbeitsamt, June 11, 1940.
168. Kaiser, *Geschichte*, 115.
169. Martin Arens and Paul Otto, "Die Wasserwirtschaft des Emsgebietes," in Edgar Sommer (ed.), *Die Ems. Unsere Heimat – Unsere Welt*. Deutsche Flüsse in Wort und Bild 1 (Burgsteinfurt, 1956), 121.
170. *Münsterischer Anzeiger* 83/754 (July 22, 1934).
171. WAA LWL Best. 305 no. 54, Der Oberbürgermeister, Stadtvermessungsamt Münster to the Kulturamt Münster, July 12, 1938.
172. *Ibid.*, Der Beauftragte für Naturschutz im Regierungsbezirk Münster to the Oberpräsident der Provinz Westfalen, August 16, 1938.
173. *Ibid.*, Der Beauftragte für Naturschutz in der Provinz Westfalen to the Oberpräsident der Provinz Westfalen, July 19, 1938.
174. WAA Best. 717 no. 60, Niederschrift über die Besprechung vom 24.10.38 wegen Forderungen des Naturschutzes beim Emsausbau, October 27, 1938.
175. BArch B 245/23 pp. 87, 90–1.
176. WAA Best. 717 no. 60, Niederschrift über die Besprechung vom 24.10.38 wegen Forderungen des Naturschutzes beim Emsausbau, October 27, 1938, p. 2.
177. WAA LWL Best. 305 no. 54, notes of November 20, 1933, and February 7, 1934; WAA Best. 717 no. 59, Der Landeshauptmann der Provinz Westfalen to the Gauleitung Westfalen Nord, May 24, 1934; and WAA Best. 717 no. 60, Wasserstraßenamt Rheine to the Beauftragten für Naturschutz Münster, July 31, 1939.
178. WAA LWL Best. 305 no. 64, Niederschrift über die Emsbegehung von der Eisenbahnbrücke Westbevern bis zur Schiffahrt und von der Brücke Heinrichmann unterhalb der Schiffahrt bis nach Gimbte on February 1, 1937; and WAA LWL Best. 305 no. 54, Der Beauftragte für Naturschutz im Regierungsbezirk Münster to the Oberpräsident der Provinz Westfalen, November 27, 1941.
179. *Münsterländische Nachrichten* 12/214 (November 11, 1937).
180. Gregor Rüter, Rainer Westhoff, *Geschichte und Schicksal der Telgter Juden 1933–1945* (Telgte, 1985), 62–78.
181. *Münsterländische Nachrichten* 13/268 (November 17, 1938).
182. 1945年以降、エムス川沿いの治水事業はナチス時代に定められた方針のまま数十年も続けられた。それに関しては本書178頁を参照。
183. *Freiburger Zeitung* no. 354 (December 29, 1929), p. 9 and no. 355 (December 30, 1925), p. 2.
184. GLAK Abt. 235 no. 48295, Baurat Schurhammer to the Badisches Forstamt Bonndorf, February 12, 1926, p. 7.
185. Zeller, "Ganz Deutschland," 293.
186. GLAK Abt. 235 no. 6549, Der Minister des Kultus und Unterrichts to the Reichsforstmeister, August 7, 1939.
187. *Ibid.*, memorandum of the Ministerium des Kultus und Unterrichts, July 16, 1926.

144. Schoenichen, “Appell,” 146n.
145. Köster, *Emstal*, 85.
146. *Marienbote* [Telgte] 17/12 (March 25, 1934). ドイツの国家労働奉仕団事業の準軍事的性格については以下を参照。Patel, *Soldaten*, 336n.
147. Thorsten Kaatz and Christian Schulze-Dieckhoff, “Wenn die Ems ihr Bett verläßt . . . Beitrag zum Wettbewerb Deutsche Geschichte um den Preis des Bundespräsidenten” (February, 1987), 53n.
148. WAA Best. 717 file “Provinzialbeauftragter,” Liste der Naturschutzgebiete der Provinz Westfalen, aufgestellt vom Kommissar für Naturdenkmalpflege der Provinz Westfalen nach dem Stande vom 1. Oktober 1933.
149. Lekan, “It Shall,” 75.
150. WAA Best. 717 file “Provinzialbeauftragter,” Liste der Naturschutzgebiete der Provinz Westfalen, aufgestellt vom Kommissar für Naturdenkmalpflege der Provinz Westfalen nach dem Stande vom 1. Oktober 1933.
151. WAA LWL Best. 305 no. 54, Westfälischer Heimatbund to the Landeshauptmann der Provinz Westfalen, September 1, 1933.
152. *Ibid.*, Nationalsozialistische Deutsche Arbeiterpartei, Gauleitung Westfalen-Nord, Der Gaukulturwart to the Landeshauptmann der Provinz Westfalen, September 4, 1933.
153. *Ibid.*, *Die Glocke* of October 21, 1933.
154. *Ibid.*, Der Landeshauptmann der Provinz Westfalen to the Westfälischer Heimatbund, September 21, 1933.
155. *Ibid.*, Freie Künstlergemeinschaft Schanze to Landeshauptmann Kolbow, November 27, 1933.
156. *Ibid.*, Der Landeshauptmann der Provinz Westfalen to the Freie Künstlergemeinschaft Schanze, December 21, 1933.
157. WAA Best. 717 no. 59, Gedanken zum geplanten Ausbau der Ems, January 1934, esp. pp. 1, 3–6. この意見書の下書き原稿では批判はさらに厳しいものだった。以下を参照。WAA Best. 717 no. 60.
158. WAA LWL Best. 305 no. 46, Niederschrift über die durch Erlass des Preußischen Landwirtschaftsministers angeordnete Besprechung über die Emsregulierung on April 13, 1928, p. 6.
159. WAA Best. 717 no. 103, Der Oberpräsident der Provinz Westfalen to the Kommissar für Naturdenkmalpflege, February 13, 1934.
160. WAA LWL Best. 305 no. 54, Der Landeshauptmann der Provinz Westfalen to the Schriftleitung der Nationalzeitung, the Münsterischer Anzeiger, the Münstersche Zeitung, the Deutsches Nachrichtenbüro Münster and the Westfälische Provinzialkorrespondenz Werland, January 22, 1934. Emphasis in the original.
161. WAA Best. 717 no. 59, Der Landeshauptmann der Provinz Westfalen to the Gauleitung Westfalen Nord, May 24, 1934.
162. WAA Best. 717 no. 103, Der Kreisausschuss des Landkreises Münster to the Regierungspräsident Münster, July 14, 1934.
163. WAA Best. 717 no. 59, Gedanken zum geplanten Ausbau der Ems, January 1934, p. 2.
164. *Marienbote* [Telgte] 17, 12 (March 25, 1934).

1925.

129. KAW Landratsamt Warendorf B 775, Entschließung des Westfälischen und Emsländischen Bauernverein of October 4, 1926. Barbara Köster, *Das Warendorfer Emstal gestern und heute* (Warendorf, 1989), 80.

130. WAA LWL Best. 305 no. 47, Allgemeiner Plan des Preußischen Kulturbauamts Minden, April 13, 1928.

131. Karl August Wittfogel, *Die orientalische Despotie. Eine vergleichende Untersuchung totaler Macht* (Frankfurt, 1977).

132. WAA LWL Best. 305 no. 47, Allgemeiner Plan des Preußischen Kulturbauamts Minden, April 13, 1928, esp. pp. 1, 8, 12n, 47, 72n, 105, 111.

133. WAA LWL Best. 305 no. 46, Niederschrift über die durch Erlass des Preußischen Landwirtschaftsministers angeordnete Besprechung über die Emsregulierung on April 13, 1928, p. 4.

134. *Ibid.*, Niederschrift über die Besprechung der Frage der Emsregulierung im Sitzungssaale der Landwirtschaftskammer zu Münster, October 18, 1930, p. 9.

135. Ulrich Kluge, *Agrarwirtschaft und ländliche Gesellschaft im 20. Jahrhundert* (Munich, 2005), 20–6. ウェストファリアにおける同時代の農業危機について別の観点からの資料として、以下を参照。Burkhard Theine, *Westfälische Landwirtschaft in der Weimarer Republik. Ökonomische Lage, Produktionsformen und Interessenpolitik* (Paderborn, 1991); Peter Exner, *Ländliche Gesellschaft und Landwirtschaft in Westfalen 1919–1969* (Paderborn, 1997); and Helene Albers, *Zwischen Hof, Haushalt und Familie. Bäuerinnen in Westfalen-Lippe 1920–1960* (Paderborn, 2001).

136. WAA LWL Best. 305 no. 46, Niederschrift über die Besprechung der Frage der Emsregulierung im Sitzungssaale der Landwirtschaftskammer zu Münster, October 18, 1930, p. 5. 同様に KAW Landratsamt Warendorf B 775, Entschließung des Westfälischen und Emsländischen Bauernverein of October 4, 1926.

137. WAA LWL Best. 305 no. 53, Gutachtliche Äusserung der Landesbauernschaft zum Emsausbau, June 27, 1938.

138. StAT C 2303, Niederschrift über die Verhandlungen betreffend den Emsausbau on March 4, 1931, p. 4n.

139. WAA LWL Best. 305 no. 46, Niederschrift über die Besprechung der Frage der Emsregulierung im Sitzungssaale der Landwirtschaftskammer zu Münster, October 18, 1930, p. 1.

140. StAT C 2303, Niederschrift über die Verhandlungen betreffend den Emsausbau on March 4, 1931, p. 2.

141. WAA LWL Best. 305 no. 46, Niederschrift über die Besprechung der Frage der Emsregulierung im Sitzungssaale der Landwirtschaftskammer zu Münster, October 18, 1930, p. 9.

142. KAW Kreisausschuss Warendorf B 267, *Die Glocke* of November 2, 1932.

143. StAT C 2303, Niederschrift über die Verhandlungen betreffend den Emsausbau on March 4, 1931, p. 9; StAT C 1978, Der Vorsitzende des Kreisausschusses, memorandum of September 7, 1933, p. 2; WAA LWL Best. 305 no. 46, Niederschrift über die Besprechung der Frage der Emsregulierung im Sitzungssaale der Landwirtschaftskammer zu Münster, October 18, 1930, and Entschließung der Zentrumsfraktion, Münster, April 21, 1931; and WAA LWL Best. 305 no. 50, 55, 65.

あったという。(Gritzbach, *Hermann Göring*, 110.)

106. Mitzschke, *Das Reichsnaturschutzgesetz*, 72.

107. Knopf and Martens, *Görings Reich*, 34.

108. BArch R 2/4730 p. 157. Andreas Gautschi, *Die Wirkung Hermann Görings auf das deutsche Jagdwesen im Dritten Reich* (Ph.D. dissertation, Göttingen University, 1997), 115, 236–8.

109. Bajohr, *Parvenüs*, 67.

110. Hans Walden, "Zur Geschichte des Duvenstedter Brooks," *Naturschutz und Landschaftspflege in Hamburg* 46 (1995): 17; Hans Walden, "Untersuchungen zur Geschichte des Duvenstedter Brooks," *Mitteilungen zum Natur- und Umweltschutz in Hamburg* 3 (1987): 26–32. ドゥヴェンシュテッター・ブルック自然保護区の公式な合法手続きに関しては、以下を参照。BArch B 245/196 pp. 405–7.

111. Bajohr, *Parvenüs*, 72.

112. Nippert, *Schorfheide*, 59.

113. Buchholz and Coninx, *Schorfheide*, 45n.

114. *Reichsministerialblatt der Forstverwaltung* 6 (1942): 316. 政令の草案については以下を参照。BArch R 2/4731 pp. 46–7.

115. Knopf and Martens, *Görings Reich*, 118.

116. Nippert, *Schorfheide*, 62n.

117. Kurth-Gilsenbach, *Schorfheide*, 22; Knopf and Martens, *Görings Reich*, 128.

118. Knopf and Martens, *Görings Reich*, 150n; Kurth-Gilsenbach, *Schorfheide*, 34; Annett Gröschner, "Auf Carinhall, Schorfheide," in Stephan Porombka and Hilmar Schmundt (eds.), *Böse Orte. Stätten nationalsozialistischer Selbstdarstellung – heute* (Berlin, 2005), 103.

119. Nippert, *Schorfheide*, 153; Buchholz and Coninx, *Schorfheide*, 129.

120. Buchholz and Coninx, *Schorfheide*, 79, 81, 88, 122n; Kurth-Gilsenbach, *Schorfheide*, 22.

121. Thomas Grimm, *Das Politbüro privat. Ulbricht, Honecker, Mielke & Co. aus der Sicht ihrer Angestellten* (Berlin, 2004), 123n.

122. Reinhold Andert and Wolfgang Herzberg, *Der Sturz. Erich Honecker im Kreuzverhör* (Berlin and Weimar, 1991), 387.

123. Nippert, *Schorfheide*, 188n; Kurth-Gilsenbach, *Schorfheide*, 19; Gautschi, *Wirkung*, 369.

124. Nippert, *Schorfheide*, 52, 56n.

125. Siewert, "Schorfheide," 230; Scherping, *Waidwerk*, 120n. アルド・レオポルド（8ページ参照）がドイツの森林はおおむねシカの数が多すぎると述べていることからも明らかである。(Leopold, "Deer and Dauerwald," 366.)

126. Bernd Herrmann with Martina Kaup, *"Nun blüht es von End' zu End' all überall." Die Eindeichung des Nieder-Oderbruches 1747–1753* (Münster, 1997); Reinhard Schmook, "Zur Geschichte des Oderbruchs als friederizianische Kolonisationslandschaft," *250 Jahre Trockenlegung des Oderbruchs. Fakten und Daten einer Landschaft* (n.l., 1997), 41.

127. Rita Gudermann, *Morastwelt und Paradies. Ökonomie und Ökologie in der Landwirtschaft am Beispiel der Meliorationen in Westfalen und Brandenburg* (*1830–1880*) (Paderborn, 2000).

128. WAA LWL Best. 305 no. 46, Niederschrift über die Besprechung der Frage der Emsregulierung im Sitzungssaale der Landwirtschaftskammer zu Münster, October 18, 1930, p. 5; and KAW Landratsamt Warendorf B 775, Der Kreisausschuss des Kreises Wiedenbrück, April 14,

下を参照。Martin Knoll, "Hunting in the Eighteenth Century: An Environmental History Perspective," *Historical Social Research* 29, 3 (2004): 9–36.

76. Nippert, *Schorfheide*, 70, 73.

77. Theodor Fontane, *Wanderungen durch die Mark Brancenburg. Zweiter Band: Das Oderland* (Munich, 1960), 429n.

78. Knopf and Martens, *Görings Reich*, 24.

79. Erwin Buchholz and Ferdinand Coninx, *Die Schorfheide.* 700 *Jahre Jagdrevier* (Stuttgart, 1969), 109, 114.

80. Max Rehberg, "Pflanzenkleid, Tierwelt und Naturschutz," in Max Rehberg and Max Weiss (eds.), *Zwischen Schorfheide und Spree. Heimatbuch des Kreises Niederbarnim* (Berlin, 1940), 42.

81. BArch B 245/233 p. 78. 最近の出版物にさえ、自然保護区がゲーリングの主導でできたとする説が神話のように存在している。たとえば Andreas Kittler, *Hermann Görings Carinhall. Der Waldhof in der Schorfheide* (Berg, 1997), 56; and Gröning and Wolschke- Bulmahn, *Liebe zur Landschaft Teil 1*, 210.

82. Nippert, *Schorfheide*, 83.

83. Buchholz and Coninx, *Schorfheide*, 111n.

84. Nippert, *Schorfheide*, 17.

85. Knopf and Martens, *Görings Reich*, 25; Mosley, *Reich Marshal*, 180.

86. Knopf and Martens, *Görings Reich*, 7.

87. Mosley, *Reich Marshal*, 180–4; Nippert, *Schorfheide*, 26.

88. Knopf and Martens, *Görings Reich*, 107n.

89. BArch B 245/233, pp. 48, 142.

90. BArch B 2/4730 p. 77.

91. Schoenichen and Weber, *Reichsnaturschutzgesetz*, 87.

92. Reinhard Piechocki, "'Reichsnaturschutzgebiete' – Vorläufer der Nationalparke?" *Nationalpark* 107 (2000): 28–33.

93. Schoenichen and Weber, *Reichsnaturschutzgesetz*, 28, 87–9; and Piechocki, "Reichsnaturschutzgebiete," 29.

94. BArch B 245/233 pp. 50, 74.

95. Buchholz and Coninx, *Schorfheide*, 79.

96. Nippert, *Schorfheide*, 121n; Horst Siewert, "Die Schorfheide," in Rehberg and Weiss, *Zwischen Schorfheide und Spree*, 232.

97. Kurth-Gilsenbach, *Schorfheide*, 22; Nippert, *Schorfheide*, 123.

98. Ulrich Scherping, *Waidwerk zwischen den Zeiten* (Berlin and Hamburg, 1950), 84.

99. Buchholz and Coninx, *Schorfheide*, 86; Scherping, *Waidwerk*, 85.

100. Buchholz and Coninx, *Schorfheide*, 79–89.

101. Kurth-Gilsenbach, *Schorfheide*, 22; Buchholz and Coninx, *Schorfheide*, 126n.

102. Knopf and Martens, *Görings Reich*, 37.

103. E. L. Woodward and Rohan Butler (eds.), *Documents on British Foreign Policy 1919– 1939*, 2nd series, vol. 6 (London, 1957), 749–51.

104. Knopf and Martens, *Görings Reich*, 38.

105. Siewert, "Schorfheide," 235. グリッツバッハの報告によると1936年だけで14万人の来訪者が

54. GLAK Abt. 237 no. 41672, Der Generalinspektor für das deutsche Straßenwesen to the Badisches Finanz- und Wirtschaftsministerium, February 12, 1936, and Der Direktor der Staatlichen Stelle für Naturdenkmalpflege in Preußen to the Badisches Ministerium des Kultus und Unterrichts, September 27, 1935; W. Pfeiffer, "Wie steht es um den Hohenstoffeln?," *Schwäbisches Heimatbuch* 1936: 118. Abt. 237 no. 36122, memorandum of the Badisches Finanz- und Wirtschaftsministerium, June 16, 1934.
55. GLAK Abt. 237 no. 41672, Süddeutsche Basaltwerke to the Badisches Finanz- und Wirtschaftsministerium, September 18, 1938.
56. 経過については以下を参照。BArch Berlin Document Center RSK II no. I 107 and BArch NS 21/99.
57. BArch Berlin Document Center RSK II no. I 107 p. 1586. 以下のフィンクの通信文も参照。StAR Nachlass Ludwig Finckh II a folder 36, Ludwig Finckh to the Reichsführer SS Chefadjutantur, March 30, 1935.
58. GLAK Abt. 235 no. 48275, 1938年12月24日付、バーデンの自然保護上級官庁への電報。
59. GLAK Abt. 455 Zug. 1991/49 no. 1356, Der Minister des Kultus und Unterrichts to the Landrat Konstanz, August 21, 1939. 不首尾には終わったが、工場側の反対運動については以下を参照。Abt. 237 no. 41672.
60. Ludwig Finckh, "Der Kampf um den Hohenstoffel," *Schwaben* 11 (1939): 219.
61. *Der Führer. Hauptorgan der NSDAP Gau Baden* 13.16 (January 16, 1939): 4. 同様に Ludwig Finckh, "Die Entscheidung am Hohenstoffeln," *Schwäbisches Heimatbuch* 1939: 174.
62. BArch B 245/3 p. 176; Klose, "Corona imperii," 38; Gotthold Wurster (ed.), *Der Hohenstoffeln unter Naturschutz 1939. Widerhall und Dank des deutschen Volkes* (Heidenheim, n.d.).
63. *Bodenreform* 44 (1933): col. 295.
64. GLAK Abt. 237 no. 36123, letter of Ludwig Finckh, March 15, 1935. フィンクが1934年にまとめた様々な作業リストには最初の項目として荒蕪地の耕作準備が挙げられているが、これがドイツ各地の自然保護主義者たちが皆忌み嫌うものだったことは多くのことを語っている。(StAR Nachlass Ludwig Finckh II a folder 29, Ludwig Finckh, Arbeitsbeschaffungsplan für den Fall einer Betriebseinschränkung am Hohenstoffeln, December 5, 1934.)
65. GLAK Abt. 235 no. 16725, Ludwig Finckh to the Ministerium für Kultus und Unterricht, July 23, 1925.
66. StAR Nachlass Ludwig Finckh II a folder 15, Ludwig Finckh to Erb, September 11, 1934.
67. GLAK Abt. 235 no. 48275, Der Direktor der Reichsstelle für Naturschutz to Ministerialrat Asal of the Ministerium des Kultus und Unterrichts, May 7, 1940.
68. BArch R 2/4731 pp. 41–2, 45.
69. BArch B 245/3 pp. 80–2, 85–6, R 2/4731 pp. 43, 57–8, 64, 69.
70. BArch B 245/3 p. 11.
71. *Ibid.* p. 126.
72. *Ibid.* p. 54r.
73. *Akten der Reichskanzlei* vol. 2.1, 557.
74. Erwin Nippert, *Die Schorfheide. Zur Geschichte einer deutschen Landschaft*, 2nd edition (Berlin, 1995), 65.
75. Hannelore Kurth-Gilsenbach, *Schorfheide und Choriner Land* (Neumanns Landschaftsführer, Radebeul, 1993), 18. 現代狩猟の初期における柵の建設やその他環境に関連する課題については以

shaupt, September 1, 1934.

37. StAR Nachlass Ludwig Finckh II a folder 5, Ludwig Finckh to the Ortsgruppenleiter der NS-DAP Frankfurt, June 5, 1934.

38. 皮肉にもフィンクは、文部省の自然保護関連の官僚カール・アザルもフリーメイソンではないかと疑っており、その同僚たちにアサルとは計画についての話し合いをしないようにと警告していた」(StAR Nachlass Ludwig Finckh II a folder 36, Stoffelfunk of March 22, 1935.)

39. GLAK Abt. 237 no. 36122, Der Präsident des Badischen Gewerbeaufsichtsamtes to the Finanz- und Wirtschaftsminister, October 3, 1933. さらに詳細な従業員数については以下を参照。Ludwig, "Entstehung," 162.

40. *Ibid.*, Vermerk über die Begehung des Steinbruchs Hohenstoffeln on May 26, 1934, Deutsche Arbeitsfront to the Ministerium der Finanzen und der Wirtschaft, September 30, 1933, and July 5, 1934, Der Reichswirtschaftsminister to the Reichsminister des Innern, June 29, 1934.

41. GLAK Abt. 237 no. 36122, Deutsche Landschaft in Gefahr, April 1934. Also BArch B 245/3 pp. 323–4, 354–7.

42. BArch B 245/3 pp. 286, 291. StAR Nachlass Ludwig Finckh II a folder 5, Reichsver- band deutscher Gebirgs- und Wandervereine, June 1934, 会議の通知状。

43. GLAK Abt. 237 no. 36122, Landesstelle Baden des Reichsministeriums für Volksaufklärung und Propaganda to Ministerpräsident Walter Köhler, June 18, 1934.

44. *Ibid.*, Badisches Staatsministerium, Der Ministerpräsident, to the Reichsminister des Innern, June 26, 1934; GLAK Abt. 237 no. 36123, Der Ministerpräsident to the Stellvertreter des Führers, Reichsminister Heß, September 21, 1934.

45. StAR Nachlass Ludwig Finckh II a folder 29, Der Reichsstatthalter in Baden to Ludwig Finckh, December 1, 1934; BARch B 245/3 p. 16.

46. GLAK Abt. 237 no. 36123, letter of the Landeskriminalpolizei Konstanz, Geheime Staatspolizei, May 25, 1935.

47. BArch Berlin Document Center RSK II no. I 107 p. 1700. StAR Nachlass Ludwig Finckh II a folder 40, Karl Model to the Gauleitung der Nationalsozialistischen Deutschen Arbeiterpartei, Abteilung Parteigericht in Radolfzell, February 2, 1936.

48. フィンクがゲシュタポから注目を受けるようになった時、意見を求められて、警察はフィンクの故郷ガイエンホーフェンの市長を証人として召喚し、フィンクが「完全に政府を支持している」と確信したと述べている。(GLAK Abt. 237 no. 36123, Gendarmerie-Station Wangen to the Bezirksamt Geheime Staatspolizei Konstanz, June 5, 1935.)

49. Ludwig Finckh, "Der Kampf um den Hohenstoffeln," *Völkischer Beobachter, Norddeutsche Ausgabe* 46.264 (September 21, 1933): 9.

50. GLAK Abt. 237 no. 36122, Der Minister des Kultus, des Unterrichts und der Justiz to the Finanz- und Wirtschaftsminister, November 8, 1933; Abt. 235 no. 6548, memorandum of the Minister des Kultus, des Unterrichts und der Justiz, January 8, 1934.

51. StAR Nachlass Ludwig Finckh II a folder 14, Karl F. Finus, Bericht über die Unterredung Dr. Udo Rousselle – Dipl. Landw. Finus in Seeshaupt, September 1, 1934, p. 3.

52. BArch B 245/3 pp. 256–56r.

53. GLAK Abt. 237 no. 36123, Der Reichsforstmeister to the Badischer Finanz- und Wirtschaftsminister, August 24, 1935.

録している。(Ludwig, “Entstehung,” 160.)

19. GLAK Abt. 237 no. 36122, Finanzministerium to the Badische Wasser- und Straßenbaudirektion, March 2, 1925; Abt. 237 no. 36121, Stürzenacker to the Verein Badische Heimat, July 7, 1924.
20. GLAK Abt. 235 no. 16725, memorandum of the Ministerium des Kultus und Unterrichts, June 24, 1925. Similarly, Abt. 237 no. 36121, Arbeitministerium to the Deutscher Bund Heimatschutz, January 31, 1922. 1920年代、どのような選択肢があったのかについては以下を参照。StAR Nachlass Ludwig Finckh II a folder 1, Verschönerungs-Verein für das Siebengebirge to Ludwig Finkh, December 13, 1921.
21. GLAK Abt. 235 no. 16725, memorandum of October 22, 1926.
22. GLAK Abt. 237 no. 36121, Vermerk über die Begehung des Hohenstoffeln, December 15, 1921, p. 2.
23. *Neue Badische Landeszeitung* no. 101, February 24, 1925. GLAK Abt. 235 no. 16725, Entschließung des Bezirkslehrervereins (Bad. Lehrerverein) Radolfzell-Singen und Engen und Konstanz zum Hohenstoffelnschutz, January 1925. 1930年代、フィンクは私信の中で「山は私の運命だ。山こそ私自身」と書いている。(StAR Nachlass Ludwig Finckh II a folder 15, Ludwig Finckh to Erb, September 11, 1934.)
24. Oesterle, “Doktor Faust,” 191; Manfred Bosch, *Bohème am Bodensee. Literarisches Leben am See von 1900 bis 1950* (Lengwil, 1997), 46. ホーエンシュトッフェルン山の紛争についての小説は、環境問題の積極的な活動が必ずしも良質の著述に繋がらないことをものの見事に実証している。(Ludwig Finckh, *Der Goldmacher* [Ulm, 1953].)
25. StAR Nachlass Ludwig Finckh II a folder 1; BArch B 245/3 p. 68r; and Hugo Geißler, “Ludwig Finckhs Kampf um den Hohenstoffeln,” *Tuttlinger Heimatblätter* no. 31 (1939): 13. DLA Nachlass Ludwig Finckh, Konvolut Material den Hohenstoffel im Hegau betreffend, Ludwig Finckh, Privatbericht, February 14, 1923; and Bosch, *Bohème*, 47n.
26. DLA Nachlass Will Vesper, Ludwig Finckh to Will Vesper, August 2, 1932.
27. Finckh, *Kampf um den Hohenstoffeln* (*1952*), 4, 6.
28. BArch B 245/3 p. 399. Similarly, StAR Nachlass Ludwig Finckh II a folder 2, Ludwig Finckh to Wilhelm Kottenrodt, November 8, 1933.
29. Elisabeth Hillesheim, *Die Erschaffung eines Märtyrers. Das Bild Albert Leo Schlageters in der deutschen Literatur von 1923 bis 1945* (Frankfurt, 1994).
30. Ludwig, “Entstehung,” 169.
31. Thomas Oertel, *Horst Wessel. Untersuchung einer Legende* (Cologne, 1988).
32. BArch B 245/3 p. 381. *Ibid.*, pp. 287, 382, 397; and GLAK Abt. 237 no. 36122, Ludwig Finckh to the Ministerpräsident in Stuttgart, 12. Hartung [sic] 1934.
33. BArch Berlin Document Center RSK II no. I 107 p. 1576.
34. DLA Nachlass Will Vesper, Ludwig Finckh to Will Vesper, March 22, 1933; and BArch Berlin Document Center RSK II no. I 107 p. 2070.
35. GLAK Abt. 237 no. 36123, Ludwig Finckh to the Reichsstatthalter Robert Wagner, April 8, 1935.
36. BArch Berlin Document Center RSK II no. I 107 pp. 1696, 1700; StAR Nachlass Ludwig Finckh II a folder 15, Ludwig Finckh to the Reichsführer SS, September 9, 1934. *Ibid.* folder 14, Karl F. Finus, Bericht über die Unterredung Dr. Udo Rousselle – Dipl. Landw. Finus in See-

tionalsozialismus am Beispiel des Großraumes Bitterfeld- Dessau," in Bayerl and Meyer, *Veränderung der Kulturlandschaft*, 195n; Peter Münch, *Stadthygiene im 19. und 20. Jahrhundert. Die Wasserversorgung, Abwasser- und Abfallbeseitigung unter besonderer Berücksichtigung Münchens* (Göttingen, 1993), 280n; and Anton Lübke, *Das deutsche Rohstoffwunder. Wandlungen der deutschen Rohstoffwirtschaft*, 6th edition (Stuttgart, 1940), 527–32.

第4章

1. Brouwer, *The Organisation*, 31.
2. Ludwig Finckh, *Der unbekannte Hegau* (Bühl, 1935), 5, 7, 20. ホーエンシュトッフェルン紛争は地方史研究誌に二つの論文が出ている。(Volker Ludwig, "Die Entstehung des Naturschutzgebietes 'Hohenstoffeln,'" *Hegau* 42 [1997/1998]: 153–90; Kurt Oesterle, "Doktor Faust besiegt Shylock. Wie Ludwig Finckh den Hohenstoffel rettete und wie der Reichsführer-SS Heinrich Himmler als sein Mephisto ihm dabei half," *Hegau* 42 [1997/1998]: 191–208.) しかし、その解釈は多くの点で著者の理解とは明らかに異なっている。
3. Wettengel, "Staat und Naturschutz," 358.「ドイツ初の自然保護区」という神話と愛国主義者の影響については以下参照。*Erinnerung*, 132–8.
4. Schmoll, *Erinnerung*, 197.
5. GLAK Abt. 235 no. 16725, Auszug aus dem Bericht des Regierungsdirectors in Constanz über die Visitation des Bezirksamts Blumenfeld, September 30, 1854.
6. Fischer, "Heimatschutz und Steinbruchindustrie," esp. p. 70.
7. GLAK Abt. 235 no. 16725, Bezirksamt Engen to the Ministerium des Kultus und Unterrichts, December 7, 1911.
8. Ibid., Direktion der Geologischen Landesanstalt to the Ministerium des Innern, February 13, 1912, p. 3.
9. *Ibid.*, Bodensee-Verkehrs-Verein to the Ministerium des Kultus und Unterrichts, June 17, 1913.
10. *Mannheimer Tageblatt* no. 97 of April 10, 1913.
11. GLAK Abt. 235 no. 16725, Der Geschäftsführende Vorstand des deutschen Bundes Heimatschutz to the Ministerium des Innern, June 4, 1913, フェルディナンド・フォン・ホルンシュタイン男爵への請願書（日付なし）。
12. *Ibid.*, Bezirksamt Engen to the Ministerium des Kultus und Unterrichts, December 7, 1911. 地方官僚たちが環境への影響をほとんど考えていなかったというハンス・クローゼの主張は明らかに誤りであった。(Hans Klose, "Corona imperii," *Naturschutz* 19 [1939]: 36.)
13. GLAK Abt. 235 no. 16725, Ministerium des Innern to the Ministerium des Kultus und Unterrichts, February 23, 1912.
14. *Ibid.*, Bezirksamt Engen to the Ministerium des Kultus und Unterrichts, March 21, 1912.
15. *Ibid.*, Basaltwerke Immendingen & Hohenstoffeln to the Bezirksamt Engen, March 10, 1913, p. 2.
16. GLAK Abt. 237 no. 36121, Vermerk über die Begehung des Hohenstoffeln, December 15, 1921.
17. *Ibid.*, letter of the Amtsvorstand Engen, November 21, 1921.
18. GLAK Abt. 237 no. 36122, Landesausschuß für Naturpflege in Bayern to the Badisches Staatsministerium, September 24, 1925. フォルカー・ルートヴィヒはこの決議を誤って1926年と記

183. Zeller, "Ganz Deutschland," 276.

184. Gröning and Wolschke-Bulmahn, *Grüne Biographien*, 362.

185. Zeller, "Molding," 152.

186. この説明は主にツェラーによる高速道路建設プロジェクトに関する膨大な議論に基づいている。ツェラーの以下の文献を参照。Zeller, *Straße, Bahn, Panorama*, 91–198.

187. Zeller, "Ganz Deutschland," 306. 以下も同様。Erhard Schütz and Eckhard Gruber, *Mythos Reichsautobahn. Bau und Inszenierung der "Straßen des Führers" 1933–1941* (Berlin, 1996).

188. Schwenkel, *Taschenbuch*, 37 (quotation); Schwenkel, "Aufgaben," 134; Schoenichen, *Naturschutz als völkische und internationale Kulturaufgabe*, 32; Künkele, "Naturschutz," 21; Walter Hellmich, *Natur- und Heimatschutz* (Stuttgart, 1953), 10; Schütz and Gruber, *Mythos Reichsautobahn*, 7.

189. Zeller, *Straße, Bahn, Panorama*, 101; Ursula Kellner, *Heinrich Friedrich Wiepking (1891–1973). Leben, Lehre und Werk* (Ph.D., Hannover University, 1998), 271.

190. Zeller, "Ganz Deutschland," 300.

191. Gert Gröning and Joachim Wolschke-Bulmahn, "1. September 1939. Der Überfall auf Polen als Ausgangspunkt 'totaler' Landespflege," *Raumplanung* no. 46/47 (December, 1989): 149–53.

192. Lutz Heck, "Behördliche Landschaftsgestaltung im Osten," *Naturschutz* 23 (1942): 61–2. 国家委員会と森林局との間の関連協議によって、コンラート・マイヤーやヴィープキング－ユルゲンスマン、エルハルト・メーディングが進めていた帝国景観局（*Reichslandschaftsamt*）設立の計画は終焉を迎えることとなったとハルテンシュタインは指摘している。(Hartenstein, *Neue Dorflandschaften*, 55.)

193. BArch B 245/214 p. 147.

194. Klaus Fehn, "'Artgemäße deutsche Kulturlandschaft.' Das nationalsozialistische Pro- jekt einer Neugestaltung Ostmitteleuropas," Kunst- und Ausstellungshalle der Bundesrepublik Deutschland (ed.), *Erde* (Cologne, 2002), 559–75; Fehn, "Lebensgemeinschaft"; and Wolschke-Bulmahn, "Violence as the Basis of National Socialist Landscape Planning in the 'Annexed Eastern Areas,'" in Brüggemeier, Cioc, and Zeller, *How Green*, 243–56.

195. Klaus Fehn, "Rückblick auf die 'nationalsozialistische Kulturlandschaft.' Unter besonderer Berücksichtigung des völkisch-rassistischen Mißbrauchs von Kulturlandschaftspflege," *Informationen zur Raumentwicklung* no. 5/6 (1999): 283; and Stefan Körner, *Theorie und Methodologie der Landschaftsplanung, Landschaftsarchitektur und Sozialwissenschaftlichen Freiraumplanung vom Nationalsozialismus bis zur Gegenwart* (Berlin, 2001), 27. Most recently, this quotation has been used in Douglas R. Weiner, "A Death-Defying Attempt to Articulate a Coherent Definition of Environmental History," *Environmental History* 10 (2005): 412.

196. Schoenichen, *Naturschutz als völkische und internationale Kulturaufgabe*, 19n.

197. WAA LWL Best. 702 no. 184, Reichsminister Fritz Todt to the Regierungspräsident Minden, October 6, 1941. BArch B 245/55, Regierungspräsident Minden to the Oberbergamt Clausthal-Zellerfeld, February 7, 1941. ナチスドイツ時代の大気汚染対策に関するさらに激しい議論については、以下を参照。Frank Uekoetter, "Polycentrism in Full Swing: Air Pollution Control in Nazi Germany," in Brüggemeier, Cioc, and Zeller, *How Green*, 101–28.

198. StAW Landratsamt Obernburg no. 209, Landrat Obernburg to the Bürgermeister, September 18, 1943. Friedrich Huchting, "Abfallwirtschaft im Dritten Reich," *Technikgeschichte* 48 (1981): 252–73; Gerhard Lenz, "Ideologisierung und Industrialisierung der Landschaft im Na-

164. Thomas Zeller, "'Ganz Deutschland sein Garten.' Alwin Seifert und die Landschaft des Nationalsozialismus," in Radkau and Uekötter, *Naturschutz und Nationalsozialismus*, 273n.
165. Zeller, "Molding," 148; Zeller, "Ganz Deutschland," 297.
166. Zeller, "Molding," 157. Uwe Werner, *Anthroposophen in der Zeit des Nationalsozialismus (1933–1945)* (Munich, 1999), esp. pp. 88, 111, 267–8.
167. Zeller, *Straße, Bahn, Panorama*, 88.
168. BArch Berlin Document Center Speer Listen Best. 8461 E 0104 pp. 32–68.
169. Frank Bajohr, *Parvenüs und Profiteure. Korruption in der NS-Zeit* (Frankfurt, 2001), 235.
170. Zeller, "Molding," 160.
171. GLAK Abt. 237 no. 50599, Reichslandschaftsanwalt Alwin Seifert to the Generalinspektor für Wasser und Energie, September 7, 1942. HStAS EA 3/102 no. 29, Gutachten der Landesnaturschutzstelle Baden, November 30, 1942, p. 12.
172. StAF Landratsamt Neustadt Best. G 19/12 no. 3060, Der Beauftragte für Technik und deren Organisation to the Direktion des Schluchseewerks, September 25, 1935.
173. Alwin Seifert, "Die Versteppung Deutschlands," in Alwin Seifert, *Im Zeitalter des Lebendigen. Natur, Heimat, Technik* (Planegg, 1942), 24–50.
174. ザイフェルトの主張に関してより徹底的な議論は以下の文献にある。Zeller, "Ganz Deutschland," 282–7. アメリカ合衆国の黄塵地帯については以下を参照。Donald Worster, *Dust Bowl. The Southern Plains in the 1930s* (Oxford, 1979).
175. WAA LWL Best. 702 no. 184b vol. 2, Wilhelm Lienenkämper, Das Naturschutz-ABC, p. 11. HStAD Landratsamt Siegkreis no. 434, Der Kreisjägermeister des Siegkreises to "alle Behörden, die auf die Landeskulturmassnahmen einen Einfluss haben," February 6, 1937.
176. Zeller, "Molding," 160. バイオ－ダイナミック農業と農業科学機関との間の対立については以下を参照。Frank Uekötter, "Know Your Soil. Transitions in Farmers' and Scientists' Knowledge in the Twentieth Century," in John McNeill and Verena Winiwarter (eds.), *Soils and Societies: Perspectives from Environmental History* (Cambridge, 2006), 320–38; and Gunter Vogt, *Entstehung und Entwicklung des ökologischen Landbaus* (Bad Dürkheim, 2000), 117–27.
177. Helmut Maier, "'Unter Wasser und unter die Erde.' Die süddeutschen und alpinen Wasserkraftprojekte des Rheinisch-Westfälischen Elektrizitätswerks (RWE) und der Natur- und Landschaftsschutz während des 'Dritten Reiches,'" in Günter Bayerl and Torsten Meyer (eds.), *Die Veränderung der Kulturlandschaft. Nutzungen – Sichtweisen – Planungen* (Münster, 2003), 165.
178. Alwin Seifert, "Über die biologischen Grenzen der landwirtschaftlichen Verwertung städtischer Abwässer," *Deutsche Wasserwirtschaft* 35 (1940): 163.
179. Thomas Zeller, "'Ich habe die Juden möglichst gemieden.' Ein aufschlußreicher Briefwechsel zwischen Heinrich Wiepking und Alwin Seifert," *Garten + Landschaft* 8 (1995): 4–5. ザイフェルトへの支援は結局成功しなかった。以下を参照。Reinhard Falter, "Alwin Seifert (1890–1972). Die Biographie des Naturschutz im 20. Jahrhundert," *Berichte der Bayerischen Akademie für Naturschutz und Landschaftspflege* 28 (2004): 69–104.
180. Zeller, "Ganz Deutschland," 281; NSDAP Membership no. 5774652, from May 1, 1937.
181. Charlotte Reitsam, "Das Konzept der 'bodenständigen Gartenkunst' Alwin Seiferts. Ein völkisch-konservatives Leitbild von Ästhetik in der Landschaftsarchitektur und seine fachliche Rezeption bis heute," *Die Gartenkunst* 13 (2001): 279n.
182. Zeller, *Straße, Bahn, Panorama*, 165–87 (quotation p. 175).

の政令が1910年に発表されてからずっと、ベルヒテスガルテン近郊のケーニヒスゼー地区には国立公園を設立する計画があった。1978年、バイエルン州政府はようやくベルヒテスガルテン国立公園を制定した。以下を参照。Hubert Zierl, "Geschichte des Berchtesgadener Schutzgebietes," in Walter Brugger, Heinz Dopsch, and Peter F. Krammi (eds.), *Geschichte von Berchtesgaden. Stift – Markt – Land*, vol. 3 part 1 (Berchtesgaden, 1999), 617–20.

146. Hans Klose and Herbert Ecke (eds.), *Verhandlungen deutscher Landes- und Bezirksbeauftragter für Naturschutz und Landschaftspflege. Zweite Arbeitstagung 24.–26. Oktober 1948 Bad Schwalbach und Schlangenbad* (Egestorf, 1949), 17; and Walther Schoenichen, "Naturschutz im Rahmen der europäischen Raumordnung," *Raumforschung und Raumordnung* 7 (1943): 146.
147. BArch R 2/4730 p. 248.
148. HStADd Best. 10747 no. 2251, Der Reichsforstmeister und Preußische Landesforstmeister to the Reichsstatthalter in Sachsen, Landesforstverwaltung, November 24, 1937.
149. WAA LWL Best. 702 no. 184, Kühl to Hartmann, October 30, 1935.
150. Mrass, *Organisation*, 11.
151. Oberkrome, *Deutsche Heimat*, 182.
152. StAR Nachlass Ludwig Finckh II a folder 36, Ludwig Finckh to the Reichsführer SS Chefadjutantur, March 30, 1935.
153. StAW Landratsamt Ebern no. 1336, Stadler to Hoch, July 13, 1935.
154. BArch B 245/3 p. 60. On the Hohenstoffeln conflict, see Chapter 4, Section 1.
155. Closmann, "Legalizing," 34; BArch B 245/3 p. 54r.
156. BArch B 245/11 p. 52.
157. StAW Landratsamt Bad Kissingen no. 1233 and Landratsamt Ebern no. 1336.
158. StAN Rep. 212/19^{VII} no. 2535, Nationalsozialistische Deutsche Arbeiterpartei, Kreisleitung Weißenburg to the Bezirksamt Weißenburg, November 16, 1936.
159. WAA Best. 717 file "Reichsstelle (Bundesstelle) für Naturschutz (und Landschaftspflege)," Gaukulturwart Bartels, Aufruf an die Mitarbeiter des Naturschutzes, Novem- ber 9, 1933.
160. この間の経過については以下を参照。WAA Best. 702 no. 184b vol. 1. 民主主義的な考え方があってのことではなかった。1918年に創立された好戦的右派軍人の団体であるシュタールヘルムのメンバーであることを理由に、バルテルスはイザールローン地区の候補者を退けた。(*Ibid.*, Gaukulturamt to the Kommissar für Naturdenkmalpflege der Provinz Westfalen, July 11, 1934.)
161. StAW Landratsamt Obernburg no. 210, Regierung von Unterfranken und Aschaffenburg to the Bezirksverwaltungsbehörden, March 23, 1937; StAW Landratsamt Ebern no. 1336, Der Regierungsbeauftragte für Naturschutz in Unterfranken to the Bezirksbeauftragten, April 2, 1937. See *ibid.*, Der Gauheimatpfleger und Beauftragte für Naturschutz der NSDAP Mainfranken to the Bürgermeister, November 1, 1937; Der Regierungsbeauftragte für Naturschutz in Unterfranken to the Bezirksbeauftragten für Naturschutz, March 12, 1937; and *Blätter für Naturschutz und Naturpflege* 19 (1936): 138.
162. StAN Rep. 212/17^{IV} no. 101, Regierung von Oberfranken und Mittelfranken to the Oberbürgermeister der Stadtkreise and the Bezirksämter, April 17, 1936; StAW Landratsamt Bad Kissingen no. 1234, Regierung von Unterfranken und Aschaffenburg to the Bezirksverwaltungsbehörden, April 16, 1936.
163. Wehler, *Deutsche Gesellschaftsgeschichte vol. 4*, 627.

128. Rubner, *Deutsche Forstgeschichte*, 53–5; Imort, “Eternal Forest,” 44, 51.

129. Walther Schoenichen, “Wie lässt sich im Rahmen der heutigen Zivilisation die Schönheit der Landschaft erhalten?,” in Union Géographique Internationale (ed.), *Comptes Rendus du Congrès International de Géographie Amsterdam 1938* vol. 2 (Leiden, 1938), 276; Schoenichen, *Biologie*, 111; Schoenichen, *Naturschutz als völkische und internationale Kulturaufgabe*, 19; Closmann, “Legalizing,” 31; Wettengel, “Staat und Naturschutz,” 386.

130. BArch R 22/2117 p. 215.

131. Vietinghoff-Riesch, *Naturschutz*, 67, 134, 145.

132. Rubner, *Deutsche Forstgeschichte*, 104.

133. Wettengel, “Staat und Naturschutz,” 386; Imort, “Eternal Forest,” 57n. Paul Josephson and Thomas Zeller, “The Transformation of Nature under Hitler and Stalin,” in Mark Walker (ed.), *Science and Ideology: A Comparative History* (London and New York, 2003), 127.

134. HStAD NW 72 no. 531 p. 118; WAA Best. 717 file “Provinzialbeauftragter,” Niederschrift über die Tagung des Ausschusses zur “Rettung des Laubwaldes” im Deutschen Heimatbund vom 23.–25. Oktober 1941 im Sauerland und Bergischen Land.

135. Imort, “Eternal Forest,” 57; Josephson and Zeller, “Transformation,” 127–9. ナチス時代の過剰な森林利用については以下を参照。Rolf Zundel and Ekkehard Schwartz, *50 Jahre Forstpolitik in Deutschland (1945 bis 1994)* (Münster-Hiltrup, 1996), 14.

136. Hansjörg Küster, *Geschichte des Waldes. Von der Urzeit bis zur Gegenwart* (Munich, 1998), 214; and Peter Michael Steinsiek and Zoltán Rozsnyay, *Grundzüge der deutschen Forstgeschichte 1933–1950 unter besonderer Berücksichtigung Niedersachsens*. Aus dem Walde. Mitteilungen aus der Niedersächsischen Landesforstverwaltung 46 (Hannover, 1994), 277.

137. Simon Schama, *Landscape and Memory* (London, 1995), 119. また、シャーマは林業省 *ministry* of forestry と言っているが、これは誤りで、*Reichsforstmeister*（森林長官）がゲーリングの正式な肩書である。

138. Günter W. Zwanzig, “50 Jahre Reichsnaturschutzgesetz,” *Natur und Landschaft* 60 (1985): 276.

139. Walter Mrass, *Die Organisation des staatlichen Naturschutzes und der Landschaftspflege im Deutschen Reich und in der Bundesrepublik Deutschland seit 1935, gemessen an der Aufgabenstellung in einer modernen Industriegesellschaft* (Stuttgart, 1970), 30; Lutz Heck, “Die derzeitige Gliederung des deutschen Naturschutzes,” *Naturschutz* 23 (1942): 74.

140. Imort, “Eternal Forest,” 62.

141. BArch R 2/4730 p. 252.

142. Wettengel, “Staat und Naturschutz,” 387.

143. Rubner, *Deutsche Forstgeschichte*, 130. Knopf and Martens, *Görings Reich*, 54.

144. StAD G 15 Friedberg B 101, Niederschrift über die Arbeitsbesprechung und Bereisung am 19. und 20. Juni 1939 in Frankfurt a.M. und Umgebung, p. 1. グレーニングとヴォルシュケ－ブルーマンは国立公園計画を誤って戦況による副産物のように描いている。以下参照。*Liebe zur Landschaft Teil 1*, 209; and Gert Gröning, “Naturschutz und Nationalsozialismus,” *Grüner Weg 31 a* 10 (December 1996): 16.

145. Lutz Heck, “Neue Aufgaben des Naturschutzes. Nationalparks für Großdeutschland,” *Völkischer Beobachter, Norddeutsche Ausgabe* 53, 73 (March 13, 1940): 3n. しかし、これがドイツ史上初の国立公園設立計画ではなかった点は忘れてはならない。たとえば、初めて自然保護のため

109. StAN Rep. 212/19^VII no. 2536, Regierung von Mittelfranken to the Bezirksamt Eichstätt, February 8, 1928, p. 3; LASH Abt. 301 no. 4065, Der Preußische Minister für Wissenschaft, Kunst und Volksbildung to the Regierungspräsidenten, March 21, 1932.

110. WAA LWL Best. 702 no. 191, Provinzmittel für den Naturschutz. memorandum of the Sauerländischer Gebirgsverein, ca. 1934; HStAD Landratsamt Siegkreis no. 586, Der Direktor der Staatlichen Stelle für Naturdenkmalpflege in Preussen to the Minister für Wissenschaft, Kunst und Volksbildung, October 16, 1929, p. 4. 第1次世界大戦以前にはいくつかの団体が大規模自然保護区のための資金集めに宝くじを利用した。以下参照。Schmoll, *Erinnerung*, 201, 218; and Lekan, *Imagining*, 42.

111. 自然保護活動に実際に第24条が用いられた例について本書150–152頁を参照。

112. GLAK Abt. 235 no. 48254, Eingabe an die deutschen Regierungen, undated (ca. 1913). この請願書の署名の中にはエルンスト・ルドルフ、カール・フックス、ルートヴィヒ・フィンク、ヘルマン・ヘッセの名前があった。

113. Oberkrome, *Deutsche Heimat*, 124–6.

114. Schoenichen, "Naturschutz im nationalen Deutschland," 6.

115. Schoenichen and Weber, *Reichsnaturschutzgesetz*, 1, 6

116. BArch R 2/4730 p. 3.

117. BArch R 22/2117 pp. 62–3, R 2/4730 pp. 14–15r.

118. BArch R 22/2117 p. 74.

119. BArch R 2/4730 p. 18r, R 22/2117 p. 44r.

120. BArch R 2/4730 pp. 21–2, R 22/2117 pp. 65, 75.

121. Hans Günter Hockerts, Friedrich P. Kahlenberg (eds.), *Akten der Reichskanzlei. Die Regierung Hitler vol. II: 1934/1935, Teilband 1: August 1934–Mai 1935. Bearbeitet von Friedrich Hartmannsgruber* (Munich, 1999), 556n.

122. BArch R 22/2117 p. 170, R 2/4730 pp. 39, 51, 53–4, R 43 II /227 p. 103, Schoenichen and Weber, *Reichsnaturschutzgesetz*, 34–6.

123. BArch R 2/4730 pp. 62, 80. 慌ただしく連続しているのは閣議が近づいているため。ナチス時代には閣議の数が減少していたため、草案を閣議に間に合わせることが重要だったのである。閣議は1933年に72回だったのに対して、1935年にはわずか12回しか開催されていない。ナチス時代の最後の閣議は1938年2月5日に行われた。以下を参照。Lothar Gruchmann, "Die 'Reichsregierung' im Führerstaat. Stellung und Funktion des Kabinetts im nationalsozialisti- schen Herrschaftssystem," in Günther Doeker and Winfried Steffani (eds.), *Klassenjustiz und Pluralismus. Festschrift für Ernst Fraenkel zum 75. Geburtstag* (Hamburg, 1973), 192.

124. Hans Günter Hockerts and Friedrich P. Kahlenberg (eds.), *Akten der Reichskanzlei. Die Regierung Hitler vol. II: 1934/1935, Teilband 2: Juni–Dezember 1935. Bearbeitet von Friedrich Hartmannsgruber* (Munich, 1999), 652.

125. *Reichsgesetzblatt* 1935, part 1: 826.

126. Michael Imort, "'Eternal Forest – Eternal *Volk*.' The Rhetoric and Reality of National Socialist Forest Policy," in Brüggemeier, Cioc, and Zeller, *How Green*, 43, 48. Aldo Leopold, "Deer and Dauerwald in Germany. I. History; II. Ecology and Policy," *Journal of Forestry* 34 (1936): 366–75, 460–6.

127. Bode and Hohnhorst, *Waldwende*, 89–97; and Rubner, *Deutsche Forstgeschichte*, esp. pp. 24–9.

94. Closmann, "Legalizing," 18. 同様にLekan, *Imagining*, 12; Raymond H. Dominick, "The Nazis and the Nature Conservationists," *The Historian* 49 (1987): 508; Gerhard Olschowy, "Welche Bereiche der Landespflege sollen eine gesetzliche Grundlage erhalten?," *Jahrbuch für Naturschutz und Landschaftspflege* 20 (1971): 35; and Ivo Gerds, "Geschichte des Naturschutzes in Schleswig-Holstein," Ulrich Jüdes, Ekkehard Kloehn, Günther Nolof, and Fridtjof Ziesemer (eds.), *Naturschutz in Schleswig-Holstein. Ein Handbuch für Naturschutzpraxis und Unterricht* (Neumünster, 1988), 99.……戦間期における世界の自然保護に関する概観は、以下を参照。G. A. Brouwer, *The Organisation of Nature Protection in the Various Countries* (Special Publication of the American Committee for International Wild Life Protection no. 9 [Cambridge, 1938]).
95. Walther Emeis, "Der gegenwärtige Stand des Naturschutzes in Schleswig-Holstein," *Die Heimat* 48 (1938): 139. Closmann, "Legalizing," 20; and Ludwig Sick, *Das Recht des Naturschutzes. Eine verwaltungsrechtliche Abhandlung unter besonderer Berücksichtigung des preußischen Rechts mit Erörterung der Probleme eines Reichsnaturschutzgesetzes*. Bonner Rechtswissenschaftliche Abhandlungen 34 (Bonn, 1935), 71.
96. Schoenichen and Weber, *Reichsnaturschutzgesetz*, 3n.
97. *Ibid.*, 37–54.
98. LASH Abt. 301 no. 4066, Der Preußische Minister für Wissenschaft, Kunst und Volksbildung to the Oberpräsidenten, the Regierungspräsidenten in Liegnitz, Lüneburg and Düsseldorf and the Verbandspräsident des Siedlungsverbandes Ruhrkohlenbezirk, September 3, 1923, and GStA HA I Rep. 90 A no. 1798 pp. 262–7, 287–91.
99. *Sammlung der Drucksachen der verfassunggebenden Preußischen Landesversammlung, Tagung 1919/21*, vol. 8 (Berlin, 1921): 4235.
100. Schoenichen and Weber, *Reichsnaturschutzgesetz*, 90.
101. *Ibid.*, 97.
102. HStADd Best. 10702 no. 1426, *Frankfurter Zeitung* no. 328–9 of June 30, 1935.
103. *Hessisches Regierungsblatt* no. 24 of December 28, 1931, p. 227n; GStA HA I Rep. 90 A no. 1798 p. 264. Schoenichen, *Naturschutz im Dritten Reich*, 85; Köttnitz, "Über ein Naturschutzgesetz," *Blätter für Naturschutz und Naturpflege* 16 (1933): 134; and Sick, *Recht*, 82–6.
104. Schoenichen and Weber, *Reichsnaturschutzgesetz*, 112n; Kersten, "Naturschutz," 3603; Mitzschke, *Das Reichsnaturschutzgesetz*, xxi–ii.
105. Walther Hofer, *Der Nationalsozialismus. Dokumente 1933–1945* (Frankfurt, 1957), 31. したがって、グレーニングとヴォシュケが論じているように、ワイマール共和国時代にも同じ形式で法が成立したかどうか、はっきりとしたことは言えない。以下参照。*Liebe zur Landschaft Teil 1*, 200.
106. Michael Stolleis, *Gemeinwohlformen im nationalsozialistischen Recht* (Berlin, 1974), 30, 118n.
107. Werner Schubert, "Zur Entwicklung des Enteignungsrechts 1919–1945 und den Plänen des NS-Staates für ein Reichsenteignungsgesetz," *Zeitschrift der Savigny-Stiftung für Rechtsgeschichte*, Germanistische Abteilung 111 (1994): 494. BArch R 2/4730 pp. 12–12r. はじめ草案にあった個別の困窮に対しての緩和措置を行う条項は立法の過程で削除された。(BArch R 2/4730 pp. 37, 56.)
108. StAW Landratsamt Bad Kissingen no. 1237, Bund Naturschutz in Bayern to the Gruppenführer and Vertrauensmänner, December 4, 1935. BArch R 22/2117 p. 54.

Westfalen 1945–1980 (Frankfurt and New York, 2004), 37–56.

79. Scheck, *Denkmalpflege*, 225–8; Ditt, *Raum*, 225–30; and WAA Best. 717 Zug. 23/1999 Naturschutzverein, Landschaft Westfalen im Reichsbund Volkstum und Heimat to member associations, March 21, 1934. また法的現状については (Lindner, *Außenreklame*, 106–12) を見よ。

80. 次の報告書を参照。WAA LWL Best. 702 no. 184b vol. 1. Oberkrome, *Deutsche Heimat*, 160; Scheck, *Denkmalpflege*, 232; Ditt, *Raum*, 215n; and Helmut Fischer, 90 *Jahre für Umwelt und Naturschutz. Geschichte eines Programms* (Bonn, 1994), 38.

81. StAW Landratsamt Bad Kissingen no. 1237, Bund Naturschutz in Bayern to the Gruppenvorstände and Vertrauensmänner, November 14, 1935; and Schwenkel, *Taschenbuch*, 13.

82. *Reichsministerialblatt der Forstverwaltung* 2 (1938), edition C: 353; StAD G 24 no. 1800 p. 7. Wöbse, "Lina Hähnle," 316n; and Helge May, *NABU. 100 Jahre NABU – ein historischer Abriß 1899–1999* (Bonn, n.d.), 16.

83. StAW Landratsamt Ebern no. 1336, Der Geschäftsführer der Höheren Naturschutzstelle von Mainfranken to the Geschäftsführer der Unteren Naturschutzstellen, December 10, 1936, p. 1.

84. Martin Broszat, "Resistenz und Widerstand. Eine Zwischenbilanz des Forschungsprojekts," in Martin Broszat, Elke Fröhlich, and Anton Grossmann (eds.), *Bayern in der NS-Zeit* vol. 4 (Munich, 1981), 697.

85. Victor Klemperer, *I Will Bear Witness. A Diary of the Nazi Years 1933–1941* (New York, 1998), 126n. クレンペラーはユダヤ人で、1935年に免職されるまでドレスデン大学のロマンス語とその文学の学者だった。非ユダヤ系の妻と結婚、ホロコーストを危ういところで生き残り、1960年死去。

86. Aly, *Hitlers Volksstaat*, 49; and Kershaw, *Hitler Myth*. *Deutschland-Berichte der Sozialdemokratischen Partei Deutschlands (Sopade) 1934–1940*, vol. 2, 1935 (Bad Salzhausen and Frankfurt, 1980), 651, 758, 896.

87. Karl Cornelius, *Das Reichsnaturschutzgesetz* (Bochum-Langendreer, 1936), 2; F. Kersten, "Naturschutz," *Juristische Wochenschrift* 64 (1935): 3603. Lekan, "It Shall," 78; and Mitzschke, *Das Reichsnaturschutzgesetz*, xv.

88. Ludwig Finckh, *Der Kampf um den Hohenstoffeln 1912–1939* (Gaienhofen, 1952), 12.

89. KMK Wilhelm Lienenkämper, Zehn Jahre Landschaftsstelle für Naturschutz Altena- Lüdenscheid (typewritten manuscript, 1942), p. 4. 同様に、WAA Best. 717 file "Reichsstelle (Bundesstelle) für Naturschutz (und Landschaftspflege)," Der Provinzialkonservator von Westfalen to the Reichs- und Preußischer Minister für Wissenschaft, Erziehung und Volksbildung, December 31, 1935, p. 7; and Künkele, "Naturschutz," 28.

90. Jens Ivo Engels, "'Hohe Zeit' und 'dicker Strich.' Vergangenheitsdeutung undbewahrung im westdeutschen Naturschutz nach dem Zweiten Weltkrieg," in Radkau and Uekötter, *Naturschutz und Nationalsozialismus*, 383; and Uekoetter, "Old Conservation History," 178.

91. StAW Landratsamt Bad Kissingen no. 1237, Bund Naturschutz in Bayern to the Gruppenführer and Vertrauensmänner, August 28, 1935.

92. Walther Schoenichen, *Natur als Volksgut und Menschheitsgut. Eine Einführung in Wesen und Aufgaben des Naturschutzes* (Ludwigsburg, 1950), 35; and Wilhelm Lienenkämper, *Schützt die Natur – pflegt die Landschaft* (Hiltrup, 1956), 5.

93. StAD G 38 Eudorf no. 47, Landschaftsbund Volkstum und Heimat, Gau Hessen-Nassau to the Ortsringleiter, June 4, 1938. 同様に、Schwenkel, "Vom Wesen," 75.

63. Daniel Jütte, "Tierschutz und Nationalsozialismus – eine unheilvolle Verbindung," *Frankfurter Allgemeine Zeitung* no. 289 (December 12, 2001): N 3.

64. Daniel Jütte, "'Von Mäusen und Menschen.' Die Auswirkungen des nationalsozialistischen Reichstierschutzgesetzes von 1933 auf die medizinische Forschung an den Universitäten Tübingen, Heidelberg, Freiburg im Breisgau 1933–1945. Beitrag zum Schülerwettbewerb Deutsche Geschichte" (manuscript, Stuttgart, 2001), 9–11, 27, 55.

65. StAD G 24 no. 1504, letter of the Hessische Tierärztekammer Darmstadt, Geschäftsstelle Büdingen, March 22, 1936.

66. Internationaler Militär-Gerichtshof Nürnberg (ed.), *Der Prozess gegen die Hauptkriegsverbrecher vor dem Internationalen Militärgerichtshof*, vol. 29 (Nuremberg, 1948), 123.

67. Götz Aly, *Hitlers Volksstaat. Raub, Rassenkrieg und nationaler Sozialismus* (Frankfurt, 2005), 351.

68. Victor Klemperer, *LTI. Notizbuch eines Philologen* (Leipzig, 2001), 132.

69. BArch R 22/2117 pp. 6r, 74; GStA HA I Rep. 90 A no. 1798 pp. 352–3; StAW Landratsamt Obernburg no. 209, Staatsministerium des Innern to the Staatskanzlei, May 28, 1934; GLAK Abt. 237 no. 36122, Begehung des Steinbruchs Hohenstoffeln, memorandum of May 1934; WAA LWL Best. 702 no. 191, Provinzmittel für den Naturschutz. Undated memorandum of the Sauerländischer Gebirgsverein; Thomas Scheck, *Denkmalpflege und Diktatur. Eine Untersuchung über die Erhaltung von Bau- und Kulturdenkmälern im Deutschen Reich zur Zeit des Nationalsozialismus unter besonderer Berücksichtigung der preußischen Provinz Schleswig-Holstein* (Ph.D. dissertation, Kiel University, 1993), 236–46, 312–16; *Blätter für Naturschutz und Naturpflege* 18 (1935): 72; *Heimat und Landschaft* 7 (1933): 11; and Werner Lindner, *Außenreklame. Ein Wegweiser in Beispiel und Gegenbeispiel* (Berlin, 1936), 110.

70. Mitzschke, *Das Reichsnaturschutzgesetz*, xiv. Hans Jungmann, *Gesetz zum Schutze von Kunst-, Kultur- und Naturdenkmalen (Heimatschutzgesetz)* (Radebeul- Dresden, 1934), 54n, 79–82; Walther Fischer, "Heimatschutz und Steinbruchindustrie," in Landesverein Sächsischer Heimatschutz (ed.), *Denkmalpflege, Heimatschutz, Naturschutz. Erfolge, Berichte, Wünsche* (Dresden, 1936), 70; and HStADd Best. 10702 no. 1425.

71. Scheck, *Denkmalpflege*, 89, 230.

72. Gröning and Wolschke-Bulmahn, "Landschafts- und Naturschutz," 30.

73. Scheck, *Denkmalpflege*, 88–90.

74. Ditt, *Raum*, 214.

75. Scheck, *Denkmalpflege*, 229n.

76. StAW Landratsamt Bad Kissingen no. 1237, Bund Naturschutz in Bayern to the Gruppenvorstände and Vertrauensmänner, October 10, 1933. Josef Ruland, "Kleine Chronik des Rheinischen Vereins für Denkmalpflege und Landschaftsschutz," in Ruland, *Erhalten und Gestalten*, 28; Karl Peter Wiemer, *Ein Verein im Wandel der Zeit. Der Rheinische Verein für Denkmalpflege und Heimatschutz von 1906 bis 1970*. Beiträge zur Heimatpflege im Rheinland 5 (Cologne, 2000), 108–12; and Karl Zuhorn, "50 Jahre Deutscher Heimatschutz und Deutsche Heimatpflege. Rückblick und Ausblick," in Deutscher Heimatbund (ed.), *50 Jahre Deutscher Heimatbund* (Neuß, 1954), 47.

77. Oberkrome, *Deutsche Heimat*, 160.

78. Frank Uekötter, *Naturschutz im Aufbruch. Eine Geschichte des Naturschutzes in Nordrhein-*

79万7000人に増加した。(Kiran Klaus Patel, *"Soldaten der Arbeit." Arbeitsdienste in Deutschland und den USA 1933–1945* [Göttingen, 2003], 55, 149.)

48. HStAD BR 1011 no. 43, letter of the Direktor der Staatlichen Stelle für Naturdenkmalpflege in Preußen, May 8, 1933. それより以前の批評としては以下のものがある。Max Kästner, "Die Gefahr der Naturschändung durch den Freiwilligen Arbeitsdienst," *Mitteilungen des Landesvereins Sächsischer Heimatschutz* 21 (1932): 254–63.

49. WAA LWL Best. 702 no. 185, Jahresbericht der Bezirksstelle für Naturdenkmalpflege im Gebiete des Ruhrsiedlungsverbandes in Essen, May 5, 1933, p. 5. 以下も同様。*Blätter für Naturschutz und Naturpflege* 16 (1933): 80.

50. Schoenichen, "Appell," 145.

51. GLAK Abt. 235 no. 48254, Landesnaturschutzstelle to the Ministerium des Kultus, Unterrichts und der Justiz, August 1, 1933. Similarly, BArch B 245/23 p. 6.

52. Schoenichen, "Appell," 147.

53. 1936年この取り組みはドイツ全国に拡大された。(StAN Rep. 212/19^{VII} no. 2539, decree of the Reichsstelle für Naturschutz, May 13, 1936).

54. StAN Rep. 212/19^{VII} no. 2539, Der Direktor der Staatlichen Stelle für Naturdenkmalpflege in Preußen to the Kommissare für Naturdenkmalpflege, January 2, 1934.

55. WAA LWL Best. 702 no. 185, Jahresbericht der Bezirksstelle für Naturdenkmalpflege im Gebiete des Ruhrsiedlungsverbandes in Essen, May 5, 1933, p. 15.

56. LASH Abt. 734.4 no. 3348, Der Kulturbaubeamte in Neumünster to the Landrat in Pinneberg, December 8, 1933.

57. noli-tangere地図のいくつかは1935年帝国自然保護法のもとで創設された景観保護区の礎になったとして、のちに賞賛された。(StAW Landratsamt Bad Kissingen no. 1234, Staatsministerium des Innern to the Regierungspräsidenten, August 8, 1940, p. 4; BArch B 245/19 p. 168.) しかし、noli-tangere地図の作業がこのように賞賛を受けることは非常に稀なことだった。したがって当然、この話題は自然保護関連の文献にはほとんど現れてこなかった。

58. これらの法律に関する詳しい議論は以下を見よ。Johannes Caspar, *Tierschutz im Recht der modernen Industriegesellschaft. Eine rechtliche Neukonstruktion auf philosophischer und historischer Grundlage* (Baden-Baden, 1999), 272. 以下も同様。Klaus J. Ennulat and Gerhard Zoebe, *Das Tier im neuen Recht. Mit Kommentar zum Tierschutzgesetz* (Stuttgart, 1972), 22. これらの立法に関して詳しい議論は以下を参照。Edeltraud Klueting, "Die gesetzlichen Regelungen der nationalsozialistischen Reichsregierung für den Tierschutz, den Naturschutz und den Umweltschutz," in Radkau and Uekötter, *Naturschutz und Nationalsozialismus*, 78–88.

59. Miriam Zerbel, "Tierschutz und Antivivisektion," in Kerbs and Reulecke, *Handbuch der deutschen Reformbewegungen*, 41–3.

60. Klueting, "Regelungen," 85.

61. Clemens Giese and Waldemar Kahler, *Das deutsche Tierschutzrecht. Bestimmungen zum Schutze der Tiere* (Berlin, 1939), 20. Heinz Meyer, "19./20. Jahrhundert," in Peter Dinzelbacher (ed.), *Mensch und Tier in der Geschichte Europas* (Stuttgart, 2000), 560. ルーク・フェリーによれば、世界各地の動物保護法の中でも、この種の根拠付けが行われたのは最初のものであるという。Luc Ferry, *Le nouvel ordre écologique. L'arbre, l'animal et l'homme* (Paris, 1992), 194.

62. Cf. Boria Sax, *Animals in the Third Reich. Pets, Scape goats, and the Holocaust* (New York and London, 2000), 117n. See also StAN Rep. 212/19^{VII} no. 2924.

Zeller, *How Green*, 28.

30. StAD G 21 A no. 8/21; and Schoenichen and Weber, *Reichsnaturschutzgesetz*, 125n.
31. GStA HA I Rep. 90 A no. 1798 p. 219.
32. LASH Abt. 301 no. 4066, Der Preußische Minister für Wissenschaft, Kunst und Volksbildung to the Oberpräsidenten, the Regierungspräsidenten in Liegnitz, Lüneburg and Düsseldorf and the Verbandspräsident des Siedlungsverbandes Ruhrkohlenbezirk, September 3, 1923.
33. *Sitzungsberichte des Preußischen Landtags, 2. Wahlperiode 1. Tagung*, vol. 8 (Berlin, 1926), col. 11621.
34. GStA HA I Rep. 90 A no. 1798, pp. 268–9, 276–82.
35. *Ibid.*, pp. 287–91.
36. *Ibid.*, pp. 296–7, 305–6, 308, 317.
37. Carl Schulz, “Botanische und zoologische Naturdenkmäler,” in Walther Schoenichen (ed.), *Der biologische Lehrausflug. Ein Handbuch für Studierende und Lehrer aller Schulgattungen* (Jena, 1922), 197; StAD G 21 A no. 8/21, Der Direktor der Staatlichen Stelle für Naturdenkmalpflege in Preußen to the Ministerium der Justiz, June 27, 1927; and *Blätter für Naturschutz und Naturpflege* 13 (1930): 51.
38. LASH Abt. 301 no. 4065, Der Preußische Minister für Wissenschaft, Kunst und Volksbildung to the Regierungspräsidenten, March 21, 1932.
39. GLAK Abt. 235 no. 6550, Der Landrat als Vorsitzender der Bezirksnaturschutzstelle Freiburg-Land to the Minister des Kultus und Unterrichts, July 3, 1936.
40. *Ibid.*, Der Landrat als Vorsitzender der Bezirksnaturschutzstelle Freiburg-Land to the Minister des Kultus und Unterrichts, October 7, 1936.
41. Christiane Dulk and Jochen Zimmer, “Die Auflösung des Touristenvereins ‘Die Naturfreunde’ nach dem März 1933,” in Zimmer, *Mit uns zieht*, 112–17; Oberkrome, *Deutsche Heimat*, 201; Lekan, *Imagining*, 188; and Oliver Kersten, “Zwischen Widerstand und Anpassung – Berliner Naturfreunde während der Zeit des Nationalsozialismus,” *Grüner Weg 31a* 10 (January, 1996): 16–23.
42. Joachim Wolschke-Bulmahn, “Von Anpassung bis Zustimmung. Zum Verhältnis von Landschaftsarchitektur und Nationalsozialismus,” *Stadt und Grün* 46 (1997): 386n.
43. *Natur und Landschaft* 78 (2003): 437; R. G. Spöcker, “Ahasver Spelaeus. Erinnerungen an Dr. Benno Wolf,” *Mitteilungen des Verbands deutscher Höhlen- und Karstforscher* 32, 1 (1986): 4–8.1996年以降、ドイツ洞穴学者協会 (*Verband deutscher Höhlen- und Karstforscher*) はベノ・ヴォルフ博士賞を設けて彼の業績を讃えている。
44. Susanne Falk, “‘Eine Notwendigkeit, uns innerlich umzustellen, liege nicht vor.’ Kontinuität und Diskontinuität in der Auseinandersetzung des Sauerländischen Gebirgsvereins mit Heimat und Moderne 1918–1960,” in Frese and Prinz, *Politische Zäsuren*, 401–17; Ditt, *Raum*, 207n; and Oberkrome, *Deutsche Heimat*, 141n.
45. Ian Kershaw, *The “Hitler Myth.” Image and Reality in the Third Reich* (Oxford, 1987), 55.
46. WAA LWL Best. 702 no. 184b vol. 2, Wilhelm Lienenkämper, Das Naturschutz-ABC, p. 9. Schoenichen, *Naturschutz im Dritten Reich*, 89.
47. Walther Schoenichen, “Appell der deutschen Landschaft an den Arbeitsdienst,” *Naturschutz* 14 (1933): 145–9. 労働奉仕はドイツでは1931年から行われていたが、ナチス政権がこれをさらに拡大し1935年には義務とした。1933年1月、17万7000人が労働奉仕で働いており、1年後には

15. WAA LWL Best. 717 no. 104, Nachweisung der an den Westfälischen Naturschutzverein gezahlten Beihilfen.
16. Hans Klose, "Der Weg des deutschen Naturschutzes," in Hans Klose and Herbert Ecke (eds.), *Verhandlungen deutscher Landes- und Bezirksbeauftragter für Naturschutz und Landschaftspflege. Zweite Arbeitstagung 24.–26. Oktober 1948 Bad Schwalbach und Schlangenbad* (Egestorf, 1949), 37; Adelheid Stipproweit, "Naturschutzbewegung und staatlicher Naturschutz in Deutschland – ein historischer Abriß," in Jörg Calließ and Reinhold E. Lob (eds.), *Handbuch Praxis der Umwelt- und Friedenserziehung. Band 1: Grundlagen* (Düsseldorf, 1987), 34.
17. StAD G 21 A no. 8/21 and G 33 A no. 16/6.
18. StAD G 33 A no. 16/6 p. 29.
19. HStAD Landratsamt Siegkreis no. 586, Der Direktor der Staatlichen Stelle für Naturdenkmalpflege in Preußen to the Minister für Wissenschaft, Kunst und Volksbildung, October 16, 1929, p. 3. Thomas Lekan, "Regionalism and the Politics of Landscape Preservation in the Third Reich," *Environmental History* 4 (1999): 392; and Hermann Josef Roth, "Naturschutz und Landschaftspflege im Westerwald und südlichen Bergischen Land," in Josef Ruland (ed.), *Erhalten und Gestalten. 75 Jahre Rheinischer Verein für Denkmalpflege und Landschaftsschutz* (Neuss, 1981), 412.
20. *Nachrichtenblatt für Naturdenkmalpflege* 8, 3 (June 1931): 17; Oberkrome, *Deutsche Heimat*, 132.
21. StAD G 21 A no. 8/21, Der Hessische Finanzminister to the Justizminister, January 29, 1930, Begründung zum Naturschutzgesetz, p. 1.
22. StAB HA 506, Der Minister für Handel und Gewerbe to the Regierungspräsidenten, January 26, 1931. 自然保護主義者たちからの送電線に対する批判については、以下の文献を参照。Hans Schwenkel, "Die Verdrahtung unserer Landschaft," *Schwäbisches Heimatbuch* 1927: 87–111; and Lekan, *Imagining*, 108.
23. *Beiträge zur Naturdenkmalpflege* 2 (1912): 169–74.
24. HStAD Landratsamt Siegkreis no. 606, Der Regierungspräsident Köln to the Landräte und Oberbürgermeister des Bezirks, September 21, 1921, and Der Oberpräsident der Rheinprovinz to the Regierungspräsidenten der Provinz, June 17, 1926.
25. HStAD BR 1011 no. 44 p. 4.
26. Ditt, *Raum*, 142; WAA LWL Best. 702 no. 195, Wesen und Aufbau der Naturschutzarbeit im Regierungsbezirk Arnsberg. Vortrag vom Bezirksbeauftragten Lienenkämper auf der Finnentroper Naturschutztagung on January 13, 1936, p. 13n.
27. WAA LWL Best. 702 no. 184b vol. 1, Der Preußische Minister für Wissenschaft, Kunst und Volksbildung to the Oberpräsidenten and Regierungspräsidenten, June 30, 1934, p. 1.
28. ワイマール憲法第150条を参照。GStA HA I Rep. 90 A no. 1798 p. 211; and *Sitzungsberichte der verfassunggebenden Preußischen Landesversammlung, Tagung 1919/21*, vol. 9 (Berlin, 1921), col. 11782n. 国家自然保護法以前の立法状況を概観するには以下を参照。Gustav Mitzschke, *Das Reichsnaturschutzgesetz vom 26. Juni 1935 nebst Durchführungsverordnung vom 31. Oktober 1935 und Naturschutzverordnung vom 18. März 1936 sowie ergänzenden Bestimmungen* (Berlin, 1936).
29. Wettengel, "Staat und Naturschutz," 378; and Charles Closmann, "Legalizing a *Volksgemeinschaft*. Nazi Germany's Reich Nature Protection Law of 1935," in Brüggemeier, Cioc, and

Deutschland (Stuttgart, 1999), 104, 106, 108.

第3章

1. これについて、本書は基本的に以下の研究と立場が異なる。Manfred Klein, *Naturschutz im Dritten Reich* (Ph.D. dissertation, Mainz University, 2000).
2. このような状況で組織・制度の定義について非常に参考になったのはダグラス・ノースで、彼は組織・制度を次のように定義している。「富や原則の実用性を最大化するために個人の行動を制限する目的で考え出された、規則、法的手続き、道徳的・倫理的行動規範などの全体である」(Douglass C. North, *Structure and Change in Economic History* [New York and London, 1981], 201n.)。したがって、この定義は、本章が集中的に論じる形のある組織・制度という意味よりもはるかに広く、第4章、第5章で論じる行動様式までを含む。
3. NSDAP Membership no. 3283027; and Hartmut Müller, "'Machtergreifung' im Deutschen Jugendherbergswerk," Deutsches Jugendherbergswerk (ed.), *Weg-Weiser und Wanderer. Wilhelm Münker. Ein Leben für Heimat, Umwelt und Jugend* (Detmold, 1989), 60–77. For the close cooperation between Lienenkämper and Münker, WAA LWL Best. 702 no. 184b vol. 2 and no. 191.
4. Joachim Radkau, *Natur und Macht. Eine Weltgeschichte der Umwelt* (Munich, 2000), 297; and Thomas Zeller, "Molding the Landscape of Nazi Environmentalism. Alwin Seifert and the Third Reich," in Brüggemeier, Cioc, and Zeller, *How Green*, 156. On Darré's interest in organic farming, see Gesine Gerhard, "Richard Walther Darré – Naturschützer oder 'Rassenzüchter'?," in Radkau and Uekötter, *Naturschutz und Nationalsozialismus*, 257–71.
5. Heinrich Rubner, *Deutsche Forstgeschichte 1933–1945. Forstwirtschaft, Jagd und Umwelt im NS-Staat* (St. Katharinen, 1985), 83.
6. Richard Hölzl, *Naturschutz in Bayern von 1905–1933 zwischen privater und staatlicher Initiative. Der Landesausschuß für Naturpflege und der Bund Naturschutz* (M.A. thesis, University of Regensburg, 2003), 46.
7. その初期の成果については以下を参照。Hugo Conwentz (ed.), *Beiträge zur Naturdenkmalpflege* vol. 1 (Berlin, 1910).
8. Knaut, *Zurück*, 40.
9. GLAK Abt. 233 no. 3029, Kaiserlich Deutsche Botschaft in Frankreich to the Reichskanzler, November 11, 1909, p. 2.
10. BArch B 245/214 p. 50.
11. Siekmann, *Eigenartige Senne*, 343; Walther Schoenichen and Werner Weber, *Das Reichsnaturschutzgesetz vom 26. Juni 1935 und die Verordnung zur Durchführung des Reichsnaturschutzgesetzes vom 31. Oktober 1935 nebst ergänzenden Bestimmungen und ausführlichen Erläuterungen* (Berlin-Lichterfelde, 1936), 125.
12. GLAK Abt. 235 no. 6548, Minister des Kultus und Unterrichts to the Bezirksämter, April 4, 1928.
13. StAN Rep. 212/19^{VII} no. 2536, Staatsministerium des Innern to the Bezirksämter, July 14, 1922.
14. Michael Wettengel, "Staat und Naturschutz 1906–1945. Zur Geschichte der Staatlichen Stelle für Naturdenkmalpflege in Preußen und der Reichsstelle für Naturschutz," *Historische Zeitschrift* 257 (1993): 388.

(London, 2000), 161–82.

97. Hans Ulrich Wehler, *Deutsche Gesellschaftsgeschichte vol. 4. Vom Beginn des Ersten Weltkriegs bis zur Gründung der beiden deutschen Staaten 1914–1949* (Munich, 2003), 771.

98. StAW Landratsamt Kitzingen no. 879, advertising leaflet of the Bund Naturschutz in Bayern, November 12, 1920.

99. WAA LWL Best. 702 no. 195, Wesen und Aufbau der Naturschutzarbeit im Regierungsbezirk Arnsberg. Vortrag vom Bezirksbeauftragten Lienenkämper auf der Finnentroper Naturschutztagung on January 13, 1936, p. 12n.

100. Walther Schoenichen, *Naturschutz als völkische und internationale Kulturaufgabe* (Jena, 1942), 75.

101. リーネンケンパー著『自然保護の基礎知識』でさえ、ナチスの思想について全く触れられていない。(WAA LWL Best. 702 no. 184b vol. 2, Wilhelm Lienenkämper, Das Naturschutz-ABC.)

102. Zeller, *Straße, Bahn, Panorama*, 204.

103. WAA LWL Best. 702 no. 184b vol. 1, Aufruf by Hermann Reichling, Kommissar für Naturdenkmalpflege der Provinz Westfalen, of October 1933. Rollins, *Greener Vision*, 263.

104. Vietinghoff-Riesch, *Naturschutz*, 58; Ditt, *Raum*, 330; O. Kraus, "Naturschutz und Ödlandaufforstung," *Blätter für Naturschutz* 23 (1940): 4; WAA LWL Best. 702 no. 195, Wesen und Aufbau der Naturschutzarbeit im Regierungsbezirk Arnsberg. Vortrag vom Bezirksbeauftragten Lienenkämper auf der Finnentroper Naturschutztagung on January 13, 1936, p. 16; WAA LWL Best. 702 no. 184b vol. 2, Wilhelm Lienenkämper, Das Naturschutz-ABC, p. 16; LASH Abt. 320 Eiderstedt no. 1806, 1936年10月29日にアイデルシュテット郡の役所に送付されたヨルトサンド連盟の広告 LASH Abt. 320 Eiderstedt no. 1846, Lamprecht and Wolf, Aufgaben des Natur- und Heimatschutzes im Kreise Husum (n.d.), p. 1; HStAD NW 60 no. 1603 pp. 204r, 299r; StAR Nachlass Ludwig Finckh II a folder 15, letter paper of Ludwig Finckh; and Barch B 245/3 p. 260.

105. Hans Schwenkel, *Taschenbuch des Naturschutzes* (Salach/Württemberg, 1941), 37; Hans Schwenkel, "Aufgaben der Landschaftsgestaltung und der Landschaftspflege," *Der Biologe* 10 (1941): 133; and WAA LWL Best. 702 no. 184b vol. 2, Wilhelm Lienenkämper, Das Naturschutz-ABC, p. 10.

106. StAN Rep. $212/19^{VII}$ no. 2535, letter of the Bürgermeister der Stadt Weissenburg, May 5, 1936. 同様な資料として Oberkrome, *Deutsche Heimat*, 143.

107. Hitler, *Mein Kampf*, 437. 強調は原文どおり。

108. Schoenichen, "Der Naturschutz – ein Menetekel," 1.

109. Wöbse, "Lina Hähnle." 女性が都市の大気汚染問題に対する運動で重要な勢力を形成していたアメリカとは異なり、ドイツでは、20世紀前半、女性は環境問題の紛争において影響力がないのが普通であった。(Cf. Frank Uekötter, *Von der Rauchplage zur ökologischen Revolution. Eine Geschichte der Luftverschmutzung in Deutschland und den USA 1880–1970* [Essen, 2003], 52–6.)

110. Weiner, *Little Corner*.

111. Gert Gröning and Joachim Wolschke-Bulmahn, *Grüne Biographien. Biographisches Handbuch zur Landschaftsarchitektur des 20. Jahrhunderts in Deutschland* (Berlin and Hannover, 1997), 14–15, 415–19.

112. 前掲 244–51 ページ参照。

113. Günter Mader, *Gartenkunst des 20. Jahrhunderts. Garten- und Landschaftsarchitektur in*

83. StAW Landratsamt Bad Kissingen No. 1237, Hans Kobler, Vortrag, gehalten bei der Bezirksversammlung der Gendarmerie in Garmisch-Partenkirchen on November 7, 1938, p. 4n.

84. Wilhelm Bode, Martin von Hohnhorst, *Waldwende. Vom Försterwald zum Naturwald*, 4th edition (Munich, 2000), 95. 森林の持つ組織的な宣伝活動上の利点はその限界が映画〈永遠の森(仮)〉の中に明らかにされる。映画の結末は期待を裏切るもので、ヒトラーもこの作品を好まなかったという。(Ulrich Linse, "Der Film 'Ewiger Wald' – oder: Die Überwindung der Zeit durch den Raum. Eine filmische Übersetzung von Rosenbergs 'Mythus des 20. Jahrhunderts,'" *Zeitschrift für Pädagogik* 31 [1993]: 72n.) Dauerwaldの概念に関しては本書p. 51, 80–81を参照。

85. Arnold Freiherr von Vietinghoff-Riesch, *Naturschutz. Eine nationalpolitische Kulturaufgabe* (Neudamm, 1936), 135. Similarly, Walther Schoenichen, *Urdeutschland* vol. 2, 181.

86. ギュンター・ツヴァンツィックは、1933年11月の動物愛護法に前文がなかったという事実に注目を促している。おそらくこれは、社会進化論と動物に関する倫理観との間に歩み寄りを見出すことが困難だったからであろう。(Günter W. Zwanzig, "Vom Naturrecht zum Schöpfungsrecht. Wertewandel in der Geschichte des Naturschutzrechts," *Berichte der Bayerischen Akademie für Naturschutz und Landschaftspflege* 18 [1994]: 23.)

87. WAA LWL Best. 702 no. 184, Wilhelm Lienenkämper, Der Deutsche und seine Landschaft. Vom gegenwärtigen Stand der Naturschutzbewegung. Easter edition of the conservation supplement of the Lüdenscheider Generalanzeiger, March 31, 1934; and Künkele, "Naturschutz und Wirtschaft," *Blätter für Naturschutz und Naturpflege* 19 (1936): 25.

88. Karl Ditt, "'Mit Westfalengruß und Heil Hitler.' Die westfälische Heimatbewegung 1918–1945," in Edeltraud Klueting (ed.), *Antimodernismus und Reform. Beiträge zur Geschichte der deutschen Heimatbewegung* (Darmstadt, 1991), 202; and Winfried Speitkamp, "Denkmalpflege und Heimatschutz in Deutschland zwischen Kulturkritik und Nationalsozialismus," *Archiv für Kulturgeschichte* 70 (1988): 166.

89. Karl Ditt, *Raum und Volkstum. Die Kulturpolitik des Provinzialverbandes Westfalen 1923–1945* (Münster, 1988), 208n.

90. Applegate, *Nation*, 18, 212. Heinz Gollwitzer, "Die Heimatbewegung. Ihr kulturgeschichtlicher Ort gestern und heute," *Nordfriesland* 10 (1976): 12; Ditt, *Raum*, 387; and Oberkrome, *Deutsche Heimat*, 167.

91. StAB HA 506, Westfälischer Heimatbund, Heimatgebiet Minden-Ravensberg, Arbeitstagung in Bielefeld on May 4, 1942.

92. StAW Landratsamt Ebern no. 1336, Der Regierungsbeauftragte für Naturschutz in Unterfranken to the Bezirksbeauftragten für Naturschutz in Mainfranken, March 12, 1937.

93. Schoenichen, *Biologie*, 76. だが他方、帝国自然保護局の職員クルト・ヒュックは妻がユダヤ人だった。(BArch B 245/255 p. 433.)

94. Hans Schwenkel, "Vom Wesen des deutschen Naturschutzes," *Blätter für Naturschutz* 21 (1938): 74. Hans Kobler, "Naturschutz und Bolschewismus," *Blätter für Naturschutz* 22 (1939): 67n; and Williams, "Chords," 381.

95. 自然保護主義者たちが反ユダヤ的な表現を使用することをためらっていたことは、アルプスの自然保護団体が強固に反ユダヤ主義の立場を取っていたことと対比すると、一層注目すべきである。Rainer Amstädter, *Der Alpinismus. Kultur – Organisation – Politik* (Wien, 1996); and Helmuth Zebhauser, *Alpinismus im Hitlerstaat. Gedanken, Erinnerungen, Dokumente* (Munich, 1998).

96. Ian Kershaw, *The Nazi Dictatorship. Problems and Perspectives of Interpretation*, 4th edition

1999), 47.

69. Erich Gritzbach, *Hermann Göring. Werk und Mensch* (Munich, 1938), 94–8. ショルフハイデ自然保護区は本書第４章で詳しく取り上げる。

70. Herf, *Reactionary Modernism*, 199–207; Thomas Zeller, *Straße, Bahn, Panorama. Verkehrswege und Landschaftsveränderung in Deutschland von 1930 bis 1990* (Frankfurt and New York, 2002); and Karl-Heinz Ludwig, "Technik," in Wolfgang Benz, Hermann Graml, and Hermann Weiß (eds.), *Enzyklopädie des Nationalsozialismus* (Munich, 1997), 262–4.

71. Josef Ackermann, *Heinrich Himmler als Ideologie* (Göttingen, 1970), esp. p. 226n.

72. Walther Schoenichen, "Der Naturschutz im nationalen Deutschland," *Völkischer Beobachter, Norddeutsche Ausgabe* 46, 84 (March 23, 1933): 6; Walther Schoenichen, "'Das deutsche Volk muß gereinigt werden'. – Und die deutsche Landschaft?," *Naturschutz* 14 (1933): 205–9; Walther Schoenichen, "Der Naturschutz – ein Menetekel für die Zivilisation!" *Naturschutz* 15 (1933/1934): 1–3; Schoenichen, *Naturschutz im Dritten Reich.*

73. このテーマに関して優れた研究は以下を参照。Ludwig Fischer, "Die 'Urlandschaft' und ihr Schutz," in Radkau and Uekötter, *Naturschutz und Nationalsozialismus*, 183–205.

74. Steffen Richter, "Die 'deutsche Physik,'" in Herbert Mehrtens and Steffen Richter (eds.), *Naturwissenschaft, Technik und NS-Ideologie. Beiträge zur Wissenschaftsgeschichte des Dritten Reiches* (Frankfurt, 1980), 116–41; and Helmut Heiber, *Walter Frank und sein Reichsinstitut für Geschichte des neuen Deutschlands* (Stuttgart, 1966).

75. Klaus Fehn, "'Lebensgemeinschaft von Volk und Raum.' Zur nationalsozialistischen Raum- und Landschaftsplanung in den eroberten Ostgebieten," in Radkau and Uekötter, *Naturschutz und Nationalsozialismus*, 207–24; and Michael A. Hartenstein, *Neue Dorflandschaften. Nationalsozialistische Siedlungsplanung in den "eingegliederten Ostgebieten" 1939 bis 1944.* Wissenschaftliche Schriftenreihe Geschichte 6 (Berlin, 1998).

76. Fischer, "Urlandschaft", 187–90.

77. StAD G 15 Friedberg B 101, Niederschrift über die Arbeitsbesprechung und Bereisung am 19. und 20. Juni in Frankfurt a.M. und Umgebung, p. 13.

78. StAW Landratsamt Ebern no. 1336, Der Regierungs-Beauftragte der NSDAP für Naturschutz in Unterfranken to Hauptlehrer Hoch in Ebern, March 11, 1935. ナチス内部でシュタットラーが行った自然保護の代表者たちのネットワークを作ろうという試みについては、本書第５章でさらに扱う。

79. WAA LWL Best. 702 no. 184b vol. 2, Gemeinsame Arbeitstagung der westfälischen Naturschutzbeauftragten und der Fachstelle Naturkunde und Naturschutz im Westfälischen Heimatbund on February 12–13, 1938, p. 4.

80. Thomas Potthast, *Die Evolution und der Naturschutz. Zum Verhältnis von Evolutionsbiologie, Ökologie und Naturethik* (Frankfurt and New York, 1999).

81. パウル・ブローマーがナチス精神で作った生物学上の指導の青写真が、自然の保護に関するどんな思想ともかなり隔たっていたこと、そして実際、自然の希少種や特殊性を周縁に追いやる点で自然保護思想に対して反対の考え方をしていたのは単なる偶然ではない。(Paul Brohmer, *Biologieunterricht unter Berücksichtigung von Rassenkunde und Erbpflege*, 3rd edition [Osterwieck and Berlin, 1936, 12n.])

82. Walther Schoenichen, *Biologie der Landschaft*, Landschaftsschutz und Landschaftspflege 3 (Neudamm and Berlin, 1939), 12.

支持する政府はそもそも不可能になったのである。(Heinrich August Winkler, *Weimar 1918–1933. Die Geschichte der ersten deutschen Demokratie* [Munich, 1998], 505–7.)

52. Lekan, *Imagining*, 101, 148.

53. シュルツ－ナウムブルクに関しては以下を参照。Knaut, *Zurück*, 54–60, and Norbert Bormann, *Paul Schultze-Naumburg 1869–1949. Maler, Publizist, Architekt. Vom Kulturreformer der Jahrhundertwende zum Kulturpolitiker im Dritten Reich* (Essen, 1989). ドイツ文化闘争同盟に関しては以下を参照。Jürgen Gimmel, *Die politische Organisation kulturellen Ressentiments. Der "Kampfbund für deutsche Kultur" und das bildungsbürgerliche Unbehagen an der Moderne* (Münster, 2001). ヴィリィ・オバークローメは1925年に郷土連盟に代わる二次的な選択肢としてリッペ流域自然保護連盟を立ち上げたマンフレッド・フールマンに関して信憑性の疑われる例を挙げている。フールマンはその後すぐにその過激な発言のために孤立を深め、地域のナチス党員のリーダーとなった。(Oberkrome, *Deutsche Heimat*, 73–5. Siekmann, *Eigenartige Senne*, 343–5.)

54. Raymond H. Dominick III, *The Environmental Movement in Germany. Prophets and Pioneers 1871–1971* (Bloomington and Indianapolis, 1992), 112n.

55. Broszat, *Staat Hitlers*, 253.

56. WAA Best. 717 file "Reichsstelle (Bundesstelle) für Naturschutz (und Landschaftspflege)," Der Direktor der Reichsstelle für Naturschutz, Denkblätter der Reichsstelle für Naturschutz über die künftige Wahrnehmung von Naturschutz und Landschaftspflege, June 26, 1945, p. 2. Radkau, "Naturschutz," 45.

57. GLAK Abt. 235 no. 47680, Der Führer hält seine schützende Hand über unsere Hecken. Hans Schwenkel, Reichsbund für Vogelschutz, p. 2.

58. Jeffrey Herf, *Reactionary Modernism. Technology, Culture, and Politics in Weimar and the Third Reich* (Cambridge, 1984), 194. Similarly, Oberkrome, *Deutsche Heimat*, 142.

59. Adolf Hitler, *Mein Kampf*, trans. Ralph Manheim (Boston and New York, 1999), 134.

60. Lutz Raphael, "Radikales Ordnungsdenken und die Organisation totalitärer Herrschaft. Weltanschauungseliten und Humanwissenschaftler im NS-Regime," *Geschichte und Gesellschaft* 27 (2001): 28n. その著作『二十世紀の神話』(Der Mythus des zwanzigsten Jahrhunderts)によって国家社会主義の原理に関して唯一体系的な試みを行ったアルフレッド・ローゼンベルクがナチスの中心的な理論家としては不安定な立場にあったのは偶然ではない。(Reinhard Bollmus, *Das Amt Rosenberg und seine Gegner. Studien zum Machtkampf im national- sozialistischen Herrschaftssystem* [Stuttgart, 1970].)

61. Hitler, *Mein Kampf*, 135.

62. BArch R 43 II/227 p. 41n.

63. Ernst Hanfstaengl, *Zwischen Weißem und Braunem Haus. Memoiren eines politischen Außenseiters* (Munich, 1970), 80.

64. Horst Höfler and Heinz Zembsch (eds.), *Watzmann. Mythos und wilder Berg* (Zürich, 2001), 98.

65. Kershaw, *Hitler 1889–1936*, 534. Similarly, Ulrich Chaussy, *Nachbar Hitler. Führerkult und Heimatzerstörung am Obersalzberg* (Berlin, 2001), 131n.

66. Hitler, *Mein Kampf*, 408–10.

67. Leonard Mosley, *The Reich Marshal. A Biography of Hermann Goering* (London, 1974), 179. ゲーリングによる自然保護に関する権限の奪取については本書78ページ以下を参照。

68. Volker Knopf and Stefan Martens, *Görings Reich. Selbstinszenierungen in Carinhall* (Berlin,

sches Staatsministerium, November 7, 1921.

39. Oberkrome, *Deutsche Heimat*, 87.

40. Walther Schoenichen, *Einführung in die Biologie. Ein Hilfsbuch für höhere Lehranstalten und für den Selbstunterricht* (Leipzig, 1910), 136. コンヴェンツの簡単な経歴については以下を参照。Knaut, *Zurück*, 40–50.

41. Rüdiger Haufe, "Geistige Heimatpflege. Der 'Bund der Thüringer Berg-, Burg- und Waldgemeinden' in Vergangenheit und Gegenwart," in Radkau and Uekötter, *Naturschutz und Nationalsozialismus*, 440.

42. Oberkrome, *Deutsche Heimat*, 33n, 59.

43. Heinrich August Winkler, *Der lange Weg nach Westen vol. 1. Deutsche Geschichte vom Ende des Alten Reiches bis zum Untergang der Weimarer Republik* (Munich, 2000), 468.

44. Applegate, *Nation*, 151. Williams, "Chords," 344.

45. Ludwig Spilger, "Das neue Naturschutzgesetz," *Volk und Scholle* 10, 2 (1932): 43.

46. 基本文献は以下を参照。Kurt Sontheimer, *Antidemokratisches Denken in der Weimarer Republik. Die politischen Ideen des deutschen Nationalismus zwischen 1918 und 1933* (Munich, 1962).

47. Augustin Upmann and Uwe Rennspieß, "Organisationsgeschichte der deutschen Naturfreundebewegung bis 1933," in Jochen Zimmer (ed.), *Mit uns zieht die neue Zeit. Die Naturfreunde. Zur Geschichte eines alternativen Verbandes in der Arbeiterkulturbewegung* (Cologne, 1984), esp. p. 96n; and Gunnar Wendt, "Proletarischer Naturschutz in der Weimarer Republik – Der Touristenverein 'Die Naturfreunde' im Rheinland," *Geschichte im Westen* 19 (2004): 42–65.

48. *Blätter für Naturschutz und Naturpflege* 14 (1931): 171. ゲルト・グレーニングは、リヒテンシュテーターの同名の小冊子は民主主義の遵守を誓約していると論じているが、そのような解釈は大きな誤解を招くものであるという。議論の主目的を無視しているばかりでなく、リヒテンシュテーターが反ユダヤ主義を全力で戦うべき脅威としてでなく、単なる迷惑行為として見ていた事実を抹消するものであるとした。同時代の社会の中での反ユダヤ主義的な感情に言及しながら、彼はユダヤ人に対して、自然保護活動ではそれがユダヤ人に典型的な関心事として見られないよう、「ある程度の穏健さ」を持って行動するように勧めていた。断固とした戦いの正反対であった。さらに、リヒテンシュテーターによると、反ユダヤ主義は「より小規模の、道徳的意識の高い集団」の中よりも、「大きな集団」内で強いという。自然保護主義者自身の間の反ユダヤ主義を彼は重要ではない問題として考えていたことが見て取れる。(ゲルト・グレーニングの以下の文献を比較のために参照。〈Gert Gröning, "Siegfried Lichtenstaedter. 'Naturschutz und Judentum, ein vernachlässigtes Kapitel jüdischer Sittenlehre' – ein Kommentar," in Gert Gröning and Joachim Wolschke-Bulmahn [eds.], *Arbeitsmaterialien zum Workshop "Naturschutz und Demokratie!?"* [Hannover, 2004], 41–4; and Siegfried Lichtenstaedter, *Naturschutz und Judentum. Ein vernachlässigtes Kapitel jüdischer Sittenlehre* [Frankfurt, 1932]. Quotations p. 39.〉)

49. Karl Dietrich Bracher, *Die Auflösung der Weimarer Republik. Eine Studie zum Problem des Machtverfalls in der Demokratie* (Stuttgart, 1955).

50. *Pfälzisches Museum – pfälzische Heimatkunde* 49 (1932): 84. ヨハン・ハインリヒ・ペスタロッチはスイス人の教育者で社会改革者。1746年～1827年。現代の小学校教育の先駆者。

51. GLAK Abt. 235 no. 48254, Der Reichsminister des Innern to the Landesregierungen, July 2, 1932. ナチス党の結果は投票総数の14.5パーセントの共産党との対決となった。つまり、公然と民主主義の廃止を求める二つの党が議席の過半数を獲得したということになる。こうなっては、議会が

flege 3 (1917): 5; Paul Förster, "Die Entdeckung der Heimat," *Heimatschutz in Brandenburg* 8 (1917): 41–5. ドイツ政府内における戦時期の計画に関する基本的な論文は Fritz Fischer, *Griff nach der Weltmacht. Die Kriegszielpolitik des kaiserlichen Deutschlands 1914/18* (Düsseldorf, 1961).

23. LASH Abt. 301 no. 4066, Staatliche Stelle für Naturdenkmalpflege in Preussen to the Oberpräsident in Kiel, February 24, 1921.

24. Ott, "Geistesgeschichtliche Ursprünge," 2.

25. Ulrich Linse, *Ökopax und Anarchie. Eine Geschichte der ökologischen Bewegungen in Deutschland* (Munich, 1986), esp. p. 35; Werner Hartung, *Konservative Zivilisationskritik und regionale Identität. Am Beispiel der niedersächsischen Heimatbewegung 1895 bis 1919* (Hannover, 1991), esp. p. 305n; and Gert Gröning and Joachim Wolschke- Bulmahn, "Landschafts- und Naturschutz," in Diethart Kerbs and Jürgen Reulecke (eds.), *Handbuch der deutschen Reformbewegungen 1880–1933* (Wuppertal, 1998), 30n.

26. Schmoll, *Erinnerung*, 467; Thomas Rohkrämer, *Eine andere Moderne? Zivilisationskritik, Natur und Technik in Deutschland 1880–1933* (Paderborn, 1999), 138n; Lekan, *Imagining*, 11n; Confino, *Nation*, 212.

27. Friedemann Schmoll, "Die Verteidigung organischer Ordnungen. Naturschutz und Antisemitismus zwischen Kaiserreich und Nationalsozialismus," in Radkau and Uekötter, *Naturschutz und Nationalsozialismus*, 169. Friedemann Schmoll, "Bewahrung und Vernichtung. Über Beziehungen zwischen Naturschutz und Antisemitismus in Deutschland," in Freddy Raphaël (ed.), *". . . das Flüstern eines leisen Wehens . . ." Beiträge zu Kultur und Lebenswelt europäischer Juden* (Constance, 2001), 345–67.

28. Applegate, *Nation*, 67.

29. Hermann Löns, "Naturschutz und Rassenschutz," *Blätter für Naturschutz* 4 (1913): 1.

30. Thomas Lekan, "'It Shall Be the Whole Landscape!' The Reich Nature Protection Law and Regional Planning in the Third Reich," in Franz-Josef Brüggemeier, Mark Cioc, and Thomas Zeller (eds.), *How Green Were the Nazis? Nature, Environment, and Nation in the Third Reich* (Athens, 2005), 90.

31. Applegate, *Nation*, 77.

32. Lekan, *Imagining*, 13; William H. Rollins, *A Greener Vision of Home. Cultural Politics and Environmental Reform in the German Heimatschutz Movement, 1904–1918* (Ann Arbor, 1997), 262; Williams, "Chords"; and Willi Oberkrome, *"Deutsche Heimat." Nationale Konzeption und regionale Praxis von Naturschutz, Landschaftsgestaltung und Kulturpolitik in Westfalen-Lippe und Thüringen* (*1900–1960*) (Paderborn, 2004), 514.

33. Konrad Guenther, *Heimatlehre als Quelle neuer deutscher Zukunft* (Freiburg, 1922), 5. Williams, "Chords," 339.

34. Konrad Guenther, "Naturschutz als Wissenschaft und Lehrfach," *Blätter für Naturschutz und Naturpflege* 14 (1931): 16.

35. Oberkrome, *Deutsche Heimat*, 24.

36. Max Kästner, "Vom Heimatgefühl," in Landesverein Sächsischer Heimatschutz (ed.), *Naturschutz in Sachsen* (Dresden, 1929): 9.

37. Lekan, *Imagining*; and Martin Greiffenhagen, *Das Dilemma des Konservatismus in Deutschland* (Frankfurt, 1986).

38. GLAK Abt. 237 no. 36121, Verband Deutscher Gebirgs- und Wandervereine to the Badi-

of *Jahrbuch für Naturschutz und Landschaftspflege*, Greven, 1993); Anna- Katharina Wöbse, "Lina Hähnle und der Reichsbund für Vogelschutz. Soziale Bewegung im Gleichschritt," in Radkau and Uekötter, *Naturschutz und Nationalsozialismus*, esp. pp. 312–14; Reinhard Johler, "Vogelmord und Vogelliebe. Zur Ethnographie konträrer Leidenschaften," *Historische Anthropologie* 5 (1997): 1–35.

9. Schmoll, *Erinnerung*, 456.
10. WAA Best. 717 Zug. 23/1999 Naturschutzverein, Satzungen des Westfälischen Naturschutzvereins e.V. von 1934, p. 4; and WAA LWL Best. 702 no. 186.
11. Konrad Guenther, *Der Naturschutz* (Freiburg, 1910), 262.
12. Thomas Lekan, *Imagining the Nation in Nature: Landscape Preservation and German Identity, 1885–1945* (Cambridge, Mass., 2003), 61.
13. Frank Uekoetter, "The Old Conservation History – and the New. An Argument for Fresh Perspectives on an Established Topic," *Historical Social Research* 29, 3 (2004): 181.
14. 本書の〈用語について〉で述べたように、Heimatの概念はドイツ語特有のもので、英語に翻訳することは根本的に不可能である。アロン・コンフィノによれば、「ヨーロッパ文化におけるその特異性は、その地元、地域の、そして国家のアイデンティティが国家という共通の表現に融合されたもので、（中略）ドイツにおいてのみ（中略）国民国家の表現として、景観と都市風景の表象的表現形式が共通である象徴的な中心地を成した」(Confino, *Nation*, 212n.)。ジョン・アレキサンダー・ウィリアムズは次のように述べている。「Heimatは高度に扱いにくく、一定しない概念で、様々な意味内容が過剰にぶつかりあっている」(John Alexander Williams, "'The Chords of the German Soul are Tuned to Nature': The Movement to Preserve the Natural Heimat from the Kaiserreich to the Third Reich," *Central European History* 29 [1996]: 358.)。著者によるHeimatの定義は以下の著作を見よ。Frank Uekoetter, "Heimat, Heimat ohne alles? Warum die Vilmer Thesen zu kurz greifen," *Heimat Thüringen* 11, 4 (2004): 8–11.
15. HStAD NW 60 no. 1603 p. 300. リーネンケンパーについては以下を参照。Kuno Müller, "Zur Geschichte der ehemaligen Kreisstelle für Naturschutz Altena-Lüdenscheid bis zum Jahre 1936," *Der Märker* 31 (1982): 147–54, Walter Hostert, *Geschichte des Sauerländischen Gebirgsvereins. Idee und Tat. Gestern – Heute – Morgen* (Hagen, 1966), 129n; and Herbert Schulte, "Vorkämpfer für den Naturschutz," in Heimatbund Märkischer Kreis (ed.), *Herscheid. Beiträge zur Heimat- und Landeskunde* (Altena, 1998), 121–2.
16. Frank Uekötter, "Naturschutz und Demokratie. Plädoyer für eine reflexive Naturschutzbewegung," *Natur und Landschaft* 80 (2005): 137–40.
17. KAW Landratsamt Warendorf C 303, Der Westfälische Naturschutz braucht auch Dich! (Ein Mahnruf des Bundes "Natur und Heimat) (ca. 1936). 表現は聖書のアリュージョンになっており、用語の選択は第一コリント人への手紙13章に類似している。
18. Susanne Falk, *Der Sauerländische Gebirgsverein. "Vielleicht sind wir die Modernen von übermorgen"* (Bonn, 1990), 113. Roland Siekmann, *Eigenartige Senne. Zur Kulturgeschichte der Wahrnehmung einer peripheren Landschaft* (Lemgo, 2004), 340n.
19. Guenther, *Naturschutz*, iv.
20. LASH Abt. 301 no. 1193, Anregung für 1913.1912年9月9日付けのフーゴー・コンヴェンツの書簡に添えられたもの。
21. Lekan, *Imagining*, 74.
22. H. Salomon, "Der Naturschutz bei unseren Feinden," *Blätter für Naturschutz und Heimatp-*

23. GLAK Abt. 235 no. 47680, Der Führer hält seine schützende Hand über unsere Hecken. Hans Schwenkel, Reichsbund für Vogelschutz. German Peasant Leader (*Reichsbauernführer*) of January 23, 1940の原文は以下を参照。WAA LWL Best. 702 no. 191, Dienstnachrichten des Reichsnährstandes no. 7 of February 10, 1940, edition B.
24. Eberhard Jäckel, *Hitlers Weltanschauung: A Blueprint for Power* (Middletown, Conn., 1972).
25. Ian Kershaw, *Hitler 1889–1936: Hubris* (London, 1998), 529. カーショウは以下の文献中に初めてこの議論を発表した。"'Working Towards the Führer.' Reflections on the Nature of the Hitler Dictatorship," *Contemporary European History* 2 (1993): 103–18.
26. Kershaw, *Hitler 1889–1936*, 530.
27. NSDAP Membership no. 1510121, from March 1, 1933; Walther Schoenichen, *Naturschutz im Dritten Reich. Einführung in Wesen und Grundlagen zeitgemäßer Naturschutz-Arbeit* (Berlin-Lichterfelde, 1934). シェーニヒェンはのちになって、1932年12月に党員となったことを入党申請によって表明した。こうして彼は入党日をヒトラーが政権を取る前に動かした。(BArch Berlin Document Center RSK I B 201, p. 444.) この誤った日付を入党日としている研究者もいることは遺憾だ。Gert Gröning and Joachim Wolschke-Bulmahn, *Liebe zur Landschaft. Teil 1: Natur in Bewegung. Zur Bedeutung natur- und freiraumorientierter Bewegungen in der ersten Hälfte des 20. Jahrhunderts für die Entwicklung der Freiraumplanung* (Münster, 1995), 149.
28. David Blackbourn, *A Sense of Place: New Directions in German History. The 1998 Annual Lecture of the German Historical Institute London* (London, 1999).

第2章

1. Walther Schoenichen, *Naturschutz, Heimatschutz. Ihre Begründung durch Ernst Rudorff, Hugo Conwentz und ihre Vorläufer* (Stuttgart, 1954), 1.
2. Wilhelm Heinrich Riehl, *Land und Leute. Die Naturgeschichte des Volkes als Grundlage einer deutschen Social-Politik*, vol. 1 (Stuttgart and Tübingen, 1854).
3. Peter Steinbach, "Wilhelm Heinrich Riehl," in Hans-Ulrich Wehler (ed). *Deutsche Historiker*, vol. 6 (Göttingen, 1980), 43. Konrad Ott, "Geistesgeschichtliche Ursprünge des deutschen Naturschutzes zwischen 1850 und 1914," in Werner Konold, Reinhard Böcker, and Ulrich Hampicke (eds.), *Handbuch Naturschutz und Landschaftspflege* (Landsberg, 2004), 3–5; Konrad Ott, Thomas Potthast, Martin Gorke, and Patricia Nevers, "Über die Anfänge des Naturschutzgedankens in Deutschland und den USA im 19. Jahrhundert," *Jahrbuch für europäische Verwaltungsgeschichte* 11 (1999): 1–55.
4. Barbara Rommé (ed.), *Professor Landois. Mit Witz und Wissenschaft* (Münster, 2004); Walter Werland, *Münsters Professor Landois. Begebenheiten und Merkwürdigkeiten um den Zoogründer* (Münster, 1977).
5. Alon Confino, *The Nation as a Local Metaphor. Württemberg, Imperial Germany, and National Memory, 1871–1918* (Chapel Hill, N. C., 1997), 108–11; and Celia Applegate, *A Nation of Provincials. The German Idea of Heimat* (Berkeley and Los Angeles, 1990), 63–65.
6. Joachim Raschke, *Soziale Bewegungen. Ein historisch-systematischer Grundriß* (Frankfurt and New York, 1988), 165.
7. Friedemann Schmoll, *Erinnerung an die Natur. Die Geschichte des Naturschutzes im deutschen Kaiserreich* (Frankfurt and New York, 2004), 199.
8. Andreas Knaut, *Zurück zur Natur! Die Wurzeln der Ökologiebewegung* (Supplement 1 [1993]

は以下の文献を参照。Karl Ditt, "Naturschutz zwischen Zivilisationskritik, Tourismusförderung und Umweltschutz. USA, England und Deutschland 1860–1970," Matthias Frese and Michael Prinz (eds.), *Politische Zäsuren und gesellschaftlicher Wandel im 20. Jahrhundert. Regionale und vergleichende Perspektiven* (Paderborn, 1996), 499–533.

12. Hans Stadler, "Landschaftsschutz in Franken," *Blätter für Naturschutz und Naturpflege* 18 (1935): 45.

13. この点に関連する基本研究はErnst Nolte, *Three Faces of Fascism: Action Française, Italian Fascism, National Socialism* (London, 1965).。また、ドイツとイタリアの比較に関して最近の興味深い研究としては Sven Reichardt, *Faschistische Kampfbünde. Gewalt und Gemeinschaft im italienischen Squadrismus und in der deutschen SA* (Cologne, 2002).

14. John R. McNeill, *Something New under the Sun: An Environmental History of the Twentieth Century* (London, 2001), 329.

15. James Sievert, *The Origins of Nature Conservation in Italy* (Bern, 2000), esp. pp. 199–214.

16. Antonio Cederna, *La Distruzione della Natura in Italia* (Torino, 1975), 196. 公園の状況は非常に劣悪で、自然環境保護国際連合が国立公園のリストから削除することを検討したほどであった。

17. Renzo de Felice, *Die Deutungen des Faschismus* (Göttingen and Zürich, 1980), esp. p. 255; and Karl Dietrich Bracher, *Zeitgeschichtliche Kontroversen. Um Faschismus, Totalitarismus, Demokratie* (Munich and Zürich, 1984), 13–33. ミヒャエル・マンによる最近の研究成果でも、イタリアのファシズムとドイツのナチスズムの間には重要な差異が数多くあることが認められる。Michael Mann, *Fascists* (Cambridge, 2004), 360–2.

18. ソヴィエトの自然保護に関するこの部分の記述は以下の参考文献による。Douglas R. Weiner, *A Little Corner of Freedom: Russian Nature Protection from Stalin to Gorbachëv* (Berkeley and Los Angeles, 1999); and Douglas R. Weiner, *Models of Nature: Ecology, Conservation and Cultural Revolution in Soviet Russia* (Pittsburgh, 2000).

19. David Blackbourn, "'Die Natur als historisch zu etablieren.' Natur, Heimat und Landschaft in der modernen deutschen Geschichte," in Radkau and Uekötter, *Naturschutz und Nationalsozialismus*, 71.

20. 最も新しい研究業績は、Klaus Gestwa, "Ökologischer Notstand und sozialer Protest. Der umwelthistorische Blick auf die Reformunfähigkeit und den Zerfall der Sowjetunion," *Archiv für Sozialgeschichte* 43 (2003): 349–83; and Alla Bolotova, "Colonization of Nature in the Soviet Union. State Ideology, Public Discourse, and the Experience of Geologists," *Historical Social Research* 29, 3 (2004): 104–23.

21. Franz Neumann, *Behemoth: The Structure and Practice of National Socialism 1933–1944* (New York, 1963 [first edition 1942]), 396.

22. Hans Mommsen, "Nationalsozialismus," *Sowjetsystem und demokratische Gesellschaft. Eine vergleichende Enzyklopädie*, vol. 4 (Freiburg, 1971), col. 702. こうしたヒトラーのイメージを形成した研究としては以下を参照。Martin Broszat, *Der Staat Hitlers. Grundlegung und Entwicklung seiner inneren Verfassung* (Munich, 1969); Peter Hüttenberger, "Nationalsozialistische Polykratie," *Geschichte und Gesellschaft* 2 (1976): 417–42; and Dieter Rebentisch, *Führerstaat und Verwaltung im Zweiten Weltkrieg. Verfassungsentwicklung und Verwaltungspolitik 1939–1945* (Stuttgart, 1989). Gerhard Hirschfeld and Lothar Kettenacker (eds.), *The "Führer State": Myth and Reality. Studies on the Structure and Politics of the Third Reich* (Stuttgart, 1981) のナチス支配の章では鋭い議論が行われている。

註

第1章

1. 原著に使用したconservationという語はnature protectionと同義である。アメリカ的な環境資源利用に関する考え方や、conservationとpreservationが相対するような併記の仕方を想起することは誤解を招く。なお、本書巻頭の「用語について」には著者の訳語（独英）選択に関してさらに包括的な議論を掲げた。
2. Wilhelm Lienenkämper, “Der Naturschutz vom Nationalsozialismus her gesehen,” *Sauerländischer Gebirgsbote* 46 (1938):26. ドイツ語からの英訳は著者による。
3. 最もよく知られた例はヨアヒム・ヴォルシュケ－ブルーマンとゲルト・グレーニングの書籍である。この分野の研究の経過と成果について総括的な議論を本書附録に取り上げてある。
4. Joachim Radkau, “Naturschutz und Nationalsozialismus – wo ist das Problem?,” in Joachim Radkau and Frank Uekötter (eds.), *Naturschutz und Nationalsozialismus* (Frankfurt and New York, 2003), 41.
5. Ian Kershaw, *Hitler 1936–1945: Nemesis* (London, 2000), 825.
6. WAA LWL Best. 702 No. 191, Provinzmittel für den Naturschutz. Memorandum of the Sauerländischer Gebirgsverein, ca. 1934. 同様の文献として、Walther Schoenichen, *Urdeutschland. Deutschlands Naturschutzgebiete in Wort und Bild*, vol. 2 (Neudamm, 1937), 11. 国際的な自然保護活動については以下を参照。Hanno Henke, “Grundzüge der geschichtlichen Entwicklung des internationalen Naturschutzes,” *Natur und Landschaft* 65 (1990): 106–12; and Anna-Katharina Wöbse, “Der Schutz der Natur im Völkerbund – Anfänge einer Weltumweltpolitik,” *Archiv für Sozialgeschichte* 43 (2003): 177–90.
7. イギリスの自然保護に関する解説は以下を参照。Karl Ditt, “Die Anfänge der Naturschutzgesetzgebung in Deutschland und England 1935/49,” in Radkau and Uekötter, *Naturschutz und Nationalsozialismus*, 107–43; and David Evans, *A History of Nature Conservation in Britain*, 2nd edition (London and New York, 1997).
8. Michael Bess, *The Light-Green Society: Ecology and Technological Modernity in France, 1960–2000* (Chicago and London, 2003), 68. E. Cardot, *Manuel de l’Arbre* (Paris, 1907), 74; Danny Trom, “Natur und nationale Identität. Der Streit um den Schutz der ‘Natur’ um die Jahrhundertwende in Deutschland und Frankreich,” in Etienne François, Hannes Siegrist, and Jakob Vogel (eds.), *Nation und Emotion. Deutschland und Frankreich im Vergleich* (Göttingen, 1995), 147–67.
9. Hans-Dietmar Koeppel and Walter Mrass, “Natur- und Nationalparke,” in Gerhard Olschowy (ed.), *Natur- und Umweltschutz in der Bundesrepublik Deutschland* (Ham- burg and Berlin, 1978), 810.
10. Alfred Runte, *National Parks. The American Experience*, 3rd edition (Lincoln, Nebr., 1997); and Roderick Nash, *Wilderness and the American Mind*, 4th edition (New Haven, Conn., and London, 2001).
11. Walther Schoenichen, *Urdeutschland. Deutschlands Naturschutzgebiete in Wort und Bild*, vol. 1 (Neudamm, 1935), 5n. さらにドイツ、イギリス、アメリカ合衆国の間の詳しい比較について

【わ行】

【ま行】

【や行】

【ら行】

【な行】

【は行】

【た行】

【さ行】

【あ行】

【か行】

索引

【A～Z】

訳者あとがき

二〇〇二年夏、知人のドイツ人夫妻宅に家族で滞在していたときのことでした。南ドイツのアルゴイ地方の小さな町、リンデンベルクの町外れです。

ある日の午後、私は家の境界の裏手に広がる森に一人で散歩に出ました。歩いて五分くらいの小さな湖の周りの遊歩道では、夏の午後の時間をのんびりと過ごす人々と次々に行き交いました。私は何度か歩いたことのある湖周りの木陰の道を外れて、ふと明るい林のほうへと進んでみました。林はじきにまばらになり、広い草原に出ました。遠くのほうには草原の境界らしい林のはずれが見えます。午後の日差しは柔らかく、足元には草地の中に踏み固められた散歩道。ところどころで左右からくる同じような散歩道と交差しますが、不思議なことに誰にも出会わないのです。

どこへ行くにも何かの荷物を持っている毎日、今なら携帯電話くらいはポケットに入っているところですが、あのときの私は文字どおりの手ぶらでした。

なんと身軽で、なんと自由。体中の細胞が生き返るような、自分自身の呼吸の速さや心臓の音を確認できるような、なんと贅沢な空間でしょう。広い草原を半時間ほど独り占めにしてから、私は後ろを振り返って森の入口を確かめ、家路についたのでした。ミュンヘン市内と近郊の町に通算四年半住みましたが、このときほどドイツの緑が印象的だったことはありません。このたびの翻訳をお引き受けしたとき、あの森の話なのだと思ったのでしたが……。

ところで、本書の翻訳も終盤にさしかかったところで、苦しんでいる私に親しい友人が「今度は何を翻訳しているのか」と問いました。そこで私が「ナチスの……」と言いかけると、えっ？　という顔をして、もうそこまでで結構と遮るのです。草むらに蛇を見たときのような顔です。同じようなことが立て続けに二、三度起こりました。しかも「ナチスの……」のところで起こる反応は大体似かよっているのです。たしかに第二次大戦中のナチスの残虐な犯罪行為は広く知られていて、あのようなことが二度と起きてはならないというのはずでに共通認識です。友人たちは別の場所でなら違った反応をしたのかもしれませんが、私に見せた反応は実に正直なものだったと思います。

「ナチスの……」で一括りにして、私たちは論じ終えたのだ、断じ終え、反省もし終えた……とでもいうような……。これは私も含め、多くの人々に共通する本音なのではないでしょうか。

しかし著者ユケッター氏はさらに問うのです。

ドイツ人が愛してやまない自然をナチス時代を迎える前から、そしてナチス時代を超えて、誰がどのように守ってきたのか。自然保護家たちは一人一人が戦前、戦中、戦後、どのような活動をしてきたのか。氏はナチス政権下の自然保護活動とナチスとの関係を「戦略的友好関係」と呼んでいます。自分の信念のために独裁政権が提供する機会を利用するだけで、それ以外のことには注意を払わないといった態度です。ナチスの忌まわしい犯罪行為の陰に、時の政権と結んだ無邪気な協力関係が存在したことを本書は解き明かしていきます。

それだけではありません。学術研究の成果を研究業績の枠に閉じ込めてしまわないで、後の時代を生きる人々がそこから教訓を見出し、人生の糧にすることを氏は提案しているのです。

最後の最後になって、専門分野でもない者が付け焼刃で無謀な戦いを挑んでしまったことに、私は身の震える恐ろしさを覚えます。大きな方向性はどうにか見失わなかったかもしれませんが、あちらこちらに不揃いな訳語、消化不良の訳文があり、今後数多くのご指摘を受けるだろうと覚悟しつつ、ようやくこの仕事を終えます。

ただ、専門外の読者代表としてそれでも言えることがあります。ヒトラーを諸悪の根源とすることで、時の政権の暴走を黙認してしまった人々を免責にしたように、敵を作って、攻撃し、それで自分たちはお咎めなし、といった私たちの中に潜む心の傾向を直視し、本書の今日的意味を見出す責任を受け止めたく思います。

今年はナチス政権崩壊から、そして日本の敗戦から七十年です。しかし、ナチスも太平洋戦争も、私たちの生きる現代からは何ページも隔たった過去の章に書かれている歴史ではなく、戦後世代の人間が負っていくべき未来にわたる責任を整理し、荷崩れしないように背負いなおすのが節目の年の役割なのでしょう。

今回、ドイツにおける森林科学の専門家であり、この分野の翻訳書も多い山縣光晶先生に、ドイツ林学に関してご教示をいただきました。心より御礼申し上げます。

また、こんなにも責任の重い翻訳を任せてくださった築地書館の土井二郎社長と、つたない訳文を丁寧に見てくださった編集の北村緑さんには、お礼の申し上げようもありません。

力不足をかみしめつつこの仕事を終えようとしている私ですが、あの同じ二〇〇二年夏、ベルリンでは本書のスタート地点とも言えるシンポジウム「ナチスドイツにおける環境保護」が開催されていたことを思うと、ひょっとすると縁のあることだったのかもしれません。

二〇一五年五月　千葉県柏市の自宅にて

和田佐規子

【著者紹介】
フランク・ユケッター（Frank Uekoetter）
2001年ドイツ、ビーレフェルト大学にて博士号、2009年同大大学教授資格を取得。2013年から英国、バーミンガム大学史学部准教授。
2002年、ドイツ環境省の要請で開催されたシンポジウム「ナチスドイツにおける環境保護」に携わる。ドイツ環境史とそれが21世紀の環境保護主義に及ぼした影響について、2014年に“The Greenest Nation?: A New History of German Environmentalism（History for a Sustainable Future）”（最も環境保護主義な国家――ドイツ環境保護主義の歴史〈持続可能な未来のための歴史〉）、“Comparing Apples, Oranges, and Cotton: Environmental Histories of the Global Plantation”（リンゴ、オレンジ、そして綿花――プランテーションの環境史）を出版。

【訳者紹介】
和田佐規子（わだ　さきこ）
岡山県の県央、吉備中央町生まれ。
東京大学大学院総合文化研究科博士課程単位取得満期退学。夫の海外勤務に付き合ってドイツ、スイス、アメリカに合わせて9年滞在。大学院には19年のブランクを経て44歳で再入学。専門は比較文学文化（翻訳文学、翻訳論）。現在は首都圏の4大学で、比較文学、翻訳演習、留学生の日本語教育などを担当。翻訳はポール・キンステッド著『チーズと文明』（築地書館、2013年）に続いて2作目。趣味は内外の料理研究とウォーキング。

ナチスと自然保護
景観美・アウトバーン・森林と狩猟

2015年8月5日　初版発行

著者	フランク・ユケッター
訳者	和田佐規子
発行者	土井二郎
発行所	築地書館株式会社 〒104-0045 東京都中央区築地7-4-4-201 TEL.03-3542-3731　FAX.03-3541-5799 http://www.tsukiji-shokan.co.jp/ 振替 00110-5-19057
印刷製本	中央精版印刷株式会社
装丁	吉野 愛

© 2015 Printed in Japan　ISBN978-4-8067-1495-8